中国气田开发丛书

酸性气田开发

杜志敏　郭　肖　熊建嘉　等编著

石油工业出版社

内 容 提 要

本书全面系统阐述了酸性气田安全高效开发的重要基础理论、分析与设计方法以及工程技术。

本书可供从事油气田开发研究人员、油藏工程师以及油田开发管理人员参考，同时也可作为大专院校相关专业师生的参考书。

图书在版编目（CIP）数据

酸性气田开发／杜志敏等编著．
北京：石油工业出版社，2016.1
（中国气田开发丛书）
ISBN 978-7-5183-0846-0

Ⅰ．酸…
Ⅱ．杜…
Ⅲ．酸性气－气田开发
Ⅳ．TE37

中国版本图书馆 CIP 数据核字（2015）第 198972 号

出版发行：石油工业出版社
　　　　　（北京安定门外安华里 2 区 1 号楼　100011）
　　　　　网　址：www.petropub.com
　　　　　编辑部：（010）64523562　图书营销中心：（010）64523633
经　　销：全国新华书店
印　　刷：北京中石油彩色印刷有限责任公司

2016 年 1 月第 1 版　2016 年 1 月第 1 次印刷
889×1194 毫米　开本：1/16　印张：15.5
字数：430 千字

定价：124.00 元

《中国气田开发丛书》
编 委 会

《中国气田开发丛书》
专 家 组

《中国气田开发丛书·酸性气田开发》
编写组

组　长：杜志敏

副组长：郭　肖　熊建嘉

成　员：施太和　陈　平　王兴志　刘建仪

　　　　张　智　郭昭学　杨学锋　张　勇

　　　　付德奎　王旭东　冯仁蔚　张　砚

序

　　我国常规天然气开发建设发展迅速，主要气田的开发均有新进展，非常规气田开发取得新突破，产量持续增加。2014年全国天然气产量达$1329 \times 10^8 m^3$，同比增长10.7%。目前，塔里木盆地库车山前带克深和大北气田，鄂尔多斯盆地的苏里格气田和大牛地气田，四川盆地的磨溪—高石梯气田、普光和罗家寨气田等一批大中型气田正处于前期评价或产能建设阶段，未来几年天然气产量将持续保持快速增长。

　　近年来，中国气田开发进入新的发展阶段。经济发展和环境保护推动了中国气田开发的发展进程；特别是为了满足治理雾霾天气的迫切需要，中国气田开发建设还将进一步加快发展。因此，认真总结以往的经验和技术，站在更高的起点上把中国的气田开发事业带入更高的水平，是一件非常有意义的工作，《中国气田开发丛书》的编写实现了这一愿望。

　　《中国气田开发丛书》是一套按不同气藏类型编写的丛书，系统总结了国内气田开发的经验和成就，形成了有针对性的气田开发理论和对策。该套丛书分八个分册，包括《总论》《火山岩气田开发》《低渗透致密砂岩气田开发》《多层疏松砂岩气田开发》《凝析气田开发》《酸性气田开发》《碳酸盐岩气田开发》及《异常高压气田开发》。编著者大多是多年从事现场生产和科学研究且有丰富经验的专家、学者，代表了中国气田开发的先进水平。因此，该丛书是一套信息量大、科学实用、可操作性强、有一定理论深度的科技论著。

　　《中国气田开发丛书》的问世，为进一步发展我国的气田开发事业、提高气田开发效果将起到重要的指导和推动作用，同时也为石油院校师生提供学习和借鉴的样本。因此，我对该丛书的出版发行表示热烈的祝贺，并向在该丛书的编写与出版过程中给予了大力支持与帮助的各界人士，致以衷心的感谢！

中国工程院院士　韩大匡

前　言

近年来，随着中国对绿色能源天然气需求的日益增长，酸性气田的勘探开发越来越得到大家的重视。我国在四川盆地川东北地区发现了罗家寨、普光、龙岗、元坝等一大批高含硫气藏。由于酸性气藏地质成因及流体相态变化规律复杂、天然气具有强腐蚀性和剧毒性等特殊性，导致酸性气藏开发技术难度大，安全条件要求很高。如何保障酸性气藏安全高效勘探开发是当前国内外关注的重大技术难题。

西南石油大学油气藏地质及开发工程国家重点实验室自2004年组建了高含硫气藏安全高效开发研究团队，以国家高技术研究发展计划（863计划）、国家科技支撑计划、国家自然科学基金、国家科技重大专项、国家安全生产监督管理总局重大科技攻关等项目为依托，开展了高酸性气藏安全高效开发攻关研究工作。在酸性气藏的地质及开发特征、流体相态、硫沉积机理、气—液—固耦合流动规律、材料腐蚀评价等安全高效开发关键技术等方面，取得了丰硕的研究成果。

本书较为全面系统阐述了酸性气藏安全高效开发领域的重要基础理论、分析与设计方法以及工程技术。全书共分十三章，主要包括酸性气藏开发技术现状、酸性气藏地质特征及成因、酸性气藏流体性质、高含硫混合物气—液和气—液—固相平衡热力学计算、高含硫气藏硫沉积机理、酸性气井产能测试及评价、高含硫气藏气—固耦合渗流综合数学模型、天然气水合物、酸性气井腐蚀、酸性气井腐蚀控制、酸性气井井筒完整性管理与环空带压管理、酸性气井井喷失控后酸性气体扩散机理研究以及酸性气体公共安全等方面内容，具有较强的理论深度和实用性。

本书编写得到孟慕尧、李士伦等专家的指导。编者希望本书能为从事油气田开发工程领域技术人员和大专院校相关专业师生提供帮助和指导。限于编者的水平，本书难免存在不足和疏漏之处，恳请同行专家和读者批评指正。

本书编写组

2015年8月

目　　录

第一章 绪 论

天然气是一种高效、清洁、安全的能源，目前在世界一次能源消费结构中已占到23.8%，而中国仅占5.7%，结构极不合理。酸性天然气在天然气"增储上产"中具有重要的地位和作用。由于H_2S具有强腐蚀性和剧毒性[1]，使得安全清洁经济开发酸性天然气变得技术要求高、开发难度大。

酸性气体（Sour Gas，Acid Gas，简称酸气）是相对于"甜"气（Sweet Gas）而言，是含一定量H_2S和CO_2的混合气体。由于酸性气体溶于水呈弱酸性，故得此名。含有酸性气体的天然气气藏，称为酸性气藏。

不同研究机构对酸性气体定义有所区别。例如美国石油学会（American Petroleum Institute）认为凡含有H_2S的气体就是酸性气体。API RP 49建议H_2S浓度超过$14.14mg/m^3$(20ppm)的气体定义为酸性气体。美国和加拿大允许工作环境的含硫浓度的上限是$7.07mg/m^3$(10ppm)。美国防腐工程师协会（NACE）从材料的观点定义酸性气体，认为H_2S分压等于或大于0.05psi（0.34kPa）就属于酸性气体。在中国，由于对CO_2的净化要求不严格，而一般将硫含量$20mg/m^3$（CHN）作为界定指标，硫含量高于$20mg/m^3$（CHN）的天然气称为酸性天然气，硫含量低于$20mg/m^3$（CHN）的称为洁气。本书涉及的酸性气藏主要是指含硫气藏，即指产出的天然气中含有硫化氢以及硫醇、硫醚等含硫物质的气藏。偶尔还会有单质硫出现在产出的天然气中。一旦产生的天然气中出现单质硫，将在生产和输送过程中造成硫堵塞和腐蚀。

第一节 酸性气藏区域分布

酸性气藏分布广泛，目前全球已发现400多个具有商业价值的高含H_2S和CO_2气藏，主要分布在加拿大、美国、法国、德国、俄罗斯、中国和中东地区[2]。

全球富含H_2S和CO_2的酸性气田储量超过$736320\times10^8m^3$，约占世界天然气总储量的40%[3]。加拿大是高含H_2S气田较多的国家，其储量占全国天然气总储量的1/3左右，主要分布在落基山脉以东的内陆台地。阿尔伯塔省有30余个高含硫气田，天然气中H_2S的平均含量约为9%，如卡罗林（Caroline）气田，H_2S和CO_2含量分别为35.0%和7.0%；卡布南（Kaybob South）气田的H_2S和CO_2含量分别为17.7%和3.4%；莱曼斯顿（Limestone）气田的H_2S和CO_2含量分别为5%～17%和6.5%～11.7%；沃特堂（Waterton）气田的H_2S和CO_2含量分别为15%和4%。这4个气田是加拿大典型的高含H_2S和CO_2气田，探明地质储量近$3000\times10^8m^3$。

俄罗斯含H_2S天然气储量接近$5\times10^{12}m^3$，主要集中在阿尔汉格尔斯克州，分布于乌拉尔—伏尔加河沿岸地区和滨里海盆地，以奥伦堡（Orenburg）气田和阿斯特拉罕（Astrakhan）气田为代表。其中，奥伦堡气田是典型的高含硫大型气田，天然气可采储量达到$18408\times10^8m^3$，气体组分中H_2S和CO_2

含量分别为24%和14%[4]。

此外，美国、法国和德国等都探明有高含硫气田储量，典型的大型高含硫气田有：美国的惠特尼谷—卡特溪（Whitney Canyon–Carter Creek）气田，探明天然气储量$1500 \times 10^8 m^3$；法国的拉克（Lacq）气田，探明天然气储量$3226 \times 10^8 m^3$；德国的南沃尔登堡（South Woldenberg）气田，探明天然气储量$400 \times 10^8 m^3$ [4]。

四川盆地是中国天然气工业的发源地，天然气规模化勘探始于20世纪50年代初，已发现的22个含油气层系中有13个高含H_2S，近15年发现的众多二叠系、三叠系礁滩气藏均为高含硫气藏[5]。中国H_2S含量超过$30g/m^3$的高含硫气藏中有90%集中在四川盆地[6]。四川盆地已探明高含硫天然气储量约$9200 \times 10^8 m^3$，占全国天然气探明储量的1/9。已动用高含硫天然气储量$1402.5 \times 10^8 m^3$，占已探明高含硫天然气储量的15%，开采潜力大[2]。华北油田赵2井是中国目前已钻遇硫化氢含量最高的井，其硫化氢含量高达92%。四川盆地川东地区飞仙关组硫化氢含量大多为14%～17%，各个气田H_2S和CO_2含量差异较大，但目前已发现的气田H_2S含量一般低于20%，CO_2含量在10%以下，气体中基本不含C_7以上烃类组分，部分气田含有有机硫。表1–1为四川盆地高含硫气藏分布情况[2]。

表1–1　四川盆地高含硫气藏分布

气田名称	气田所属公司	探明储量 $10^8 m^3$	最高H_2S含量 g/m^3	投产时间
威远	中国石油	400	45.2	1965.10
卧龙河		189	75.6	1973.8
中坝		86	110.4	1982.3
磨溪		349	44.1	1991.2
黄龙场		33	201.5	2003.4
高峰场		25	105.6	2004.12
罗家寨		797	150.1	未投产
渡口河		359	117.8	未投产
铁山坡		374	204.1	未投产
龙岗		试采区1023	130.3	2009.7
普光	中国石化	2738	215.8	2009.10
元坝		1592	74.1	未投产

高含CO_2天然气田在全球范围内资源量大、分布广泛。如美国Richland气田、日本Yoshii–Higashi–Kashiwazaki气田、Minami–Nagaoka气田、澳大利亚Scott Reef气田、印度尼西亚Jatibarang气田以及中国松辽盆地火山岩气藏、准噶尔盆地火山岩气藏，其中松辽盆地深层天然气资源量达$2 \times 10^{12} m^3$以上。

第二节　酸性气藏开发现状

一、国外酸性气藏开发现状

国外对酸性气藏的规模勘探始于20世纪50年代初。加拿大和法国是最早发现高含硫气田的国家，随后美国、德国、苏联和中东等国家与地区也在这方面取得了明显进展，使许多著名的酸气气田陆续投入了开发，如法国的拉克气田、加拿大的卡罗林气田和卡布南气田、俄罗斯的阿斯特拉罕气田以及美国的惠特尼谷—卡特溪气田、布拉迪气田等。

1. 拉克气田

拉克气田是法国最大的气田[7]，位于阿奎坦盆地南部，法国波尔多市以南160km处。

拉克气田开发经历了4个阶段：第一阶段（1952—1957年）为试采阶段，主要对3口井进行试采，检验井底及井口设备的抗硫防腐性能，同时获取气藏动态参数；第二阶段（1957—1964年）为产能建设阶段，共有26口生产井，气田日产量由$82 \times 10^4 m^3$上升至$2156 \times 10^4 m^3$，平均单井产量为$80 \times 10^4 m^3/d$，采气速度2.4%；第三阶段（1964—1983年）为稳产阶段，通过在构造高点打10口加密井，气田日产量为$1906 \times 10^4 \sim 2361 \times 10^4 m^3$，平均单井产量$50 \times 10^4 \sim 60 \times 10^4 m^3/d$，采气速度2.6%，稳产期长达19年，稳产期可采储量采出程度为65%左右；第四阶段（1983—2006年）为产量递减阶段，1994年气田日产量递减为$405 \times 10^4 m^3$，气田累计产气$2258 \times 10^8 m^3$，地质储量采出程度为70%。

拉克气田自1957年正式投入开发，至今已有50多年的开发历史。由于该气田开发技术政策合理、开采措施得当，稳产时间长达19年，目前仍在开采，取得了很好的开发效果。

2. 惠特尼谷—卡特溪气田

美国惠特尼谷—卡特溪气田于1977年发现，为高含硫气藏。在1980年以前，根据最初的地震资料认为惠特尼谷和卡特溪是两个独立的构造，后来发现它们的深层气是连在一起的，遂于1980年将它们联合起来开发。到1983年4月，在联合区内共钻成生产井28口，主要是在麦迪逊层（16口）和大角层（8口）中完井。至1983年4月，累计采气$24 \times 10^8 m^3$，生产凝析油$7.7 \times 10^4 t$，其中两个主力产层麦迪逊层和大角层累计产天然气$7.58 \times 10^8 m^3$和凝析油$7 \times 10^4 t$。1983年初，联合区内有20口井在生产，平均日产气$602.3 \times 10^4 m^3$和日产凝析油510t。

3. 布拉迪气田

布拉迪气田是美国重要的酸性气田之一，该气田在开发方面有两个难题，一是气候条件不好，二是硫化氢对设备的腐蚀和人身的危害。冬天的冰雪和大雾使钻机搬迁十分困难，集输管线和其他一些设施都有结冰堵塞现象。为了防止天然气水合物的形成，采取了在井口安装加热器。输气管线上敷设绝热层、把管线深埋于泥土以下等措施。在防硫方面采取了如下措施：（1）加强检测，取得可靠的数据。在钻井液车和录井车上均安装有腐蚀检测器和取样器，每天绘制出腐蚀速度曲线。（2）安装净化储备装置。及时处理钻井液，大大减少了地面污染和扩散。（3）使用防硫材料制成的钢管和设备，输气管线用80号无缝钢管，最小强度为317.4MPa，井口采气装置的全部阀门用不锈钢制造。其他一些钻采仪表和设备，都需要经过防硫处理。（4）对现场人员进行安全训练，设置报警系统，改善人体的防护和通风设施。

由于采取了以上措施，连续钻22口气井，没有出现报废井和其他重大的钻井问题，也并未出现硫化氢中毒的事故。气田钻井22口，其中韦伯层11口，福斯福里亚层1口，努格特层5口，达科塔层5口，均采用单层完井。

二、国内酸性气藏开发现状

中国石油西南油气田分公司、中国石化中原油田普光分公司以及西南石油大学油气藏地质及开发工程国家重点实验室通过自主攻关和国际技术交流，先后解决了中深中小型、超深大型高含硫气藏开发的主要技术难题。通过开展多轮研究和攻关，形成了高含硫气藏评价及开发方式优化、安全钻井及完井、采气工程、地面集输及腐蚀控制、天然气净化和高含硫天然气的安全环保等特色技术（图1-1）[7]。

气藏评价及开发方式优化技术	● 礁滩储层预测及地质建模技术 ● 特殊渗流机理实验评价技术 ● 产能测试评价技术 ● 动态储量计算和可采储量评价技术 ● 动态分析及开发方式优化技术
安全钻井及完井技术	● 高含硫气井防漏治漏技术 ● 安全钻井、固井、完井技术 ● 套管强度设计技术 ● 环空带压与井筒完整性管理技术
采气工程技术	● 高温深井储层改造技术 ● 中深井排水采气工艺技术 ● 含硫气井井下节流技术
地面集输及腐蚀控制技术	● 气液密闭混输工艺技术 ● 材料选择评价和集输管线焊接技术 ● 长效膜缓蚀剂及清管器预膜工艺 ● 腐蚀监测、检测与防腐技术
天然气净化技术	● 大型净化装置集成优化设计 ● 溶剂法深度脱硫脱碳技术 ● 高效硫磺回收及尾气处理技术 ● 天然气分析检查技术
安全环保技术	● 全过程HSE风险控制配套技术 ● 钻井废弃物无害化处理技术 ● HSE风险识别与量化评价技术 ● 应急保障配套技术

图1-1 高含硫气藏开发特色技术（据李鹭光，2013）

基础理论和技术创新在多个大型高含硫气藏成功应用。2009年7月，中国石油在国内率先实现安全开采大型超深高含硫气藏——龙岗气田，2009年12月14日成功建成中国石油最大规模的海外高含硫气田，日处理能力达$2000 \times 10^4 m^3$的高含硫天然气净化厂一次投运成功。中国石化普光气田于2009年10月12日开始投产，"十一五"期间普光气田建成天然气产能$100 \times 10^8 m^3/a$的生产能力，产能规模为世界第二大高含硫气田。

第三节　高含硫气藏开发的特点与难点

由于硫化氢气体的剧毒性和腐蚀性，安全清洁经济开发高含硫天然气技术要求高、难度大，主要体现在以下几方面[7]：

（1）气藏复杂特征导致开发技术需求复杂化。

以四川盆地高含硫气藏为例，H_2S含量最高达493g/m^3，最大埋深达7000m，最大地层压力近90MPa，最高温度达175℃，包括裂缝—孔洞、裂缝—孔隙等复杂储集类型和不同活跃程度的边、底水，气井产能较高但差异大，难以采用同一技术模式进行开发。

（2）地理和人居环境对气藏开发提出苛刻要求。

高含硫气藏开发工程量大、成本高；高含硫气藏往往处于多静风环境、人口密度大，高含硫天然气一旦泄漏后果严重；农业经济所占比重较大，环境保护要求高。这些客观条件对高含硫气藏安全清洁开发提出了极高的要求。

（3）气藏开发前期评价要求高。

大型高含硫气田开发钻井与完井、净化厂和集输系统建设工程量和投资大，产能建设需准确确定产能规模，对气藏早期描述、气井产能快速评价要求高。在高含硫气井资料录取受限的情况下，确保开发前期评价可靠性难度大。

（4）气藏开发安全保障与成本控制难度大。

高含硫气藏开发所需管材质量等级高、工艺技术复杂，目前国内高含硫气藏开发所需的管材主要依赖进口，导致成本大幅度增加。要兼顾安全生产和效益开发，需研发适应不同工况下的新型抗硫管材、设备与工艺技术，并准确评价安全性。新领域的开发探索工作量大，难度高。

（5）环境与安全风险实时评价与控制技术要求高。

高含硫气藏开发风险控制涉及钻井与完井、地面集输、净化和气田水及废弃钻井液处理等环节，其核心问题是风险的量化评估难度大，环境保护的关键点是解决针对高含硫气田开发过程中产生的特定污染物的治理技术难题，如含硫有毒气体、废钻井液、含硫化氢气田水等的处理技术及工程化应用。

第四节　高含硫气藏开发技术发展方向

高含硫气藏开发技术的发展是一个持续完善、不断提高的过程。随着高含硫气藏开发对象日益复杂多样，国家安全环保标准的日益严格，对高含硫气藏开发技术提出了更高的要求，还需要在以下6个专业领域方向持续深化和完善[7]。

（1）高含硫气藏地质与气藏工程技术的配套完善。通过开展基于沉积微相格架下的地震储层预测和流体分布预测研究，开展储层中元素硫沉积实验评价和气、液、固三相耦合流动模拟等技术攻关，解决强非均质碳酸盐岩气藏储层预测和流体分布描述、储层元素硫沉积及伤害机理实验评价和动态分析等技术难题。

（2）高含硫气井钻井完井工具的国产化和工程技术的配套完善。通过改进大温差固井水泥浆体系和工艺，实现耐蚀管材和高抗硫井下工具的国产化，解决困扰ϕ177.8mm尾管固井水泥浆体系和工艺、耐蚀合金管材及气密封特殊螺纹研制等技术难题。

（3）高含硫气田采气工程技术的深化攻关和配套。通过开展超深层低渗透储层压裂和体积改造研究及高抗硫井下节流器工具结构优化设计与材质优选研究，研制高抗硫完井及增产改造井下工具；解决深层碳酸盐岩低渗透储层有效改造和高温高含硫深井（5000m以上）排水采气工艺等技术难题。

（4）高含硫气田的地面集输及防腐工艺技术的持续攻关和配套。通过开展对元素硫、H_2S、CO_2 共存和大量产水工况下的腐蚀评价、新型缓蚀剂与硫溶剂的研制等持续攻关，解决H_2S分压大于1MPa 时的材料评价、生物降解类缓蚀剂的研制与评价优选，以及管道的失效分析等技术难题[8]。

（5）高含硫天然气净化工艺的深入完善。通过对硫收率大于99.8%的净化工艺包和尾气SO_2处理 技术升级，解决日益严格的国家标准对天然气总硫含量和装置硫收率提出更高要求的技术难题[9]。

（6）高含硫天然气安全环保技术的持续提高。通过加强企业之间、企业与地方政府之间的区域快 速应急联动机制，加强温室气体排放监测评估，气田水回注环境风险监测和控制等的技术配套，建立 高含硫气田区域性应急管理与保障体系，完善配套工业化应用钻井液微生物处理技术，以及气田水回 注系统风险监测、评价及控制，温室气体排放评估及减排等技术。

参 考 文 献

[1] Stanley D Atherton. H₂S-A Toxic Gas That Can Kill [C]. SPE 3202，1971.

[2] 朱光有，张水昌，李剑，等.中国高含硫化氢天然气的形成及其分布 [J]. 石油勘探与开 发，2004，31(3)：18-21.

[3] 叶慧平，等.酸性气藏开发面临的技术挑战及相关对策 [J]. 石油科技论坛，2009(4)：63- 65.

[4] 方义生.中国天然气开发特征和技术 [A] //中国工程院—俄罗斯科学院论坛会议论文集 [C]. 北京：中国工程院，2005.

[5] 李鹭光.高含硫气藏开发技术进展与发展方向 [J]. 天然气工业，2003，33(1)：18-24.

[6] 李景明，李剑，谢增业，等.中国天然气资源研究 [J]. 石油勘探与开发，2005，32(2)： 15-18.

[7] 杜志敏.国外高含硫气藏开发经验与启示 [J]. 天然气工业，2006，26(12)：35-37.

[8] 唐威，等.油气井中的二氧化碳腐蚀 [J]. 钻采工艺，2006，29(5)：107-110.

[9] 袁士义，胡永乐，罗凯.天然气开发技术现状、挑战及对策 [J]. 石油勘探与开发，2006， 32(6)：1-6.

第二章 酸性气藏地质特征及成因

第一节 酸性气藏储层特征

通常情况下，H_2S含量较高的气藏形成于含盐度高的海相沉积环境中，且常与碳酸盐及其伴生的硫酸盐沉积有关。H_2S成因主要来自于硫酸盐的有机与无机还原作用。天然气中H_2S含量的高低与气藏储层类型、H_2S成因有密切的关系。根据有关中国硫化氢气藏发育地层的认识和研究，高含硫化氢气藏储层具有以下一些特征。

（1）储层组合类型主要为碳酸盐岩或碳酸盐岩—硫酸盐岩组合。碳酸盐岩和碳酸盐岩—硫酸盐岩组合是高含硫化氢气藏所在地层组合的主要组成部分，其中，在碳酸盐岩—硫酸盐岩组合中，硫酸盐岩主要有两种赋存形式：一种是以层状夹于碳酸盐岩之中或与碳酸盐岩互层分布，如四川盆地的嘉陵江组、雷口坡组、飞仙关组气藏[1]和渤海湾盆地孔店组气藏等，该组合类型特征是硫化氢含量高，通常属于高含硫或特高含硫气藏；另一种是以透镜状、团块状、星散状包容于碳酸盐岩中，如四川盆地东部建南气田长兴组生物礁气藏，该组合类型特征通常属于低含硫—高含硫气藏。

（2）储层类型主要为石灰岩和白云岩型储层。石灰岩型储层以石灰岩、白云质灰岩为主体，储集空间以裂隙为主、基质孔隙为辅；白云岩型储层以白云岩、灰质白云岩为主体，储集空间主要是孔隙型（溶孔、溶洞）和裂缝－孔隙型。

（3）气藏埋深大，地层温度较高。如川东北部宣汉、开县地区的下三叠统飞仙关组气藏，埋深3000~4500m，地层温度大多在100℃以上[2]。

（4）储层物性条件差异大、非均质性强。储层物性表现为低孔隙度、低渗透率或中高孔隙度、中高渗透率特征。如建南气田长二段北高点礁相储层孔隙度最大17.4%，最小0.11%，平均1.35%；渗透率最大16.39mD，最小0.001mD，平均0.266mD。长二段南高点生物滩相储层孔隙度最大4.6%，最小0.26%，平均0.82%；渗透率最高7.3mD，最小0.002mD，平均0.283mD。而普光飞仙关组气藏鲕粒白云岩孔隙度最大可达21.14%，最小2.36%，平均9.73%；渗透率变化较大，为0.0163~2823.0015mD，平均为31.0815mD。

第二节 酸性气藏酸气成因

酸性气藏主要是指含有硫化氢或二氧化碳的气藏。目前，世界范围内酸性气藏硫化氢含量从微量（现有仪器刚能检测到）到96%；二氧化碳含量从微量到99%。这些气体成因的研究具有重要的理论和现实意义。

一、硫化氢成因

自1958年中国首次在四川盆地威远地区发现含硫化氢天然气以来，已先后在四川盆地、渤海湾盆地、鄂尔多斯盆地、塔里木盆地和准噶尔盆地等含油气盆地中发现了多个含硫化氢气藏[3]，硫化氢含量从微量到96%。

国内外油气勘探表明，已发现的绝大多数含硫化氢气藏无论在时代上还是在区域上均与碳酸盐岩—蒸发岩剖面中石膏的分布基本一致，并认为与气藏相邻地层中的石膏是气藏中硫化氢形成的主要物质基础。中国地质历史时期中有五大成膏时期，即早寒武世、中奥陶世、早中石炭世、早中三叠世和白垩—古近纪。在以上五大成膏期中，早中三叠世以前生成的石膏均为海相成因，而从侏罗纪开始直到第四纪的石膏则多属陆相湖泊相成因。一般说来，海相地层易于保存硫化氢，而陆相地层则相反。这主要可能是由于陆相地层中富含Fe，Cu，Ni，Co，Pb和Zn等重金属元素，它们与地层中的H_2S相遇时会发生一系列化学和物理化学反应，形成金属硫化物，从而消耗H_2S[4]。因此陆相地层中的硫化氢气体难于大规模保存下来，但局部可以形成富集带，如华北赵兰庄气田和济阳罗家气田等。

在H_2S形成机理研究方面，国外学者开展工作较早，不少研究者就硫酸盐热化学还原作用（TSR）、微生物硫酸盐还原作用（BSR）、有机质裂解作用（TDS）和火山喷发等形成硫化氢机理等方面有针对性地进行了较为系统的试验和研究，并取得了明显的进展[5]。20世纪80—90年代初，中国学者充分利用国内外资料，总结了中国含H_2S天然气的地球化学特征、形成条件和分布规律等。但随后对这方面的研究几乎处于停滞状态。近几年来，由于四川盆地东北部地区高含硫化氢天然气藏的大规模发现，又引起了一些学者的注意，并开展了一定的研究工作，同时认为川东北高含硫化氢天然气是由于硫酸盐热化学还原作用（TSR）的结果[6, 7]。后来对中国海相碳酸盐岩气藏硫化氢形成的控制因素和分布预测进行了研究，同时也对原油中有机硫化物的成因进行了一系列模拟实验，从而对硫化氢成因有了一些新的认识。

1. 硫酸盐热化学还原作用（TSR）

硫酸盐热化学还原作用主要指硫酸盐因热化学作用还原生成H_2S，即地层中的硫酸盐矿物（主要矿物成分为石膏，以$CaSO_4$代表）与地层中的有机质（以C代表）、地层水（以H_2O代表）或烃类（以$\sum CH$代表）作用，使得硫酸盐被还原生成H_2S，气态烃被氧化形成CO_2气体；同时，产生方解石（以$CaCO_3$代表）和新的地层水。其形成过程可用下列方程式表示：

$$2C+CaSO_4（石膏）+H_2O \longrightarrow CaCO_3+H_2S+CO_2$$

$$\sum CH+CaSO_4 \longrightarrow CaCO_3+H_2S+H_2O$$

一般认为，充足的烃类、储层经历过较高温度（大于120℃）、储层中有膏质岩类存在是硫酸盐热化学还原作用发生的最基本的条件。所以在含蒸发岩的碳酸盐岩储层中容易形成硫化氢。但是如果蒸发岩含量太高，将导致储层孔渗性变差，烃类和硫酸盐岩接触的空间很少，也就不会形成大量H_2S。另外，储层要经历过120℃以上的高温，这是硫酸盐热化学还原作用发生反应的热动力条件，这就要求储层埋藏达到一定的深度。硫酸盐热化学还原作用发生条件的苛刻性表明，高含H_2S天然气只能形成于特定岩性组合的储集空间中。有些学者还认为，夹层状石膏岩系最有利于H_2S的生成，因为H_2S的生成需要石膏的溶解，而具有一定缝洞系统的碳酸盐岩具备良好的流体连通性，使得地层水能够溶解石膏并使SO_4^{2-}与烃类充分接触，有利于H_2S的生成反应。互层状岩系也具备H_2S生成的先决条件，但并不是有利条件，因为石膏的含量较大，渗透性极差，SO_4^{2-}与烃类不能很好地接触，从而不利于H_2S的生成，但可作为良好的盖层。

目前发现含H_2S最高的天然气在美国得克萨斯州南部Smackover碳酸盐岩地层中，其H_2S含量高达98%；法国著名的高H_2S气田拉克气田，H_2S含量为15.2%[8]；加拿大贝尔贝雷气田H_2S含量高达90.6%；我国四川盆地川东北地区长兴组—飞仙关组气藏H_2S含量平均高达10%以上，这些含H_2S气田均为硫酸盐热化学还原成因。

2. 微生物硫酸盐还原作用（BSR）

H_2S可以通过生物活动的方式形成，其途径主要有下面的两种方式：一是通过微生物同化还原作用或植物等的吸收作用形成含硫有机化合物，然后在一定的条件下分解产生H_2S，这是在腐蚀作用主导下形成H_2S的过程。这种方式形成的H_2S规模和含量都不会很大，也难以聚集，但分布很广，主要存在于埋藏较浅的地层中。

H_2S生物成因主要是异化还原作用，由硫酸盐还原菌通过对硫酸盐的异化还原代谢过程来实现。在该过程中，硫酸盐还原菌通过厌氧呼吸只能将一小部分代谢的硫结合进细胞中，大部分硫以类似氧被需氧生物（另一种属的硫酸盐还原菌）所吸收一样来完成能量代谢过程。不同种属的硫酸盐还原菌的生物化学作用过程不同，一些菌种对有机质的分解产物可能会成为另一些菌种所需的营养，使C和$\sum CH$被硫酸盐还原菌吸收转化的效率提高，从而产生大量H_2S。这种将硫酸盐还原生成H_2S的方式又被称为微生物硫酸盐还原作用（BSR）。其形成可概括为：

$$\sum CH \ [或 \ C] +CaSO_4 \longrightarrow CaCO_4+H_2S+H_2O$$

这种异化作用是在严格的还原环境中进行的，故有利于生成的H_2S保存和聚集，但是形成的H_2S丰度一般不会超过3%，且地层介质条件必须适宜硫酸盐还原菌的生长和繁殖，因此生物成因形成的H_2S主要位于浅层地层中。

3. 有机质裂解作用（TDS）

有机质裂解作用（TDS）形成H_2S是指在油气藏形成过程中，由液体烃（原油和凝析油等）和干酪根等在高温裂解过程中形成H_2S。反应过程中，硫有机质先转化为含硫烃类或含硫干酪根，当温度升高到一定程度（大约80℃），干酪根中的杂原子逐渐断裂，可以形成一定数量的硫化氢气体；当温度继续升高，达到深成热解作用阶段（大约120℃）时，开始发生含硫有机化合物分解，产生大量的H_2S：

$$RCH_2CH_2SH \longrightarrow RCH_2CH+H_2S$$

油气藏在埋藏过程中，随着埋藏深度的增加，由于地层温度逐渐升高，油气藏中的液体烃和地层中的干酪根逐渐发生气化，形成的气体组合主要是$4CO_2 \cdot 46CH_4 \cdot N_2 \cdot H_2S$加少量氢。但这种由于温度升高而裂解形成的$H_2S$在天然气中的含量一般为23%以下，即$H_2S$浓度为30000mg/m³以下。这种成因的$H_2S$往往分布在不含硫酸盐的碳酸盐岩或碎屑岩地层中。中国四川盆地威远气田中的H_2S就属于这种成因。

4. 火山喷发成因

由于地球内部硫元素的丰度远高于地壳，岩浆活动可使地壳深部的岩石熔融并产生H_2S等挥发性成分，这些组分随火山的活动而被带出地表。因此，火山喷发物中常常含有H_2S组分，这一点也可从火山喷溢物中含有较多的H_2S气体和相关裹体得到证实。在渤海湾盆地济阳坳陷新生代火山岩包裹体中发现气相中H_2S含量为4.4%～19.3%，液相中H_2S含量是5%～16.5%。对黄骅凹陷港西段带包裹体中H_2S的研究也证实了H_2S有岩浆—火山岩成因[9]。

由于火山喷发成因的H_2S含量主要取决于岩浆的成分、气体的运移条件等，因此火山喷发气体中H_2S的含量极不稳定，而且也只有岩浆未喷出地表，并在特定的运移和储集条件下才能保存下来。

5. 幔源成因

地幔流体可分成4种类型，即：氢流、氢型幔汁（H—HACONS 流体）、碱型幔汁（A—HA—CONS流体）和氧型幔汁（O—HACONS流体）[10]。可见地幔流体中肯定富含一定量的硫，流体由地幔流向地表时，在条件适合的情况下可能形成H_2S气体。研究大别—苏鲁造山带橄榄岩和榴辉岩中幔源包裹体气液组分时发现，气相中H_2S含量为2.1%～20.2%，液相中H_2S含量为10.8%～52%，可见幔源流体中含有丰富的H_2S气体，故天然气中的硫化氢可以是幔源成因的。

6. 水解成因

石膏在后生成岩阶段普遍存在水解作用，尤其在褶皱形成过程中，地下流体的交替极易发生水解作用，形成硫黄结晶体以及硫化氢气体，其反应式为：

$$6CaSO_4+4H_2O+6CO_2 \longrightarrow 6CaCO_3+4H_2S+11O_2+2S$$

对川东地区飞仙关组气藏硫化氢分布特征的研究认为，渡口河气田的渡3井、渡4井，罗家寨气田的罗家1井、罗家2井以及普光气田的普光3井中的硫化氢可能与水解作用有关。

尽管对H_2S的研究已取得一定的成果，但仍存在许多亟待解决的问题，如H_2S的成因机理、分布规律、地质—地球化学特征，H_2S与油气的关系，以及H_2S形成的主控因素等，因此难以对H_2S气藏做出准确的评价和有效的预测。另外，关于含H_2S气藏的成藏模式、资源分布预测以及高效开发等方面也还没有开展过系统的研究，一些机理方面的认识都比较肤浅甚至模糊。因此，只有对H_2S成因有正确的理论认识，预测硫化氢的聚集才成为可能。

二、二氧化碳成因

目前，在全世界中新生代盆地中已发现了若干CO_2气藏，如匈牙利的Pannonian盆地、澳大利亚的Cooper—Eromanga盆地、英国北海维京地堑南部、日本中新世火山碎屑"绿色凝灰岩"地层、美国西得克萨斯的Permian盆地和中国东部陆上及海域的沉积盆地等。世界著名的CO_2气田有南澳大利亚的甘比尔（Gambier）和加罗林（Garoline）穹隆型液态CO_2气田，墨西哥的坦皮哥CO_2气田，美国西得克萨斯Permian盆地中的JM-Brown Basset气田。新墨西哥的布拉沃CO_2气田、科罗拉多的Mcelmo CO_2气田、蒙大拿的凯文森伯斯特CO_2气田，泰国湾的普拉冬（Platong）、埃拉万（Erowan）和索塘CO_2气田群、印度尼西亚的纳土纳气田等。中国已在松辽、渤海湾、苏北、三水、东海及南海北部等裂谷盆地内发现了30多个CO_2气田，其中万金塔CO_2气田、黄桥CO_2气田和沙头圩CO_2气田已开发利用，并取得了显著的经济效益[11]。据研究，自然界中的CO_2气体主要有有机、无机和地幔3种成因。

1. 有机成因

CO_2是自然界中有机质在不同地球化学作用过程中形成的。如有机质（生物、原油等）在生物化学作用、热解作用和裂解作用等成烃过程中可以形成CO_2。根据研究估计，土壤和表层沉积的有机质每年由于细菌生物化学作用形成的CO_2可高达0.135×10^{12}t。此外，煤的热变质和氧化作用也可以形成一定数量的有机CO_2等。

2. 无机成因

无机成因的CO_2源于岩浆地幔物质或由自然界中的无机矿物或元素在各种化学作用中形成的CO_2。其形成的主要途径有以下3种：

（1）岩浆—火山源成因。岩浆、火山活动过程中产生的热液、气体和温泉中含有大量CO_2，多数火山气中CO_2含量是仅次于水蒸气的组分。

（2）变质成因。由于埋藏深度的增加、岩浆和断裂活动等原因，地层中的碳酸盐矿物（主要是方解石和白云石）受到高温的影响发生分解和变质，从而形成CO_2组分。这种成因的CO_2在天然气中含量一般很高。其反应式如下：

$$CaCO_3 \longrightarrow CaO + CO_2$$

$$CaMg(CO_3)_2 \longrightarrow CaO + MgO + 2CO_2$$

$$CaCO_3 + SiO_2 \longrightarrow CO_2 + CaSiO_3（偏硅酸盐）$$

$$2CaMg(CO_3)_2 + SiO_2 \longrightarrow 4CO_2 + 2MgO + Ca_2SiO_4（正硅酸盐）$$

室内实验得出碳酸盐岩分解温度为710～940℃，但是在水的参与下，在大约200℃时就能分解出大量CO_2。

（3）此外，在地热条件下或热液系统中，白云石与高岭石反应、方解石与硅酸盐反应生成绿泥石的过程中也会释放出CO_2。

一般说来，高温变质成因的CO_2在天然气中含量很高，与之伴生的氦同位素$^3He/^4He$比值（R）小于大气中的氦同位素$^3He/^4He$比值（R_a），即$R/R_a < 1$。碳酸盐岩低温水解以及地下水中酸类溶解也可生成无机成因的CO_2。这些成因的CO_2形成速率慢，成气强度小，往往出现在构造稳定地区，因此这种成因的CO_2在天然气中含量一般较低。世界主要酸性气藏中的CO_2多属于有机成因和无机变质成因，如四川盆地东北部酸性气藏[12]。

3. 地幔成因

地幔成因CO_2即由地幔形成的CO_2。这种成因CO_2的一个特征是，与其相伴生的氦同位素$^3He/^4He$比值（R）大于大气中的氦同位素$^3He/^4He$比值（R_a），即$R/R_a > 1$。如中国广东平远鹧鸪隆的CO_2气藏[13]，样品中N_2占2.10%，CO_2占97.68%，Ar占0.088%，He占0.003%，$\delta^{13}C$为3.39‰，R/R_a为2.21。此外，该成因形成的CO_2在天然气气藏中含量也往往较高。

中国东部的渤海湾盆地、苏北盆地、江汉盆地，中西部的鄂尔多斯盆地、四川盆地、塔里木盆地等，地层中分布有厚层的膏盐矿床，其中南方广泛分布的约$300 \times 10^4 km^2$海相碳酸盐岩地区是今后中国油气勘探的重要领域。因此，开展对中国含油气盆地硫化氢的成因机制、富集特征、分布特征的研究和资源预测具有广阔的空间。另外，对含硫化氢天然气进行系统性综合研究，不仅有利于更好地了解和掌握硫化氢气藏的形成机制、远景评价方法、勘探开发规律和硫化氢资源应用，而且还可以根据其与常规油气田的许多共生组合特点来指导常规油气田的勘探开发。

第三节　酸性气藏成藏机理

油气藏的形成过程，就是在各种地质因素的作用下，油气从分散到集聚的转化过程，其形成主要取决于生油（气）层、储层、盖层、运移、圈闭和保存6个条件。已有的研究表明，这些条件主要受到沉积作用、成岩作用和构造作用的影响。油气藏是这些作用相互影响下的最终产物。其中，沉积作用主要控制着生油层、储层和盖层的大致分布范围和质量；成岩作用主要影响生油层的演化程度以及储层的最终质量和分布；构造作用主要决定了油气的运移、圈闭和保存条件。勘探及研究表明，世界各地油气藏的形成机理大同小异。这里主要以中国最大的酸性气藏——四川盆地东北部地区普光气田飞仙关组气藏为例，来说明其形成的主要影响因素和成藏过程。

一、影响因素

1. 沉积作用

晚二叠世初期，整个四川盆地处于海岸线附近滨岸沼泽环境，在川东北地区主要堆积了一套煤系地层（龙潭组）。中晚期，由于海平面的快速上升及东吴运动（峨眉地裂运动）的影响，川东北地区主体处于深缓坡环境之中，堆积了一套巨厚的深灰—灰黑色生物（屑）泥晶灰岩（长兴组），局部浅水区有生物礁的分布；与此同时，开江—梁平一线深水海槽沉积区堆积的则是灰黑色硅质岩（大隆组）。这些沉积构成了川东北飞仙关组气藏的主要烃源岩，其分布面积超过$50000km^2$，总生烃量达$450 \times 10^{12}m^3$以上。

早三叠世飞仙关组沉积早中期，川东北地区开江—梁平一线和城口—鄂西一线的深水区（海槽或深水陆棚）将川东北地区碳酸盐岩台地一分为二，东北侧为一极浅水的孤立碳酸盐岩台地环境，西南侧为一较浅水连陆碳酸盐岩台地环境（图2-1）。孤立台地边缘和连陆台地边缘区位于浪基面附近，持续、稳定、较强的水动力条件有利于颗粒的堆积和灰泥的带出，形成沿台地边缘分布的环带状或带状边缘滩。此外，台地边缘滩在堆积时水体较浅，并靠近开江—梁平海槽一线的生油凹陷区，从而有利于后期混合水白云石化和埋藏溶解作用的进行。这些条件均为储层内原生和次生孔隙的形成奠定了良好基础。因此，台地边缘滩是最有利于飞仙关组储层形成与演化的沉积相带。现今发现的普光、罗家寨、渡口河、高峰场和铁山等气田均位于该相带内。

与此同时，川东北孤立台地内部则处于局限—蒸发台地环境之中，主要堆积了一套富含膏岩的碳酸盐岩地层。这些石膏为相邻地区飞仙关组气藏中酸性气体的形成奠定了物质基础。

早三叠世晚期，随海平面的下降和沉积物的填平补齐作用，整个四川盆地演化成一水体极浅的蒸发潮坪环境，川东北地区主要堆积了一套厚50～70m的灰褐色、灰白色和紫色的钙质泥岩、泥质泥晶灰岩、泥质白云岩和膏岩组合（飞四段）。该套地层岩性致密，封堵性能良好，是川东北飞仙关组气藏的直接盖层。

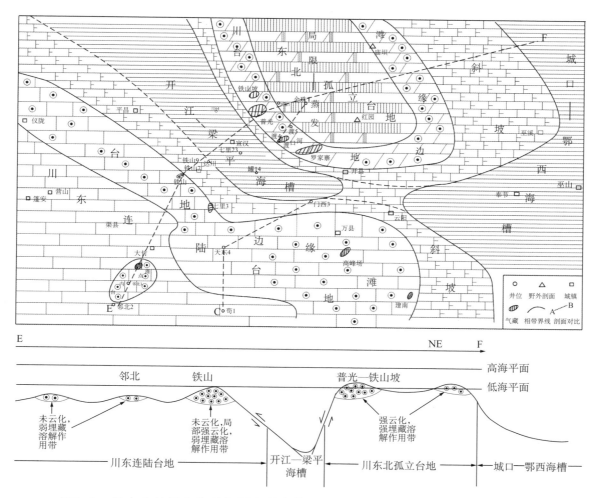

图2-1 川东北地区飞仙关组沉积早中期沉积环境、成岩作用与气藏分布简图

2. 成岩作用

已有的勘探及研究表明，沉积作用是川东北飞仙关组气藏储层形成的基础，其中台地边缘滩是最有利于储层形成与演化的沉积相带。但是，并非所有台地边缘滩都能演化成良好的储层，一般只有经过较强白云石化和埋藏溶解作用改造后的台地边缘滩才能形成优质储层，如开江—梁平海槽东北侧孤立台地边缘滩。而白云石化和埋藏溶解作用改造不强的台地边缘滩一般只能形成较差的储层，如开江—梁平海槽西南侧连陆台地边缘滩。因此，成岩过程中的白云石化作用和埋藏溶解作用是储层形成的关键。

1）白云石化作用

四川盆地绝大部分大中型海相气藏均分布在白云岩地层中，如川南威远震旦系气藏、川东石炭系气藏、川西中坝雷口坡气藏和川东北长兴组—飞仙关组气藏等。这表明，白云岩是这些气藏形成的关键因素之一。然而白云石化机理又是目前国际上一个尚未完全解决的难题。这里仅以川东北飞仙关组白云石化机理的分析来说明白云石化对气藏储层的影响。

飞仙关组沉积时期，开江—梁平海槽东北侧孤立台地具有水体浅、盐度大的基本特征。其台地边缘滩的水体更浅，在次级海平面升降过程中可频繁暴露于水面之上（图2-1），十分有利于混合水白云石化的进行；加之该孤立台地内部蒸发作用强，水体盐度高，向海槽方向渗透的高盐度水也加速了台地边缘滩体白云石化的进行，导致该孤立台地边缘滩中的早期鲕粒灰岩几乎全部转变成鲕粒白云岩，成为强白云石化区。与此同时，由于海槽西南侧连陆台地边缘的水体相对较深，盐度也基本正常，次级海平面的升降不易导致该边缘鲕粒滩的整体暴露（图2-1），仅局部高部位滩体可出露于水面之上接受混合水白云石化的改造，形成透镜状分布的鲕粒白云岩，如龙岗及铁山附近。大部分滩体仍由鲕粒灰岩组成，其中多期亮晶方解石胶结物十分发育，成为强胶结区，原生和次生孔隙较少。

众所周知，灰质沉积物（岩）的强烈白云石化可较大程度地提高储层质量。首先，一方面，如果按分子对分子交代理论来说，当石灰岩被白云岩完全交代时将会增加岩石12.5%的孔隙度；另一方面，由于交代的白云石较方解石具有更粗大和自形的晶体，从而可提高岩石的有效孔隙度和渗透率；其次，在相同埋藏条件下，白云岩抵抗压实程度的性能明显好于石灰岩，即在相同的埋藏条件下，白云岩中的孔隙比石灰岩中的孔隙更容易保存下来。此外，白云岩是地层中孔隙度、渗透率相对较高的部位，有利于地层水的流通，为埋藏期溶解作用的进行奠定了基础，从而有利于储层的形成。

2）溶解作用

埋藏溶解作用是多数深埋藏条件下优质储层形成的又一关键因素。川东北地区飞仙关组气藏储层中埋藏溶解作用与相邻地层中烃源岩向油气转换和孤立台地内部石膏的热化学还原作用（TSR）密切相关。

已有研究表明，川东北地区飞仙关组气藏主要烃源岩是上二叠统的煤系地层、暗色泥晶灰岩、灰质泥页岩和硅质岩等，其次为下寒武统暗色泥岩和下三叠统泥质泥晶灰岩。随着埋藏深度的增加，这些烃源岩在向液态烃和气态烃的转换过程中，会释放出大量的有机酸和含其他腐蚀性组分的地层水。当这些具有强烈溶解能力的流体沿开江—梁平海槽周边断裂带运移到台地边缘滩体中时，势必产生大规模的溶解作用，形成较多的粒间溶孔、粒内溶孔和晶间溶孔。此外，东北侧孤立台地内部的飞——飞二段含有大量膏岩，因此其地层水中富含SO_4^{2-}。由液态烃或干酪根裂解产生的CH_4与地层水中的SO_4^{2-}反应形成H_2S。H_2S对周边碳酸盐岩也会产生较强的溶解作用，形成更多的次生孔隙。普光、罗家寨和渡口河飞仙关组气藏中的H_2S含量高达10%以上，也说明有这种热化学反应导致的溶解作用存在。

3. 构造作用

构造作用是川东北地区飞仙关组气藏形成的条件之一。构造作用按形成的时间又可分为同沉积构造和现今构造。同沉积构造主要影响着川东北地区飞仙关组沉积相带的基本展布，即决定了气藏生、储、盖的大致分布范围；现今构造不仅形成了现今气藏的圈闭类型及构造保存条件，还影响着储层的渗透率，从而直接影响气藏的单井产能。

1）同沉积构造

这里的同沉积构造主要是指控制沉积作用的古构造，多形成于沉积前或与沉积作用发生的时间基本相当。川东北地区飞仙关组沉积期的同沉积构造主要是指早晚二叠世期间与东吴运动（峨眉地裂运动）有关的构造，形成的区域性大断裂不仅影响着飞仙关组沉积期的基本沉积格局，决定了生、储、盖的大致展布，而且还控制着台地边缘滩体成岩作用的进行，较大地影响着储层的形成与演化。

（1）对沉积作用的影响。早晚二叠世期间的东吴运动，在四川盆地表现为地壳的拉张运动，又称为峨眉地裂运动。该次运动在四川盆地形成多条深大断裂（基底断裂），并在川西地区溢流出大量玄武岩，如峨眉山玄武岩。其中在开江—梁平一线形成的深大断裂控制着川东北—川北地区早三叠世飞仙关组沉积期的基本沉积格局，即断层下降盘形成较深水的海槽区，上升盘形成较浅水的台地区，而断层面构成斜坡区。上升盘浅水台地边缘地带最有利于滩体的堆积，下降盘则有利于暗色细粒物质，如泥质、灰质、硅质和有机质的堆积，是极好的烃源岩分布区。

（2）对储层发育的影响。同沉积的基底断裂控制着台地边缘滩体的展布，而滩相沉积体又是优质储层发育的基础，因此可以说同沉积构造控制着储集体的基本展布。此外，断层上升盘边缘又是其环境中的一个相对浅水区，因而有利于同生—准同生阶段与海平面升降暴露有关的滩体混合水白云石化作用的进行。再者，其断层面有利于地层水和油气的运移，从而可使靠近断层面附近的滩相沉积体更加容易发生埋藏溶解作用和油气的进入。

2）现今构造

这里所说现今构造是指燕山期和喜马拉雅期形成的构造，其形成和分布对川东北地区飞仙关组滩相储层的发育、油气的聚集及单井产能也有一定影响。

目前，川东北地区已发现的飞仙关组气藏，主要分布于北东向展布的构造体系中，如普光、毛坝、铁山坡、渡口河和罗家寨等气藏。在北西向展布的构造体系中，除金珠坪构造产少量天然气外，其他构造均钻探失利，构造方向性影响储层发育程度和油气藏形成的原因，可能主要是由于北东向展布的构造体系，其长轴和断裂平行于酸性地层水和油气运移方向（图2-2），这样深水海槽相带中产生的酸性地层水和油气易于沿断裂运移，从而有利于液态烃和气态烃溶解作用的发生，也有利于油气的运聚。同时，北东向构造体系多处于台地边缘滩环境中，沉积相带、白云石化作用和溶蚀作用等都有利于储层发育。北西向构造体系的长轴和断裂垂直于酸性水和油气运移方向，不利于有机酸性地层水的活动，因而液态烃期的溶蚀作用不强；此外，北西向构造体系离海槽烃源岩区也较远，有机酸性水也难于到达此地，即使有酸性水到达，其溶蚀能力已变得很弱了；再者，北西向构造体系处于台地内低能的局限—蒸发环境中，其沉积产物以膏岩为主，也不利于储层发育。

川东北地区地表及地腹构造关系复杂，形迹多样，既有近北东向展布的温泉井、罗家寨、普光、铁山坡和渡口河构造，也有北西向展布的高张坪、月溪场、金珠坪等紧密型大巴山弧前褶皱带。自1995年在渡口河发现飞仙关组滩型气藏到2008年底，在川东北地区二叠系—三叠系中共发现近20个礁滩型酸性气田，其中大型气田有普光、罗家寨、铁山坡和渡口河等，中型气田有七里北、铁山等，累计探明储量$6051.15 \times 10^8 m^3$，占四川盆地天然气总探明储量的25%左右，形成了川东北二叠系—三叠系大型气田群。这些气藏的主要成藏特征是：有丰富的烃源、成层性好的孔隙型储层、古隆起的早期聚集、多类型的圈闭和良好的保存条件。下面以普光气田飞仙关组气藏为例说明川东北地区飞仙关组气藏的成藏过程。

二、成藏机理

1. 成藏条件

1）丰富的烃源岩

前人对川东北地区飞仙关组气藏气源的研究表明[14]，气藏的烃源岩主要是上二叠统的煤系地层和生物（屑）泥晶灰岩，其次是下寒武统的暗色泥岩和下三叠统的暗色泥质泥晶灰岩和泥晶灰岩。其中上二叠统烃源岩分布面积就达$54200 km^2$，总生烃量达$461.93 \times 10^{12} m^3$。

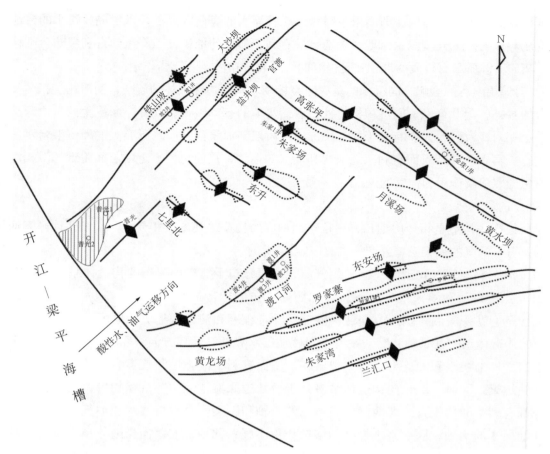

图2-2　川东北地区飞仙关组构造轨迹分布及酸性地层水、油气运移方向

从其成烃演化过程来看（图2-3），上二叠统烃源岩中的有机质在印支晚期开始成熟，燕山早期进入生油高峰期，燕山中期进入高成熟期（生气高峰期），燕山晚期进入过成熟期。现今烃源岩的R_o值为2.5%～3.3%，已进入过成熟中、晚期，早期生成的液态烃已全部热裂解为天然气。

因此，燕山早期、中晚期（即晚侏罗世—白垩纪）是川东北地区上二叠统烃源层的油气大量生成期，即油气初次运移和二次运移期，该时期晚于局部构造形成期（印支期）、早于局部构造定形期（喜马拉雅期）。

2）良好的储层

普光气田飞仙关组滩相气藏储层的主要储集岩是鲕粒白云岩，其次是鲕粒灰岩和晶粒白云岩。储集空间以次生成因的粒间溶孔、粒内溶孔、晶间孔和晶间溶孔占绝对优势；以高孔—高渗和中高孔—中渗的优质储层为主，是四川盆地内迄今所发现的最好储层。

其储层的孔隙发育过程大致可划分为以下3个阶段，即原生粒间孔消失阶段、白云石晶间孔形成阶段和溶孔—溶洞产生阶段。（1）原生粒间孔消失阶段：普光气田飞仙关组储层主要发育于台地边缘滩之中，在沉积过程中其滩体粒间原生孔隙极为发育，原始孔隙度可达30%～50%，但这些孔隙经过多期亮晶方解石和白云石胶结后基本消失。（2）白云石晶间孔形成阶段：经过第一期纤状方解石胶结的台地边缘滩沉积物，在海平面下降和滩体沉积作用的影响下，频繁暴露于水体之上，在大气淡水和海水的作用下，发生混合水白云石化作用，部分形成具有或不具有颗粒残余结构的白云岩，主要由自形程度较高和晶粒较粗的白云石构成；结果在白云石晶体间产生较多的晶间孔，使岩石的有效孔隙度和

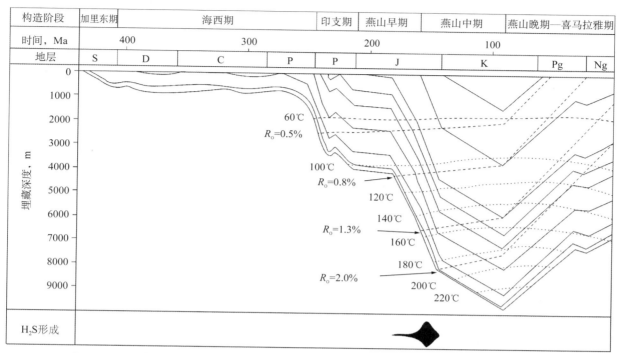

图2-3 川东北地区普光地区埋藏史及有机质演化示意图（据马永生，2005）

渗透率明显增加。（3）溶孔—溶洞产生阶段：当早期鲕粒白云岩和晶粒白云岩被埋藏至3000m以下的深度时（印支晚期），普光气田相邻地区中的上二叠统等烃源岩开始成熟演化（直到燕山晚期），飞仙关组中的膏盐发生硫酸盐的热化学还原作用（TSR），与这些有机质成熟演化和TSR有关的各种埋藏溶解作用形成大量粒间溶孔、粒内溶孔和晶间溶孔；这些溶孔仅局部被少量沥青半充填，现今面孔率一般在5%～10%，储集性能极好。

3）多期构造形成圈闭

从飞仙关组滩相气藏的储层孔隙发展过程及其与层内烃类运聚演化的关系来看，在滩相油气藏形成过程中，印支运动、燕山运动及喜马拉雅运动都应该对圈闭形成及油气藏的形成有一定影响，特别是那些与构造有密切关系的圈闭油气藏。在川东北部渡口河—黄金口一带，地震勘探已证实其飞仙关组构造复杂、断层发育；在马头寨—老鹰岩一带，因靠近大巴山前，以北东东向为主的构造圈闭呈紧闭状排列，向南逐渐宽缓；在罗家寨一带发育北东向正向断层和紧闭褶皱，两者之间"三角"带的五宝场构造，由于受两个方向的挤压作用，构造形态呈椭圆形，构造圈闭形态宽缓。在中三叠世末，印支运动早期，开江隆起逐渐形成，并在燕山期、喜马拉雅期继承性发育，从而控制了构造演化，形成有利油气运聚带。从预测的滩体分布看，滩体的分布面积往往超过构造圈闭范围，构成岩性—构造复合型圈闭。钻探已证实，普光滩相气藏除受构造控制外，还受岩性控制，表现出复合型气藏特征。

油气演化埋藏史、热史及包裹体资料分析反映出，普光气藏的形成经历了多次调整与转化，也经历了圈闭变位与调整，主要表现在现今普光—东岳寨构造从北东向南西方向，飞仙关组构造高点逐渐升高。但在构造高部位的川岳83井、川岳84井的钻探结果反映出，该带存在相变带，鲕滩欠发育，在沉积环境上明显处于海槽环境中，而在现今构造翼部的普光2井和普光1井边缘滩明显发育，表明沉积时存在北东高、南西低的古地貌。此外，普光—东岳寨构造钻井资料揭示，现今普光气藏飞仙关组鲕滩储层发育多期次的成岩改造作用，在孔隙及裂缝中充填了沥青；而在东岳寨构造却明显不发育鲕滩，以裂缝发育为主。除受岩相、岩性控制外，进一步反映该构造在早期油气成藏过程时处于低部位，充满度低，因此，在深埋过程中油气转化残留少，储层沥青不发育。由此可见，早期普光—东岳寨构造带是一个北东高、南西低的构造，并在三叠纪末随古生界（包括下古生界）的埋深而进入生烃阶段，大量烃类（以油为主）向高部位运聚，形成以普光—铁山坡为高点的油藏。燕山—喜马拉雅早期，随着周边褶皱冲断带向盆地内部的推进，前陆盆地逐渐下沉、地层深埋，先期存在的油藏受热而发生热裂解，形成大量裂解气；在上覆巨厚膏盐层的封盖下，这些天然气被压溶于地层水中。喜马拉雅晚期（新近纪），这一地区又卷入构造隆升，构造发生调整，地层遭受剥蚀，随构造变形改造与卸压，地层水中的溶解气大量脱出，重新定位于现今的构造部位，形成构造—岩性复合型气藏。

2. 成藏期次

储层中有机包裹体均一化温度一般代表包裹体被捕获时的最低温度，即烃类运移进入储层时的温度；其温度的高峰值代表油气二次运移的高峰期。李葆华（2009）通过对普光飞仙关组储层内烃类包裹体及其共生的盐水包裹体研究后认为该储层内存在3期包裹体。

包裹体类型划分为H_2O包裹体、烃—H_2O包裹体和烃类包裹体三大类。第一期烃类包裹体主要赋存于早期裂缝方解石或粒状亮晶方解石中，呈液态或固态（沥青），其形态不规则，均一化温度为85.2～117℃，频率值较高，主峰明显以液相水包裹体和气—液—水包裹体为主，含有少量液相烃包裹体，偶见气—液烃包裹体。第二期包裹体主要赋存于晚期连晶方解石、方解石脉以及溶洞石英晶体中，主要为气—液两相包裹体，形态呈方形、长方形、圆形、椭圆形、长椭圆形等，均一化温度为115.5～168℃，以气—液水包裹体和液相水包裹体为主，其次为含沥青的液相烃包裹体和气—液烃包裹体。第三期包裹体主要赋存于方解石脉以及溶洞石英晶体中，主要为气相或气—液两相包裹体，呈长椭圆、圆形、长方形、不规则形等形态分布，均一化温度为135～217℃，以气—液—水包裹体、液相水包裹体和气态烃包裹体为主。

根据包裹体均一化温度推算，第一期运移的深度为3500m左右，第二期运移的深度为5300m左右，第三期运移的深度为7000m左右。结合普光气藏地层埋藏史估算，三次油气充注时间分别是印支晚期—燕山早期（T_3—J_1）、燕山中晚期（J_2—K）以及喜马拉雅期。

3. 成藏过程

根据川东北地区构造发育演化、烃源岩热演化史、流体性质、流体包裹体等资料，马永生等[15]、蔡立国[16]等将普光气藏成藏模式归纳为"早期成藏，后期转化，晚期定位"。即印支晚期—燕山早期液态烃运聚形成古油藏；燕山中晚期深埋，液态烃裂解进入气态烃演化阶段，发生油向气的转化，残留沥青；燕山晚期—喜马拉雅早期，形成气藏；喜马拉雅期再次调整成藏，形成现今构造—岩性复合气藏（图2-4）。

1）原生油藏阶段

原生油藏阶段出现在印支晚期—燕山早期。此时川东北地区上二叠统等烃源岩已完成了从未成熟到成熟的转变，进入液态窗。燕山运动早期除在盆地边部形成狭长的背斜外，还在盆地内部形成宽缓背斜。液态烃成熟过程中排出的富含有机酸流体在有利位置的滩体内发生溶解作用形成前期埋藏溶解孔隙，使部分滩体成为孔隙性储层。这些储层与背斜构造配套形成地层—构造复合圈闭，而液态烃运移至圈闭中形成油藏。普光构造处于当时为开江古隆起西北翼上的一个次级隆起；此时二叠系烃源岩正处于生油高峰期，大量烃类（油为主）向普光隆起运聚，形成普光古油藏 [图2-4（a）]。

2）气藏阶段

气藏阶段发生在中、晚燕山—喜马拉雅早期：晚燕山期是普光地区褶皱形成的主要时期，在此时期形成双石庙—普光北东向构造带；同时，普光构造—岩性复合圈闭形成。此时期，随着前陆盆地逐渐下沉，地层深埋，二叠系烃源岩已进入高成熟—过成熟的大量生气阶段，同时先期存在的油藏受热而发生热裂解，形成大量的裂解气，实现"油气转化"，储层中残留了碳沥青。地层水中CO_2含量增高，在储层中发生溶解作用从而形成晚期埋藏溶解孔，改变储层分布状况的同时也改变了复合圈闭形态。随燕山运动的加强，背斜构造变得狭长。原油裂解气和干酪根热解气共同聚集形成对古油藏有继承性的早期气藏。此外，由于埋深增大、地温增高，在有沉积硫酸盐参与的情况下发生高温硫酸盐热还原作用（TSR），产生H_2S和CO_2，使气藏含硫量和CO_2含量增高。伴随褶皱隆升，下部及邻近的天然气通过断裂、裂缝、不整合面及输导层向隆起高部位运移聚集；在上覆巨厚膏盐层的封盖下，这些天然气始终处于整体封闭环境中，并在普光飞仙关组构造—岩性复合圈闭内聚集成天然气藏［图2-4（b）（c）］。

3）改造与定型阶段

改造与定型阶段发生在喜马拉雅中晚期（新近纪）：强烈的喜马拉雅运动对燕山期形成的气藏有明显的改造。抬升、剥蚀作用使气藏埋深变浅、温度降低，终止或减缓了气藏中的硫酸盐热还原作用。对燕山期构造的改造以及喜马拉雅期不同期次、不同方向构造的叠加、复合，使气藏圈闭发生形态改变、高点迁移，从而造成气藏的调整、改造，最终定型为现今的气藏。普光地区受印支中晚期大巴山由

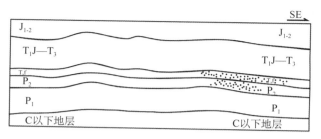

（a）燕山早期油藏形成阶段

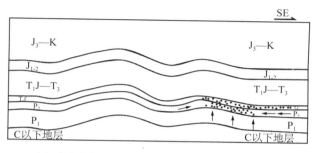

（b）燕山中期凝析气、湿气形成阶段（TSR发生阶段）

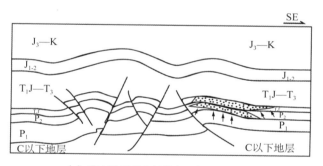

（c）燕山晚期硫化氢伴生干气聚集成藏

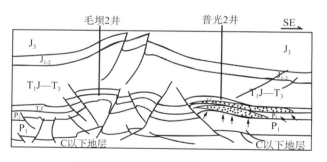

（d）喜马拉雅期硫化氢伴生干气调整成藏

图2-4 普光气田高含硫天然气形成过程
（据李贺岩，2011）

北东向南西的逆冲水平挤压使构造发生调整，呈现鼻状隆起。在褶皱定型、圈闭形成的同时，构造轴部伴生出大量构造裂缝，极大地改善了储层的孔隙度、渗透性性能，致使天然气再次向构造高点运移富集；喜马拉雅晚期运动对早期气藏进行的改造，使油气再次分配聚集，形成现今的面貌。由于北西向构造影响较小，整体封闭环境未被破坏，使得普光气田飞仙关组气藏最终定位［图2-4（d）］。

参 考 文 献

[1] 黄士鹏，廖凤蓉，吴小奇，等，四川盆地含硫化氢气藏分布特征及硫化氢成因探讨 [J]．天然气地球科学，2010，21（5）：705-713．

[2] 江兴福，徐人芬，黄建章．川东地区飞仙关组气藏硫化氢分布特征 [J]．天然气工业，2002，22（2）：24-27．

[3] 侯路，胡军，汤军．中国碳酸盐岩大气田硫化氢分布特征及成因 [J]．石油学报，2005，26（3）：26-32．

[4] 朱光有，张水昌，李剑，等．中国高含硫化氢天然气的形成及其分布 [J]．石油勘探与开发，2004，31（3）：18-21．

[5] 赵兴齐，陈践发，张晨，等．天然气藏中硫化氢成因研究进展 [J]．新疆石油地质，2011，32（5）：552-556．

[6] 丁康乐，李术元，岳长涛，等．硫酸盐热化学还原反应基元步骤与反应机理初探 [J]．燃料化学学报，2008，36（6）：706-711．

[7] 丁康乐，李术元，岳长涛，等．碳酸盐岩储集层含H_2S天然气成因研究 [J]．新疆石油地质，2008，29（4）：535-538．

[8] 杜志敏．国外高含硫气藏开发经验与启示 [J]．天然气工业，2006，26（12）：35-37．

[9] 侯路，丁魏伟，杨池银，等．港西断裂带包裹体中硫化氢的成因探讨 [J]．地质与勘探，2006，26（3）：页码不详．

[10] 杜乐天．幔汁（ACOHNS）流体的重大意义 [J]．大地构造与成矿学，1989，13（1）：91-99．

[11] 王敏芳，2004．含油气盆地CO_2成因类型分析 [J]．重庆石油高等专科学校学报，2（6）：22-24．

[12] 刘全有，金之钧，王毅，等．四川盆地海相层系天然气成因类型与TSR改造沥青证据 [J]．天然气地球科学，2009，20（5）：759-762．

[13] 戴金星．广东平远鹧鸪隆二氧化碳气苗 [J]．石油与天然气地质，1990（2）：205-208．

[14] 谢增业，李剑，单秀琴，等．川东北罗家寨飞仙关组气藏成藏过程及聚集效率 [J]．石油与天然气地质，2005，26（6）:765-769．

[15] 马永生，傅强，郭彤楼，等．川东北地区普光气田长兴—飞仙关气藏成藏模式与成藏过程 [J]．石油实验地质，2005，27（5）：455-461．

[16] 蔡立国，饶丹，潘文蕾，等．川东北地区普光气田成藏模式研究 [J]．石油实验地质，2005，27（5）：462-468．

第三章　酸性气藏流体性质

从广义来说，天然气是指自然界中天然存在的一切气体，包括大气圈、水圈、生物圈和岩石圈中各种自然过程形成的气体[1]。而从能量角度出发的狭义定义，是指天然蕴藏于地层中的烃类和非烃类气体的混合物，主要有油田气、气田气、煤层气、泥火山气和生物生成气等。一般而言，常规天然气中甲烷（CH_4）占绝大多数，乙烷（C_2H_6）、丁烷（C_4H_{10}）和戊烷（C_5H_{12}）含量较少，己烷（C_6H_{14}）以上的烷烃含量极少。此外，还含有少量的非烃气体，如硫化氢（H_2S）、二氧化碳（CO_2）、一氧化碳（CO）、氮气（N_2）、氢气（H_2）、水蒸气（H_2O）以及硫醇（RSH）、硫醚（RSR）、二硫化碳（CS_2）、羰基硫（或硫化碳）（COS）、噻吩（C_4H_4S）等有机硫化物，有时也含有微量的稀有气体，如氦、氩等。在大多数天然气中还存在少量的不饱和烃，如乙烯、丙烯、丁烯，偶尔也含有极少量的环烃化合物，如环戊烷、环己烷、苯、甲苯、二甲苯等。组成天然气的组分大同小异，但其相对含量却各不相同。

第一节　H_2S和CO_2气体的物理化学性质

一、H_2S的物理化学性质

H_2S是一种无色有毒、易燃、有臭鸡蛋气味的气体。H_2S在水中有中等程度的溶解度，水溶液为氢硫酸，具有强烈腐蚀性，且在有机溶剂中的溶解度比在水中的溶解度大。H_2S在空气中的自燃温度约250℃，爆炸极限为4%～46%（体积分数）。低温下H_2S可与水形成结晶状的水合物。H_2S不稳定、受热易分解，溶解在液硫中会形成多硫化氢。H_2S中S的氧化数为−2，处于S的最低氧化态，所以H_2S的一个重要化学性质是具有还原性，能被I_2，Br_2，O_2和SO_2等氧化剂氧化成单质S，甚至氧化成硫酸。

二、CO_2的物理化学性质

在通常状况下，CO_2气体是一种无色、无臭、带有酸味的气体，能溶于水，在水中的溶解度为0.1449g/100g（水）（25℃）。在20℃时，将CO_2气体加压到5.9MPa即可变成无色液体，在−56.6℃、5.27×10^5Pa时变成固体。液态二氧化碳减压迅速蒸发时，一部分吸热气化，另一部分骤冷变成雪状固体，固体状的二氧化碳俗称"干冰"。二氧化碳无毒，但不能供给动物呼吸，是一种窒息性气体。二氧化碳在尿素生产、油气田增产、冶金、超临界等方面有广泛的应用。

CO_2是碳的最高氧化态，具有非常稳定的化学性质。它无还原性，有弱氧化性，但在高温或催化剂存在的情况下可参与某些化学反应。CO_2是典型的酸性氧化物，具有酸性氧化物的通性，和水生成碳酸，和碱性氧化物反应生成盐，少量时和碱反应生成正盐和水，足量时和碱反应生成酸式盐和水。

第二节　含H₂S和CO₂天然气的主要性质

一、天然气的黏度

黏度是天然气的重要物理性质，确定气体黏度的唯一精确方法是实验方法，然而，用实验方法确定黏度非常困难，而且时间很长，加上如果有H_2S气体，实验更加危险。因此，通常是应用与黏度有关的相关式确定。

1. 黏度计算模型

酸性气体黏度的预测方法通常有4大类，即状态方程法、图版法、经验公式法和对应状态原理法。

1）状态方程法

状态方程法是基于$p—V—T$和$T—\mu—p$图形的相似性，结合立方型状态方程而建立的预测酸性气体黏度的解析模型。该方法首次由Little建立了基于范德华状态方程的计算烃类气、液相黏度的统一模型[2]。此后，王利生等基于三参数Patel−Teja状态方程，分别建立了各自对应的黏度模型，并成功地应用到油气藏流体黏度的计算中。随后，郭绪强等基于PR状态方程，建立了能同时预测气、液相黏度的统一模型。

基于PR状态方程的黏度模型：

$$T = \frac{r'_m p}{\mu_m - b'_m} - \frac{a_m}{\mu_m(\mu_m + b_m) + b_m(\mu_m - b_m)} \tag{3-1}$$

式中，a_m，b_m，r'_m和b'_m采用式（3−2）～式（3−5）计算：

$$a_m = \sum_i x_i a_i \tag{3-2}$$

$$b_m = \sum_i x_i b_i \tag{3-3}$$

$$b'_m = \sum_i \sum_j x_i x_j \sqrt{b'_i b'_j}(1 - k_{ij}) \tag{3-4}$$

$$r'_m = \sum_i x_i r' \tag{3-5}$$

式（3−1）～式（3−5）中，r'和b'由式（3−6）进行计算：

$$
\begin{cases}
r_c = \dfrac{\mu_c T_c}{p_c Z_c} \\
\mu_c = 7.7 T_c^{-1/6} M_w^{0.5} p_c^{2/3} \\
r' = r_c \tau(T_r, p_r) \\
b' = b\varphi(T_r, p_r)
\end{cases}
\tag{3-6}
$$

式（3-1）~式（3~6）中，纯组分系数中引力系数a和斥力系数b可由临界性质计算：

其中
$$\begin{cases} a = 0.45724\dfrac{r_c^2 p_c^2}{T_c} \\ b = 0.0778\dfrac{r_c p_c}{T_c} \end{cases} \tag{3-7}$$

$$\tau\left(T_r, p_r\right) = \left[1 + Q_1\left(\sqrt{T_r p_r} - 1\right)\right]^{-2} \tag{3-8}$$

$$\varphi\left(T_r, p_r\right) = \exp\left[Q_2\left(\sqrt{T_r} - 1\right)\right] + Q_3\left(\sqrt{p_r} - 1\right)^2 \tag{3-9}$$

式（3-8）和式（3-9）中的参数$Q_1 \sim Q_3$已普遍化为偏心因子的关联式。

对于$\omega < 0.3$，有：

$$\begin{cases} Q_1 = 0.829599 + 0.350857\omega - 0.74768\omega^2 \\ Q_2 = 1.94546 - 3.19777\omega + 2.80193\omega^2 \\ Q_3 = 0.299757 + 2.20855\omega - 6.64959\omega^2 \end{cases} \tag{3-10}$$

对于$\omega \geqslant 0.3$，有：

$$\begin{cases} Q_1 = 0.956763 + 0.192829\omega - 0.303189\omega^2 \\ Q_2 = -0.258789 - 37.1071\omega + 20.551\omega^2 \\ Q_3 = 5.16307 - 12.8207\omega + 11.0109\omega^2 \end{cases} \tag{3-11}$$

对含μ的多项式用解析法求解时，在对应的温度和压力下，酸性气体黏度为大于b的最小实根。

式中　μ——气体黏度，$10^{-4}\text{mPa} \cdot \text{s}$；

　　　p——压力，0.1MPa；

　　　T——温度，K；

　　　a，b——对应状态方程中的引力系数和斥力系数；

　　　r——临界性质的关联参数。

　　　k——平衡常数；

　　　M——摩尔质量，g/mol；

　　　ω——偏心因子；

　　　b'，r'，τ，$Q_1 \sim Q_3$——均为中间变量，无特殊物理含义；

　　　T_r，p_r——分别表示相对温度和相对压力；

　　　T_c，p_{cr}——分别表示临界温度和临界压力；

　　　下标i，j——组分代码；

　　　下标m——混合物中各参数的取值。

2）图版法和经验公式法

图版法普遍选用Carr，Kobayshi和Burrows发表的图版[3]，该图版考虑了非烃气体存在对气体黏度的影响，采用非烃校正图版对混合气体黏度进行校正，其非烃气体黏度校正值，可以根据天然气相对密度和非烃气体体积百分数从相应的插图中查出。

采用图版法时必须首先根据已知的温度T、摩尔质量M_g或相对密度，在图版中查得大气压力下的气体黏度，然后根据所给状态算出对比参数，即对比压力和对比温度，再从图版中查得黏度比值，就可以得到图版法黏度值。

经验公式法是建立在常规气体黏度的经验预测方法基础上，通过拟合实验图版，进行校正后得到常规气体黏度。常规气体黏度的经验预测方法中，主要有Lee—Gonzalez（LG）法、Lohrenz—Bray—Clark（LBC）法和Dempsey（D）法。由于酸性气体中H_2S和CO_2等非烃气体组分的影响，酸性气体的黏度往往比常规气体的黏度要偏高，因此在常规气体黏度的经验预测方法基础上，需要对酸性气体的黏度进行非烃校正。

（1）Lee—Gonzalez法（LG法）。

Lee和Gonzalez等对4个石油公司提供的8个天然气样品，在温度$37.8 \sim 171.2$℃和压力$0.1013 \sim 55.158$MPa条件下，进行黏度和密度的实验测定，利用测定的数据得到以下的相关经验公式：

$$\mu_g = 10^{-4} K \exp\left(X \rho_g^Y\right) \tag{3-12}$$

$$K = \frac{2.6832 \times 10^{-2} \left(470 + M_g\right) T^{1.5}}{116.1111 + 10.5556 M_g + T} \tag{3-13}$$

$$X = 0.01\left(350 + \frac{54777.78}{T} + M_g\right) \tag{3-14}$$

$$Y = 0.2 \ (12 - X) \tag{3-15}$$

$$\rho_g = \frac{10^{-3} M_{air} \gamma_g p}{ZRT} \tag{3-16}$$

式中　μ_g——地层天然气的黏度，$mPa \cdot s$；

ρ_g——地层天然气的密度，g/cm^3；

M_g——天然气的摩尔质量，$kg/kmol$；

M_{air}——空气的摩尔质量，$kg/kmol$；

T——地层温度，K；

p——压力，MPa；

Z——偏差系数；

γ_g——天然气的相对密度（$\gamma_{空气} = 1$）；

X，Y，K——计算参数；

R——气体常数，$MPa \cdot m^3/(kmol \cdot K)$。

（2）Lohrenz—Bray—Clark法（LBC法）。

Lohrenz等在1964年提出如下公式计算高压气体黏度：

$$[(\mu - \mu_{g1})\xi + 10^{-4}]^{1/4} = a_1 + a_2\rho_r + a_3\rho_r^2 + a_4\rho_r^3 + a_5\rho_r^4 \tag{3-17}$$

其中，$a_1 = 0.1023$，$a_2 = 0.023364$，$a_3 = 0.058533$，$a_4 = -0.040758$。

式中　μ_{g1}——气体在低压下的黏度，$mPa \cdot s$；

ρ_r——对比密度。

$$\rho_r = \frac{\rho}{\rho_c}$$

其中

$$\rho_c = \left(V_c\right)^{-1} = \left[\sum_{\substack{i=1 \\ i \neq C_{7+}}}^{N}\left(z_i V_{ci}\right) + z_{C_{7+}} V_{cC_{7+}}\right]^{-1}$$

式中 $V_{cC_{7+}}$ 可由式（3—18）确定：

$$V_{cC_{7+}} = 21.573 + 0.015122 MW_{C_{7+}} - 27.656 \times SG_{C_{7+}} + 0.070615 MW_{C_{7+}} \times SG_{C_{7+}} \tag{3—18}$$

ξ 按照式（3—19）计算：

$$\xi = \left(\sum_{i=1}^{N} T_{ci} z_i\right)^{\frac{1}{6}} \left(\sum_{i=1}^{N} MW z_i\right)^{-\frac{1}{2}} \left(\sum_{i=1}^{N} p_{ci} z_i\right)^{-\frac{2}{3}} \tag{3—19}$$

对于气体在低压下的黏度，可用 Herning 和 Zipperer 混合定律确定：

$$\mu_{g1} = \frac{\sum\limits_{i=1}^{n} \mu_{gi} Y_i M_i^{0.5}}{\sum\limits_{i=1}^{n} Y_i M_i^{0.5}} \tag{3—20}$$

式中，μ_{gi} 为 1 个大气压和给定温度下单组分气体的黏度，其关系可由 Stiel & Thodos 式确定：

$$\mu_{gi} = 34 \times 10^{-5} \frac{1}{\xi_i} T_{ri}^{0.94} \quad \left(T_{ri} < 1.5\right) \tag{3—21}$$

$$\mu_{gi} = 17.78 \times 10^{-5} \frac{1}{\xi_i} \left(4.58 T_{ri} - 1.67\right)^{\frac{5}{8}} \tag{3—22}$$

式中　M_i——气体中 i 组分的相对分子质量；

　　　Y_i——混合气中 i 组分的摩尔分数。

（3）Dempsey 法（D 法）。

Dempsey 对 Carr 等的图进行拟合，得到：

$$\ln\left(\frac{\mu_g T_r}{\mu_1}\right) = A_0 + A_1 p_r + A_2 p_r^2 + A_3 p_r^3 + T_r\left(A_4 + A_5 p_r + A_6 p_r^2 + A_7 p_r^3\right) + $$
$$T_r^2\left(A_8 + A_9 p_r + A_{10} p_r^2 + A_{11} p_r^3\right) + T_r^3\left(A_{12} + A_{13} p + A_{14} p_r^2 + A_{15} p_r^3\right) \tag{3—23}$$

$$\mu_1 = \left(1.709 \times 10^{-5} - 20.62 \times 10^{-6} \gamma_g\right)\left(1.8T + 32\right) + 8.188 \times 10^{-3} - 6.15 \times 10^{-3} \lg\left(\gamma_g\right) \tag{3—24}$$

其中：$A_0 = -2.4621182$；$A_1 = 2.97054714$；$A_2 = -0.286264054$；$A_3 = 0.00805420522$；$A_4 = 2.80860949$；

　　　$A_5 = -3.49803305$；$A_6 = 0.36037302$；$A_7 = -0.0104432413$；$A_8 = -0.793385684$；$A_9 = 1.39643306$；

　　　$A_{10} = -0.149144925$；$A_{11} = 0.00441015512$；$A_{12} = 0.0839387178$；$A_{13} = -0.186408846$；

　　　$A_{14} = 0.0203367881$；$A_{15} = -0.000609579263$。

式中　μ_1——在 1 个大气压和给定温度下单组分气体黏度，mPa·s。

3）对应状态原理法

计算气体黏度的对应状态原理是 Pedersen 等在 1984 年和 1987 年提出来的。在对应状态基础上，将气体黏度表示成对比温度和对比密度的函数。通过对应状态原理，可以建立计算酸性气体黏度的通用方法。

2. 黏度非烃校正模型

与常规气藏流体相比，酸性气体的黏度要偏大。因此，在使用经验公式计算酸性气体黏度时，还应该进行非烃校正。

1）杨继盛校正

杨继盛提出的非烃校正主要是对Lee-Gonzalez经验公式中的式（3-12）进行校正。

$$K'=K+K_{H_2S}+K_{CO_2}+K_{N_2} \tag{3-25}$$

式中　K'——校正后的经验系数；

　　　K——经验系数；

　　　K_{H_2S}，K_{CO_2}和K_{N_2}——当天然气中有H_2S，CO_2和N_2存在时所引起的附加黏度校正系数。

对于$0.6<\gamma_g<1$的天然气，有：

$$K_{H_2S}=Y_{H_2S}(0.000057\gamma_g-0.000017)\times10^4 \tag{3-26}$$

$$K_{CO_2}=Y_{CO_2}(0.000050\gamma_g-0.000017)\times10^4 \tag{3-27}$$

$$K_{N_2}=Y_{N_2}(0.00005\gamma_g-0.000047)\times10^4 \tag{3-28}$$

对于$1<\gamma_g<1.5$的天然气，有：

$$K_{H_2S}=Y_{H_2S}(0.000029\gamma_g-0.0000107)\times10^4 \tag{3-29}$$

$$K_{CO_2}=Y_{CO_2}(0.000024\gamma_g-0.000043)\times10^4 \tag{3-30}$$

$$K_{N_2}=Y_{N_2}(0.000023\gamma_g-0.000074)\times10^4 \tag{3-31}$$

式中　Y_{H_2S}，Y_{CO_2}和Y_{N_2}——天然气中H_2S，CO_2和N_2的体积分数。

Lee- Gonzalez法（LG法）公式校正为：

$$\mu_g=10^{-4}K'\exp(X\rho_g^Y) \tag{3-32}$$

式中　μ_g——地层天然气的黏度，mPa·s；

　　　ρ_g——地层天然气的密度，g/cm³；

　　　X，Y——计算参数。

2）Standing校正

Standing提出的校正公式为：

$$\mu_1'=(\mu_1)_{un}+\mu_{N_2}+\mu_{CO_2}+\mu_{H_2S} \tag{3-33}$$

式中各校正系数为：

$$\mu_{H_2S}=M_{H_2S}\cdot(8.49\times10^{-3}\lg\gamma_g+3.73\times10^{-3}) \tag{3-34}$$

$$\mu_{CO_2}=M_{CO_2}\cdot(9.08\times10^{-3}\lg\gamma_g+6.24\times10^{-3}) \tag{3-35}$$

$$\mu_{N_2}=M_{N_2}\cdot(8.48\times10^{-3}\lg\gamma_g+9.59\times10^{-3}) \tag{3-36}$$

式中　μ_1'——混合物的黏度校正值，mPa·s；

　　　$(\mu_1)_{un}$——混合物的黏度，mPa·s；

　　　μ_{H_2S}，μ_{CO_2}，μ_{N_2}——H_2S，CO_2和N_2黏度校正值，mPa·s；

　　　M_{N_2}，M_{CO_2}，M_{H_2S}——该项气体占气体混合物的摩尔分数，小数；

　　　γ_g——天然气相对密度（$\gamma_{空气}=1.0$）；

　　　T——地层温度，℃。

该校正方法只适用于Dempsey方法。

3. 天然气黏度计算模型的对比分析

各种经验预测方法在低压下的应用范围是相同的，基于酸性天然气开采的需要，有必要对现有黏度模型在低压下的计算精度进行比较研究，以减少因气体黏度计算误差而导致的工程计算累计误差。以SPE 74369文献提供的酸性天然气组成，通过不同黏度计算模型结果比较[4]，发现D法（Stanging校正）计算误差最小，一般推荐采用该方法进行酸性天然气黏度计算（表3-1～表3-3）。

表3-1　酸性天然气组成　　　　　　　　　　　　　　单位：%（体积）

样品	甲烷	乙烷	丙烷	正丁烷	异丁烷	正戊烷	异戊烷	己烷	C_{7+}	氮	二氧化碳	硫化氢
1	67.71	8.71	3.84	0.50	1.56	0.56	0.82	0.83	6.56	0.64	0.96	7.31
2	75.61	0.71	0.06	0.02	0.02	0.00	0.00	0.00	0.00	0.46	0.50	22.62
3	44.47	0.23	0.06	0.02	0.03	0.02	0.01	0.03	2.66	3.08	49.39	
4	20.24	0.16	0.00	0.00	0.00	0.00	0.00	0.00	0.00	0.92	8.65	70.03

表3-2　不同黏度计算模型计算的黏度的对比　　　　　　　　　　单位：mPa·s

样品	LG法	LG法（YJS校正）	D法	D法（Stanging校正）
1	0.03276	0.03368	0.02664	0.02741
2	0.03242	0.03392	0.02805	0.02950
3	0.05632	0.06755	0.02275	0.02736
4	0.01982	0.02627	0.01454	0.01929

表3-3　不同黏度计算模型的计算误差对比

计算模型	计算误差E_1	计算误差E_2
LG法	0.00433	0.01404
LG法（YJS校正）	0.00935	0.01945
D法	−0.00801	0.00933
D法（Stanging校正）	−0.00511	0.00754

采用平均误差和均方差来对各种偏差系数计算模型进行误差统计分析评价：统计误差见表3-6。

$$E_1 = \frac{1}{N} \sum_N \left(Z_{cal} - Z_{exp} \right) \tag{3-37}$$

$$E_2 = \sqrt{\frac{1}{N} \sum_N \left(Z_{cal} - Z_{exp} \right)^2} \tag{3-38}$$

式中　N_p——实验数目；

　　　Z_{exp}——偏差系数实验值；

　　　Z_{cal}——偏差系数计算值。

二、天然气的偏差系数

天然气的偏差系数又称压缩系数（因子）[5]，是指在相同温度、压力下，真实气体所占体积与相同量理想气体所占体积的比值。偏差系数随气体组分及压力和温度的变化而变化。酸性气体偏差系数的测定通常采用实验测定法，其计算模型通常有图版法、状态方程法、经验公式法和C_{n+}重馏分特征化处理法。

1. 实验测定法

由于硫化氢的剧毒性，国内外所做的实验较少。Leroy C. Lewis，里群等[6]和Adel M. Elsharkawy等均通过实验测试了酸性气体的偏差系数。1968年，Leroy C. Lewis等测试了纯硫化氢气体的偏差系数。在较低压力范围时，硫化氢偏差系数随压力增加而减小，并且温度越高，偏差系数相对越大。但是在较高压力范围时，正好和较低压力时呈相反结果，即硫化氢偏差系数随压力增加而变大，并且温度越高，偏差系数反而越小（图3-1）。

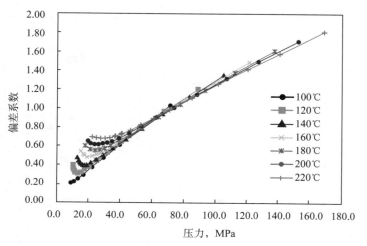

图3-1 纯硫化氢气体偏差系数在不同温度下随压力的变化（据Leroy C. Lewis，1968）

2001年，Adel M. Elsharkawy通过实验得到了不同组成酸性气体偏差系数，也基本遵循低压条件下随压力增加而降低，高压条件下随压力增加而增加的规律（图3-2）。

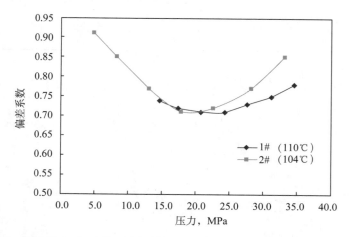

图3-2 不同组成酸性气体的偏差系数随压力的变化（据Adel M. Elsharkawy，2001）

2. 偏差系数计算模型

1）图版法

对于不含H_2S和CO_2的天然气，图版法是计算其偏差系数比较成熟的方法。主要采用Standing－Katz图版，利用对比状态原理查图可得到对应温度、压力下的气体偏差系数，只要知道天然气的p_{pr}和T_{pr}，就能从图中的对应曲线上查出偏差系数。对含有微量非烃类，如含N_2的无硫气，这种方法一般来说是可靠的；当然，在目前看来，由于图版法带有主观性，会造成不必要的误差，因此，这种方法已经很少运用。

2）状态方程法

现在常用的状态方程有RK（Redlich－Kwong）状态方程、SRK（Soave—Redlich—Kwong）状态方程、PR（Peng—Robinson）状态方程、SW（Schmidt—Wenzel）状态方程、PT（Patel—Tejaet）状态方程等，它们都是以范德华方程（Vander Waals）为基础的[7—10]。

（1）SRK（Soave－Redlich－Kwong）状态方程。

1961年，Pitzer发现具有不对称偏心力场的硬球分子体系，其对比蒸汽压（p_s/p_c）要比简单球形对称分子的蒸气压低，偏心度越大，偏差程度越大。他从分子物理学角度，用非球形不对称分子间相互作用位形能（引力和斥力强度）与简单球形对称非极性分子间位形能的偏差程度来解释，引入了偏心因子这个物理量：$\omega=-\lg\left(p_{rs}\right)_{Tr=0.7}-1$（$p_{rs}$为不同分子体系在$T_r$（$T/T_c$）=0.7时的对比蒸气压（$p_s/p_c$），$p_s$为其饱和蒸气压）。

Soave将偏心因子作为第三个参数引入状态方程，随后又有人通过努力使三次方程的改进、实用化有了长足的进步，并被引入到油气藏流体相平衡计算中。SRK方程的形式是：

$$p = \frac{RT}{V-b} - \frac{a\alpha\left(T\right)}{V\left(V+b\right)} \tag{3-39}$$

式中　a，b——计算参数。

与RK方程相比，Soave状态方程中引入了一个温度函数$\alpha(T)$，用于改善烃类等实际复杂分子体系对PVT相态特征的影响。用式（3-39）拟合不同物质实测蒸汽压数据，得到不同的纯组分物质的α与温度的函数形式：

$$\alpha_i\left(T\right) = \left[1 + m_i\left(1 - T_{ri}^{0.5}\right)\right]^2 \tag{3-40}$$

式中　T_{ri}——平衡混合气相和混合液相中各组分的对比温度，K。

Soave进一步把m关联为物质偏心因子的函数，得到的关联式为：

$$m_i = 0.480 + 1.574\omega_i - 0.176\omega_i^2 \tag{3-41}$$

SRK方程仍满足临界点条件，此时，对油气烃类体系中各组分的物性仍有：

$$a_i = 0.42748\frac{R^2T_{ci}^2}{p_{ci}} \tag{3-42}$$

$$b_i = 0.08664\frac{RT_{ci}}{p_{ci}} \tag{3-43}$$

式中　p_{ci}——平衡混合气相和混合液相中各组分的临界压力，MPa；
　　　T_{ci}——平衡混合气相和混合液相中各组分的临界温度，K。

即SRK方程仍然满足范德华状态方程的临界点条件，仍可由烃类纯组分物质的临界参数计算a和b参数。

其中用于多组分混合体系计算压力的方程如下：

$$p = \frac{RT}{V - b_m} - \frac{a_m \alpha(T)}{V(V + b_m)} \tag{3-44}$$

式中 a_m，b_m——分别为混合体系平均引力和斥力常数。

由下列混合规则求得：

$$a_m(T) = \sum_{i=1}^{n} \sum_{j=1}^{n} x_i x_j \left(a_i a_j \alpha_i \alpha_j \right)^{0.5} \left(1 - k_{ij} \right) \tag{3-45}$$

式中 α_m——温度函数；

a_m——平均引力常数；

k_{ij}——SRK状态方程的二元交互作用系数，可在相关文献中查得，也可利用相关公式通过对实验数据的拟合求得；

x_i，x_j——分别表示平衡混合气相和混合液相中各组分的组成；

a_i和b_i——含义同前。

下标i，j——平衡混合气相和混合液相中各组分。

$$b_m = \sum_{i=1}^{n} x_i b_i \tag{3-46}$$

计算偏差系数的方程如下：

$$Z_m{}^3 - Z_m{}^2 + \left(A_m - B_m - B_m{}^2 \right) Z_m - A_m B_m = 0 \tag{3-47}$$

对于混合物，其中：

$$A_m = \frac{a_m(T) p}{(RT)^2} \tag{3-48}$$

$$B_m = \frac{b_m p}{RT} \tag{3-49}$$

式中 A_m，B_m——混合体系平均参数。

（2）PR（Peng-Robinson）状态方程。

1976年，Peng和Robinson对SRK方程作出了进一步改进。简称PR方程：

$$p = \frac{RT}{V - b} - \frac{a\alpha(T)}{V(V + b) + b(V + b)} \tag{3-50}$$

自PR方程发表之后，首先被广泛用于各种纯物质及其混合物热力学性质的计算，继而又用于气、液两相平衡物性的计算，并对它作了比较全面的检验。PR方程是目前在油气藏烃类体系相态模拟计算中使用最为普遍，被公认为最好的状态方程之一。对于纯组分物质体系，PR方程仍能满足VDW方程所具有的临界点条件，式中a和b为：

$$a_i = 0.45724 \frac{R^2 T_{ci}^2}{p_{ci}} \tag{3-51}$$

$$b_i = 0.07780 \frac{RT_{ci}}{p_{ci}} \tag{3-52}$$

沿用Soave的关联方法，PR方程中可调温度函数的关联式为：

$$\alpha_i(T) = [1+m_i(1-T_{ri}^{0.5})]^2 \tag{3-53}$$

$$m_i = 0.37454 + 1.54226\omega_i - 0.26992\omega_i^2 \tag{3-54}$$

对于油气藏烃类多组分混合体系，计算压力的方程如下：

$$p = \frac{RT}{V-b_m} - \frac{a_m\alpha(T)}{V(V+b_m)+b_m(V-b_m)} \tag{3-55}$$

式中a_m和b_m仍沿用SRK方程的混合规则求得：

$$a_m(T) = \sum_{i=1}^{n}\sum_{j=1}^{n} x_i x_j (a_i a_j \alpha_i \alpha_j)^{0.5}(1-k_{ij}) \tag{3-56}$$

$$b_m = \sum_{i=1}^{n} x_i b_i \tag{3-57}$$

PR方程对应的混合物的偏差系数三次方程：

$$Z_m^3 - (1-B_m)Z_m^2 + (A_m-2B_m-3B_m^2)Z_m - A_m(B_m-B_m^2-B_m^3) = 0 \tag{3-58}$$

$$A_m = \frac{a_m(T)p}{(RT)^2} \tag{3-59}$$

$$B_m = \frac{b_m p}{RT} \tag{3-60}$$

式中k_{ij}为PR状态方程的二元交互作用系数，可在相关文献中查得，也可利用相关公式通过对实验数据的拟合求得，其他参数与SRK方程相同。

（3）SW（Schmidt-Wenzel）状态方程。

SW状态方程是1980年Schmidt和Wenzel在对SRK和PR方程结构作一般性分析的基础上提出的一个新的状态方程。

Schmidt和Wenzel将SRK和PR方程写成如下两种形式：

$$p = \frac{RT}{V-b} - \frac{a\alpha(T)}{V^2+bV} \tag{3-61}$$

$$p = \frac{RT}{V-b} - \frac{a\alpha(T)}{V^2+2bV-b^2} \tag{3-62}$$

用SRK和PR方程计算不同物质的液相容积并与实测值对比，发现SRK方程和PR方程由于引力项中$g(V,b)$函数形式的不同，而各自适用于不同偏心因子的物质。经过关联计算，Schmidt和Wenzel给出SW方程：

$$p = \frac{RT}{V-b} - \frac{a\alpha(T)}{V^2+(1+3\omega)bV-3\omega b^2} \tag{3-63}$$

SW方程的出发点是进一步改善状态方程对液相容积特性和较强极性物质热力学特性的预测精度，改善气、液两相平衡计算结果。SW方程仍满足三次方型状态方程的临界点条件，但由于新参数的引入，使方程的进一步处理更为复杂。用于临界点可得到纯物质的方程系数：

$$a_i = \Omega_{ai} \frac{R^2 T_{ci}^2}{p_{ci}} \tag{3-64}$$

$$\Omega_{ai} = [1 - \xi_{ci}(1 - \beta_{ci})]^3 \tag{3-65}$$

$$\Omega_{bi} = \beta_{ci}\xi_{ci} \tag{3-66}$$

其中

$$\beta_{ci} = 0.25989 - 0.0217\omega_i + 0.00375\omega_i^2 \tag{3-67}$$

ξ_{ci} 是由SW方程确定的理论临界偏差系数，由下式求出：

$$\xi_{ci} = \frac{1}{3(1 + \beta_{ci}\omega_i)} \tag{3-68}$$

式中　Ω_{ai}，Ω_{bi}——SW方程中需要满足三次方型状态方程的临界点条件而引入的新参数；

　　　β_{ci}——SW方程中需要满足三次方型状态方程的临界点条件而引入的新参数；

　　　ξ_{ci}——由SW方程确定的理论临界偏差系数。

与SRK和PR方程不同，SW方程理论临界偏差系数已不再对所有物质保持常数，而表示为偏心因子的函数，这显然能更好地适用于不同偏心因子的物质。对于油气藏烃类多组分混合体系，SW方程的形式包括：

压力方程

$$p = \frac{RT}{V - b_m} - \frac{a_m(T)}{V^2 + (1 + 3\omega_m)b_m V - 3\omega_m b_m^2} \tag{3-69}$$

式中 $a_m(T)$，b_m 和 ω_m 分别由下列混合规则求得：

$$a_m(T) = \sum_{i=1}^{n} \sum_{j=1}^{n} x_i x_j \left(a_i a_j \alpha_i \alpha_j\right)^{0.5}(1 - k_{ij}) \tag{3-70}$$

$$b_m = \sum_{i=1}^{n} x_i b_i \tag{3-71}$$

$$\omega_m = \frac{\sum_{i=1}^{n} \omega_i x_i b_i^{0.7}}{\sum_{i=1}^{n} x_i b_i^{0.7}} \tag{3-72}$$

偏差系数方程

$$Z_m^3 - (U_m B_m - B_m - 1)Z_m^2 + (W_m B_m^2 - U_m B_m^2 - U_m B_m + A_m)Z_m - (W_m B_m^3 + W_m B_m^2 + A_m B_m) \tag{3-73}$$

式中对于气、液相混合物有：

$$U_m = 1 + 3\omega_m \tag{3-74}$$

$$W_m = -3\omega_m \tag{3-75}$$

$$A_m = \frac{a_m(T)p}{R^2 T^2} \tag{3-76}$$

$$B_m = \frac{b_m p}{RT} \tag{3-77}$$

式中 U_m，W_m，A_m，B_m——计算参数。

SW方程结构体系较为复杂，应用某些数值算法时进行数学处理较困难，故其在相平衡计算中的应用不及SRK和PR方程普遍。

（4）PT（Patel—Tejaet）状态方程。

PT状态方程是1980 年由Patel 和Tejaet在PR方程引力项中引入一个新的特性参数而得到的改进式。其目的也是为了拓宽状态方程对密度、温度及实际物质的适应范围。在这里不再详述，只给出其方程形式：

$$p = \frac{RT}{V-b} - \frac{a\alpha(T)}{V(V-b)+c(V-b)} \tag{3-78}$$

应用临界点条件得到纯物质的方程系数：

$$a_i = \Omega_{ai} \frac{R^2 T_{ci}^2}{p_{ci}} \tag{3-79}$$

$$b_i = \Omega_{ai} \frac{RT_{ci}}{p_{ci}} \tag{3-80}$$

其中

$$c_i = \Omega_{ci} \frac{RT_{ci}}{p_{ci}} \tag{3-81}$$

$$\Omega_{ci} = 1 - 3\xi_{ci} \tag{3-82}$$

$$\Omega_{ai} = 3\xi_{ci}^2 + 3 \ (1-2\xi_{ci}) \ \Omega_{bi} + \Omega_{bi}^2 + 1 - 3\xi_{ci} \tag{3-83}$$

$$\Omega_{bi} = 0.32429\xi_{ci} - 0.022005 \tag{3-84}$$

式中 Ω_{ai}，Ω_{bi}，Ω_{ci}——PT 方程中的计算参数；

ξ_{ci}——由PT方程确定的理论临界偏差系数。

3）经验公式法

采用经验公式法计算酸性气体偏差系数的方法很多，目前较为常用的有：Dranchuk—Purvis—Robinson（DPR）法、Hall—Yarborough（HY）法、Sarem方法、Dranchuk—Abu—Kassem（DAK）法[11,12]、Hankinson—Thomas—Phillips（HTP）法、Beggs—Brill（BB）法和李相方（LXF）法等。

（1）Dranchuk—Purvis—Robinsion（DPR）法。

Dranchuk，Purvis和Robinsion根据Benedict—Webb—Rubin状态方程，将偏差系数转换为对比压力和对比温度的函数，于1974年推导出了带8个常数的经验公式，其形式为：

$$Z = 1 + \left(A_1 + \frac{A_2}{T_{pr}} + \frac{A_3}{T_{pr}^3}\right)\rho_r + \left(A_4 + \frac{A_5}{T_{pr}}\right)\rho_r^2 + \left(\frac{A_5 A_6}{T_{pr}}\right)\rho_r^5 +$$

$$\frac{A_7}{T_{pr}^3}\rho_r^2\left(1 + A_8\rho_r^2\right)\exp\left(-A_8\rho_r^2\right) \tag{3-85}$$

$$\rho_r = 0.27 p_{pr} / \ (ZT_{pr}) \tag{3-86}$$

式中，$A_1 \sim A_8$ 为系数，其值如下：$A_1 = 0.31506237$，$A_2 = -1.0467099$，$A_3 = -0.57832729$，$A_4 = 0.53530771$，$A_5 = -0.61232032$，$A_6 = -0.10488813$，$A_7 = 0.68157001$，$A_8 = 0.68446549$。

DPR法用Newton—Raphson迭代法解非线性问题可得到偏差系数的值。这种方法的使用范围是：$1.05 \leqslant T_{pr} \leqslant 3$；$0.2 \leqslant p_{pr} \leqslant 30$。

（2）Hall—Yarborough（HY）法。

该法以Starling—Carnahan状态方程为基础，通过对Standing—Katz图版进行拟合，得到以下关系式：

$$Z = 0.06125 \left(p_{pr} / \rho_r T_{pr} \right) \exp \left[-1.2 \left(1 - 1/T_{pr} \right)^2 \right] \qquad (3-87)$$

式中，ρ_r 为拟对比密度，可用牛顿迭代法由式（3—88）求得：

$$\frac{\rho_r + \rho_r^2 + \rho_r^3 - \rho_r^4}{\left(1 - \rho_r \right)^3} - \left(14.76/T_{pr} - 9.76/T_{pr}^2 + 4.58/T_{pr}^3 \right) \rho_r^2 +$$
$$\left(90.7/T_{pr} - 242.2/T_{pr}^2 + 42.4/T_{pr}^3 \right) \rho_r^{\left(2.18 + 2.82/T_{pr} \right)} -$$
$$0.06152 \left(p_{pr}/T_{pr} \right) \exp \left[-12 \left(1 - 1/T_{pr} \right)^2 \right] = 0 \qquad (3-88)$$

该法应用范围是：$1.2 \leqslant T_{pr} \leqslant 3$；$0.1 \leqslant p_{pr} \leqslant 24$。

（3）Dranchuk—Abu—Kassem（DAK）法。

计算Z系数的公式与Dranchuk—Purvis—Robinsion法相同，但其相对密度计算应采用牛顿迭代法式（3—89）求得：

$$1 + \left(A_1 + \frac{A_2}{T_{pr}} + \frac{A_3}{T_{pr}^3} + \frac{A_4}{T_{pr}^4} + \frac{A_5}{T_{pr}^5} \right) \rho_r + \left(A_6 + \frac{A_7}{T_{pr}} + \frac{A_8}{T_{pr}^2} \right) \rho_r^2 -$$
$$A_9 \left(\frac{A_7}{T_{pr}} + \frac{A_8}{T_{pr}^2} \right) \rho_r^5 + \frac{A_{10}}{T_{pr}^3} \rho_r^2 \left(1 + A_{11} \rho_r^2 \right) \exp \left(-A_{11} \rho_r^2 \right) - 0.27 \frac{p_{pr}}{\rho_r T_{pr}} = 0 \qquad (3-89)$$

系数$A_1 \sim A_{11}$的值为：$A_1 = 0.3265$，$A_2 = -1.07$，$A_3 = -0.5339$，$A_4 = 0.01569$，$A_5 = -0.05165$，$A_6 = 0.5475$，$A_7 = -0.7361$，$A_8 = 0.1844$，$A_9 = 0.1056$，$A_{10} = 0.6134$，$A_{11} = 0.721$。应用范围是$1.0 \leqslant T_{pr} \leqslant 3$；$0.2 \leqslant p_{pr} \leqslant 30$或 $0.7 \leqslant T_{pr} \leqslant 1.0$；$p_{pr} < 1.0$。

（4）Sarem法。

用最小二乘法按Legeadre多项式拟合Standing—Katz图版得到如下关系式：

$$Z = \sum_{m=0}^{5} \sum_{n=0}^{5} A_{mn} p_m(x) p_n(y) \qquad (3-90)$$

式中 A_{mn}——常数，为已知数；

$p_m(x)$，$p_n(y)$——Legendre多项式的对比压力和对比温度。

该法应用范围是：$1.05 \leqslant T_{pr} \leqslant 2.95$；$0.1 \leqslant p_{pr} \leqslant 14.9$或$0.7 \leqslant T_{pr} \leqslant 1.0$；$p_{pr} < 1.0$。

（5）Hankinson—Thomas—Phillips（HTP）法。

HTP法计算Z系数的公式为：

$$\frac{1}{Z} - 1 + \left(A_4 T_r - A_2 - \frac{A_6}{T_r^2} \right) \frac{p_r}{Z^2 T_r^2} +$$
$$\left(A_3 T_r - A_1 \right) \frac{p_r^2}{Z^3 T_r^3} + \frac{A_1 A_5 A_7 p_r^5}{Z^6 T_r^6} \left(1 + \frac{A_8 p_r^2}{Z^2 T_r^2} \right) \exp \left(-\frac{A_8 p_r^2}{Z^2 T_r^2} \right) = 0 \qquad (3-91)$$

HTP法可采用Newton—Raphson迭代法计算求解Z系数。HTP法在以下范围内足够精确：$1.1 \leqslant T_{pr} \leqslant 3.0$；$0 \leqslant p_{pr} \leqslant 15.0$。

（6）Beggs—Brill（BB）法。

Beggs和Brill于1973年提出的计算偏差系数的经验公式为：

$$Z = A + \frac{1-A}{e^B} + Cp_r^D \tag{3-92}$$

式中　A，B，C和D——对比压力和对比温度的函数。

（7）李相方（LXF）法。

该方法是针对以前的偏差系数经验式多适用于常压条件，而高压时误差很大而提出来的。为提高高压条件下的精度，李相方教授通过对Standing Katz图版拟合得到：

$$Z = X_1 p_{pr} + X_2 \tag{3-93}$$

当$1.05 \leqslant T_{pr} \leqslant 3$；$8 \leqslant p_{pr} \leqslant 15$和$1.5 \leqslant T_{pr} \leqslant 3$；$15 \leqslant p_{pr} \leqslant 30$时，$X_1$和$X_2$分别采用不同的具体关系式计算。

此外，还有Leung法、Carlie—Gillett法、Burnett法、Pappy法和Gopal法等可用于计算气体的偏差系数。其中，由于Pappy法、Carlie—Gillett法、Burnett法和Leung法适用性较差，而Gopal法需要分段计算，使用上有许多不便，因此这些方法使用较少。

4）C_{n+}重馏分特征化处理法

用于油气体系组分和组成分析的一般实验测试方法很难详细描述C_{n+}重馏分的构成及其热力学性质，一般只能准确测定C_{n+}重馏分的相对密度和相对分子质量，然后用沸点、相对分子质量和相对密度与T_c，p_c和ω的关联式将C_{n+}重馏分的T_c，p_c和ω等热力学参数计算出来。有时为了改善油气烃类体系相态预测计算的精度，还需把C_{n+}重馏分分割成有限数目的窄馏分，确定了每个窄馏分的热力学参数之后，再把所有窄馏分合并成若干个拟组分，求出其T_c，p_c和ω等热力学参数，以便能更好地满足用状态方程求解相平衡问题的要求。这种采用拟组分近似处理C_{n+}重馏分热力学参数的过程，即称为C_{n+}的重馏分特征化处理方法。

3. 偏差系数校正模型

由于天然气中CO_2和H_2S气体的存在，将会影响到天然气的临界温度和临界压力，并导致天然气的气体偏差系数增大，从而引起其他计算的偏差[13]。因此，对于酸性天然气进行临界参数性质的校正非常必要。目前酸性气体临界参数校正的方法主要有以下两种。

1）国内方法

中国石油大学（北京）郭绪强等[14]认为当HTP和DPR模型用于酸性气体条件下，应对临界参数进行校正。所采用的公式如下：

$$T_c = T_m - C_{wa} \tag{3-94}$$

$$p_c = T_c \sum (x p_{ci}) / [T_c + x_1 (1-x_1) C_{wa}] \tag{3-95}$$

$$T_m = \sum_{i=1}^{n} (x_i T_{ci}) \tag{3-96}$$

$$C_{wa} = \frac{1}{14.5038} \left\{ 120 \times \left[(x_1 + x_2)^{0.9} - (x_1 + x_2)^{1.6} \right] + 15 \left(x_1^{0.5} - x_1^4 \right) \right\} \tag{3-97}$$

式中　x_1——H_2S 在体系中的摩尔分数；

　　　x_2——CO_2在体系中的摩尔分数。

2）Wicher–Aziz校正方法

1972年，Wicher–Aziz引入参数ε，以考虑一些常见极性分子（H_2S和CO_2）的影响，希望用此参数来弥补常用计算方法的缺陷。参数ε的关系式如下：

$$\varepsilon=15\left(M-M^2\right)+4.167\left(N^{0.5}-N^2\right) \tag{3-98}$$

式中　M——气体混合物中 H_2S 与 CO_2 的摩尔分数之和；

　　　N——气体混合物中H_2S的摩尔分数。

根据Wicher–Aziz的观点，每个组分的临界温度和临界压力都应与参数ε有关，临界参数的校正关系式如下：

$$T'_{ci}=T_{ci}-\varepsilon \tag{3-99}$$

$$p'_{ci}=p_{ci}T'_{ci}/T_{ci} \tag{3-100}$$

式中　T_{ci}——i 组分的临界温度，K；

　　　p_{ci}——i组分的临界压力，kPa；

　　　T'_{ci}——i组分的校正临界温度，K；

　　　p'_{ci}——i组分的校正临界压力，kPa。

同时，Wicher–Aziz还提出了修正方程的压力适用范围为0～17240kPa。在该压力范围内还需对温度进行修正，其关系式为：

$$T'=T+1.94\left(p/2760-2.1\times10^{-8}p^2\right) \tag{3-101}$$

4. 偏差系数计算模型的对比分析

以SPE 74369文献提供的酸性天然气组成，通过不同偏差系数计算模型的结果比较[15,16]，发现DPR（W–A校正）方法计算误差最小，一般推荐采用该方法进行酸性天然气偏差系数计算（表3–4、表3–5）。

表3–4　酸性气样组成　　　　　　　　　　　　单位：%

样品	甲烷	乙烷	丙烷	正丁烷	异丁烷	正戊烷	异戊烷	己烷	C_{7+}	氮	二氧化碳	硫化氢
1	67.71	8.71	3.84	0.50	1.56	0.56	0.82	0.83	6.56	0.64	0.96	7.08
2	66.19	4.12	1.88	0.44	0.76	0.32	0.36	0.52	2.61	0.11	5.76	16.93
3	73.52	4.98	1.81	0.59	0.73	0.40	0.37	0.53	2.53	2.44	1.63	10.47
4	68.57	5.90	2.83	0.47	1.16	0.85	0	0.35	0.80	10.19	2.09	6.80
5	74.14	3.27	1.21	0.22	0.61	0.57	0	0.46	2.18	0.40	6.16	10.78
6	52.13	11.65	1.42	0.39	0.83	0.95	0	1.03	4.31	0.37	8.66	18.26
7	64.59	0.84	0.93	0.27	0.20	0.20	0.10	0.12	0.32	0.61	4.51	27.30
8	42.41	0.24	0.07	0.02	0.03	0.02	0.01	0.02	0.04	2.58	3.19	51.37
9	23.73	0.18	0	0	0	0	0	0	0	1.08	9.14	65.87
10	20.24	0.16	0	0	0	0	0	0	0	0.92	8.65	70.03

表3-5　不同偏差系数计算模型结果对比表

组分	对比压力	对比温度	实验值	DPR			HY		DAK		
				未校正	W-A校正	GXQ校正	未校正	W-A校正	未校正	W-A校正	GXQ校正
1	6.815	1.606	0.970	0.936	0.955	0.938	0.934	0.953	0.934	0.953	1.069
2	5.160	1.562	0.914	0.843	0.886	0.848	0.838	0.880	0.841	0.883	0.930
3	5.880	1.756	0.968	0.933	0.957	0.935	0.927	0.952	0.930	0.954	1.000
4	3.378	1.547	0.823	0.798	0.823	0.802	0.795	0.820	0.797	0.822	0.888
5	6.757	1.516	0.950	0.911	0.951	0.914	0.911	0.949	0.910	0.949	0.968
6	6.730	1.350	0.942	0.910	0.946	0.923	0.877	0.920	0.908	0.939	0.957
7	5.870	1.566	0.931	0.877	0.924	0.882	0.873	0.920	0.875	0.921	0.902
8	3.518	1.333	0.711	0.660	0.716	0.668	0.658	0.712	0.660	0.715	0.671
9	1.427	1.055	0.452	0.300	0.433	0.322	0.334	0.465	0.300	0.437	0.322
10	1.195	1.074	0.606	0.523	0.590	0.538	0.547	0.603	0.526	0.592	0.541

表3-6　不同偏差系数计算模型同实验值的统计误差

计算模型		统计误差E_1	统计误差E_2
DPR	未校正	−0.0576	0.06790
	W-A校正	−0.0086	0.01356
	GXQ校正	−0.0497	0.05860
HY	未校正	−0.0573	0.06234
	W-A校正	−0.0093	0.01580
DAK	未校正	−0.0586	0.06837
	W-A校正	0.0102	0.01412
	GXQ校正	−0.0019	0.06278

三、天然气在水中的溶解度

天然气的溶解度定义为在一定温度和压力下，单位体积石油或水中溶解的天然气量。溶解度主要取决于温度和压力，同时也与油、水的性质和天然气的组分有关。天然气的溶解度通常用溶解系数α与压力的函数来表示：

$$R_s = \alpha p \tag{3-102}$$

式中　R_s——天然气在油或水中的溶解度，m^3/m^3；

α——天然气溶解系数，在一定温度下，压力每增加单位值，单位体积石油或水中增溶的气量，$m^3/(m^3 \cdot MPa)$；

p——压力，MPa。

硫化氢和二氧化碳易溶于水，溶解度比烃类气体大数十倍，随温度升高，溶解度减小；随压力增加，溶解度增高；随水的矿化度升高，溶解度减小。烃类气体在水中的溶解度随压力增加而迅速增加。某一体积的水能溶解2.6倍水体积的硫化氢。

1. CO_2 在水中溶解度的预测

国内外诸多学者对 CO_2 在水及盐水中的溶解度进行了大量实验研究，如 Todheide 和 Franck（1963），Zawisza 和 Malesinska（1981），King（1992），Zhenhao Duan（2003）建立了热力学理论模型，对 CO_2 在水及盐水中的溶解度进行了理论预测。

基于高温高压气—液相平衡理论，当气液两相达到相平衡状态时，CO_2 在气相中的化学势 μ_{CO_2} 与其在水相中的化学势 μ_{CO_2} 相等。

$$\ln m_{CO_2} = \ln y_{CO_2}\phi_{CO_2}p - \mu_{CO_2}^{l(0)}/(RT) - 2\lambda_{CO_2,Na}(m_{Na}+m_K+2m_{Ca}+2m_{Mg})$$
$$\zeta_{CO_2-NaCl}m_{Cl}(m_{Na}+m_K+m_{Mg}+m_{Ca})+0.07m_{SO_4} \tag{3-103}$$

式中 m_i——i 相在水中的溶解度，mol/kg；

y_{CO_2}——气相中 CO_2 的体积分数，无量纲；

ϕ_{CO_2}——CO_2 的逸度系数，无量纲；

p——系统压力，10^5Pa；

T——系统温度，K；

$\mu_{CO_2}^{l(0)}/(RT)$——CO_2 在气相和液相中的化学势之差，无量纲；

$\lambda_{CO_2,Na}$——Na^+ 与 CO_2 之间的二元作用系数，无量纲；

ζ_{CO_2-NaCl}——NaCl 与 CO_2 之间的二元作用系数，无量纲。

CO_2 在气相和液相中的化学势之差 $\mu_{CO_2}^{l(0)}/(RT)$，CO_2 与 Na^+ 之间的二元作用系数 $\lambda_{CO_2,Na}$，以及 CO_2 与 NaCl 之间的二元作用系数 ζ_{CO_2-NaCl} 可以采用式（3-104）表征，式中常数 $c_1 \sim c_{11}$ 参见表3-7。

$$Par(T,p)=c_1+c_2T+c_3/T+c_4T^2+c_5/(630-T)+c_6p+c_7p\ln T^2+$$
$$c_8p/T+c_9p/(630-T)+c_{10}p^2/(630-T)^2+c_{11}T\ln p \tag{3-104}$$

表3-7 式（3-104）中常数值

常数	$\mu_{CO_2}^{l(0)}/(RT)$	$\lambda_{CO_2,Na}$	ζ_{CO_2-NaCl}
c_1	28.94477	−0.41137	0.00034
c_2	−0.03546	0.00061	−0.00002
c_3	−4770.67077	97.53477	
c_4	0.00001		
c_5	33.81261		
c_6	0.00904		
c_7	−0.00115		
c_8	−0.30741	−0.02376	0.00212
c_9	−0.09073	0.01707	−0.00525
c_{10}	0.00093		
c_{11}		0.00001	

通过对式（3-103）进行解析，可以求出某一温度压力下CO_2在水及各种浓度盐水中的溶解度。

2. H_2S在水中溶解度的预测

国内外诸多学者对H_2S在水及盐水中的溶解度进行了实验研究，如Lee和Mather（1977）、Carrol和Mather（1989）。

基于高温高压气—液相平衡理论，当气液两相达到相平衡状态时，H_2S在气相中的化学势$\mu_{H_2S}^V$和在水相中的化学势$\mu_{H_2S}^l$相等：

$$\mu_{CH_4}^V(T,p,y)=\mu_{CH_4}^{V(0)}(T)+TR\ln x_{CH_4}p+TR\ln\phi_{CH_4}(T,p,y) \tag{3-105}$$

$$\mu_{CH_4}^l(T,p,y)=\mu_{CH_4}^{l(0)}(T)+TR\ln m_{CH_4}p+TR\ln\gamma_{CH_4}(T,p,y) \tag{3-106}$$

H_2S在水中溶解度计算模型：

$$\ln m_{H_2S}=\ln y_{H_2S}\phi_{H_2S}p-\mu_{H_2S}^{l(0)}/(RT)-2\lambda_{H_2S,Na}(m_{Na}+m_K+0.42m_{NH_4}+2m_{Ca}+2m_{Mg})-$$
$$0.18m_{SO_4}-\zeta_{CH_4-NaCl}m_{Cl}(m_{Na}+m_K+m_{Mg}+m_{Ca}+m_{NH_4}) \tag{3-107}$$

式中　m_{H_2S}——H_2S在水中的溶解度，mol/kg；

y_{H_2S}——气相中H_2S的体积百分含量，无量纲；

ϕ_{H_2S}——H_2S的逸度系数，无量纲；

p——系统压力，10^5Pa；

T——系统温度，K；

$\mu_{H_2S}^{l(0)}/(RT)$——H_2S在气相和液相中的化学势之差，无量纲；

$\lambda_{H_2S,Na}$——Na^+与H_2S之间的二元作用系数，无量纲；

$\zeta_{H_2S-NaCl}$——NaCl与H_2S之间的二元作用系数，无量纲；

m_{Na}，m_K，m_{Ca}，m_{Mg}，m_{Cl}，m_{SO_4}——水溶液中各种离子的摩尔浓度，mol/kg。

H_2S在气相和液相中的化学势差值$\mu_{H_2S}^{l(0)}/(RT)$，Na^+与H_2S之间的二元作用系数$\lambda_{H_2S,Na}$以及NaCl与H_2S之间的二元作用系数$\zeta_{H_2S-NaCl}$取决于系统温度和系统压力。采用Pitzer等建立的公式对上述3个参数进行预测，系数$c_1\sim c_8$见表3-8。

$$Par(T,p)=c_1+c_2T+c_3/T+c_4T^2+c_5/(680-T)+c_6p+c_7p/(680-T)+c_8p^2/T \tag{3-108}$$

表3-8　式（3-108）中常数值

系数	$\mu_{H_2S}^{l(0)}/(RT)$	$\lambda_{H_2S,Na}$	$\zeta_{H_2S-NaCl}$
c_1	42.56496	0.08501	−0.01083
c_2	−0.08626	0.00004	
c_3	−6084.37750	−1.58826	
c_4	0.00007		
c_5	−102.76849		
c_6	0.00084	0.00001	
c_7	−1.05908		
c_8	0.00357		

通过对式（3-107）进行解析，可以求出某一温度压力下H₂S在水及各种浓度盐水中的溶解度。

第三节 元素硫的性质

一、硫的密度

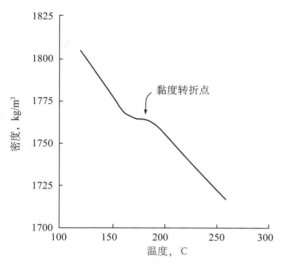

图3-3 液态硫密度与温度关系曲线

固态硫有三种形式：正交体硫、单斜体硫、无定形硫[17]。其密度分别为：2066kg/m³，1954kg/m³，1922kg/m³。

液态硫的密度随温度变化而变化，见图3-3。在431.35K（158.20℃）时，纯液态硫发生聚合反应，从8个原子的环状结构转化成上百万个原子组成的链状结构。

二、硫的黏度

随着温度的增加，固态硫的黏度变化十分微小，但液态硫的黏度变化较大。纯液态硫的黏度随温度变化呈现出特殊的变化规律，见图3-4。在140~155℃温度范围内出现最小黏度，高于160℃时，黏度迅速增加，在大约190℃时达到一个最大值，这也证明了随温度变化，液态硫将形成不同的分子结构。如果液态硫中有H₂S的存在，由于分压作用，视H₂S含量的不同，黏度的最大值将不同程度地降低，见图3-5。

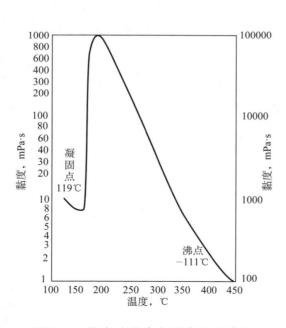

图3-4 液态硫黏度与温度关系曲线

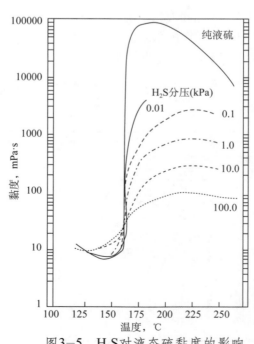

图3-5 H₂S对液态硫黏度的影响

气态硫的黏度也随温度变化而变化，在温度接
近490℃时，气态硫黏度达到最大值，即出现第一个
转折点。随着温度的升高，黏度降低，当超过700℃
时，黏度出现第二个转折点，随后，黏度随温度的升
高而增大，见图3—6。

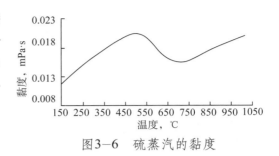

图3—6　硫蒸汽的黏度

三、熔点、沸点和临界条件

在含硫天然气中，元素硫的熔点随压力的增大，通常呈增大的趋势。但H$_2$S的含量对硫的熔点有
很大的影响，随H$_2$S含量的增加，硫的熔点下降。在纯H$_2$S中，10MPa下硫的熔点最低，降至90℃。因
为硫的熔点受到压力和流体组分的影响，变化比较复杂，所以在本节里，硫的熔点都按118.9℃考虑。

几种硫的化合物混合在一起形成混合物，它们的临界点不相同，因此，所得到的气液相的p—T相
图不再呈线性关系，而是一条相包络线。

四、单质硫的相态研究

用溶解模型判断硫是否从酸性气体中析出后，要判断硫在酸性气体中的存在形式[18]。在大气压
力下，温度低于368.7K时元素硫以正交硫形式存在；当温度达到368.7K时正交硫转变成单斜硫，直到
温度达到392.1K（硫的熔点）时单斜硫都稳定存在。而温度超过392.1K时，单斜硫就变成液态。

中国学者谷明星、里群等[19, 20]通过实验，得出了液态单斜硫的蒸气压公式：

$$\ln p = [6.986618 - 2.442.397/(T + 439.79)] \times \frac{10.132}{760} \tag{3—109}$$

国外的学者West和Menzies通过实验也得到了一个硫蒸气压的关联式：

$$\ln p = 89.273 - \frac{13463}{T} - 8.9643 \ln T \tag{3—110}$$

式中　p——元素硫的蒸气压，Pa；

T——体系温度，K。

由West&Menzies实验公式计算的硫气液两相的饱和蒸气压曲线，见图3—7。图3—8为单质硫气—
液—固三相的p—T相图。

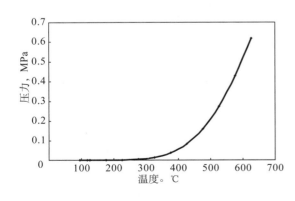

图3—7　West和Menzies测试的硫气液两相p—T图

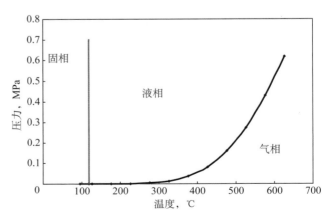

图3—8　单质硫气—液—固三相的p—T相图

参 考 文 献

[1] 李士伦，等.天然气工程 [M] .北京：石油工业出版社,2008.

[2] Galliero G，Boned C，Baylaucq A,et al. High Pressure Acid Gas Viscosity Correlation [C] // Europec/Eage Conference and Exhibition. Society of Petroleum Engineers, 2009.

[3] Davani E，Kegang L，Teodoriu C，et al. Inaccurate Gas Viscosity at HP/HT Conditions and its Effect on Unconventional Gas Reserves Estimation [C] //Latin American and Caribbean Petroleum Engineering Conference. Society of Petroleum Engineers, 2009.

[4] 杨学锋，等.酸性气藏气体黏度预测方法对比研究 [J] .特种油气藏，2005,12(5)：42-45.

[5] 汪周华，郭平，李海平，等. 酸性天然气压缩因子实用算法对比分析 [J] .西南石油学院学报，2004,26(1):47-50.

[6] 里群，谷明星，等.富硫化氢酸性天然气相态行为的实验测定和模型预测 [J] .高校化学工程学报，1994,8(3)：209-215.

[7] Mohsen-Nia M，Moddaress H，Mansoori G A. Sour Natural Gas and Liquid Equation of State [J] . Journal of Petroleum Science and Engineering，1994,12(2): 127-136.

[8] Elsharkawy A M. Efficient Methods for Calculations of Compressibility， Density and Viscosity of Natural Gases [J] . Fluid Phase Equilibria，2004,218(1)：1-13.

[9] Li Q，Guo T M. A Study on the Supercompressibility and Compressibility Factors of Natural Gas Mixtures [J] . Journal of Petroleum Science and Engineering，1991,6(3)：235-247.

[10] Sutton R P. Fundamental PVT Calculations for Associated and Gas/Condensate Natural-gas Systems [J] . SPE Reservoir Evaluation & Engineering，2007,10(3)：270-284.

[11] Elsharkawy A M，Elkamel A. Compressibility Factor for Sour Gas Reservoirs [C] //SPE Asia Pacific Oil & Gas Conference and Exhibition，2000:16-18.

[12] Rushing J A，Newsham K E，Van Fraassen K C，et al. Natural Gas Factors at HP/HT Reservoir Conditions：Comparing Laboratory Measurements with Industry-standard Correlations for a Dry Gas [C] //CIPC/SPE Gas Technology Symposium 2008 Joint Conference. Society of Petroleum Engineers,2008.

[13] 汪周华，郭平，周克明，等.罗家寨气田酸性气体偏差因子预测方法对比 [J] .天然气工业，2004,24（7）:86-88.

[14] 郭绪强，阎炜，等.特高压力下天然气压缩因子模型应用评价 [J] .石油大学学报：自然科学版，2000,24（6）:36-38.

[15] 郭肖,等.酸性气藏气体偏差系数计算模型 [J] .天然气工业，2008,28(4)：89-92.

[16] Guo X，Du Z，Fu D K. What Determines Sour Gas Reservoir Development in China [C] // International Petroleum Technology Conference,2007.

[17] 徐艳梅，等. 高含硫气藏元素硫沉积研究 [J] .天然气勘探与开发，2004,27(4)：52-59.

[18] Kennedy H T，Wieland D R. Equilibrium in the Methane-Carbon Dioxide-Hydrogen Sulfide-Sulfur System [J] .JPT，1960: 219-222.

[19] 谷明星，里群，等.固体在超临界/近临界酸性流体中的溶解度(Ⅰ)实验研究 [J] .化工学

报，1993, 44(3)：315−319.

[20] 谷明星，里群，陈卫东，等.固体在超临界/近临界酸性流体中的溶解度(Ⅱ)热力学模型[J].化工学报，1993,44(3):321−326.

第四章 高含硫混合物
气—液和气—液—固相平衡热力学计算

第一节 高含硫混合物气—液相平衡

当温度较高时，元素硫和高含硫混合物只能以气—液两相共存。在达到相平衡时，高含硫混合物各组分必定同时满足物质平衡方程组和热力学平衡方程组[1]。

物质平衡参数有：

p，T——压力、温度；

F_i——气—液相逸度相等平衡条件目标函数（$i=1$，$\cdots$，n为组分数）；

F_{n+1}——气—液相组分归一化平衡条件目标函数 $[\sum (y_i-x_i)=0]$；

y_i，x_i——气—液相中i组分的气液，液相摩尔分数；

z_i——体系总组成中i组分的摩尔分数；

k_i——平衡常数（$k_i=y_i/x_i$）；

n_g，n_l——气相、液相的摩尔分数；

Z_g，Z_l——平衡气相、液相偏差因子（可由状态方程计算）。

一、相平衡时的物质平衡方程组

设高含硫混合物（包含元素硫）由n个组分构成，取1mol的量作为分析单元，则高含硫混合物中各组分达到气相、液相平衡时应满足下列特征[2]：

（1）平衡气相、液相的摩尔分数n_g和n_l分别在0和1之间变化，且恒满足$n_g+n_l=1$；

（2）平衡气相、液相的组成y_1，y_2，$\cdots$，y_i，$\cdots$，y_n及x_1，x_2，$\cdots$，x_i，$\cdots$，x_n应分别满足组成归一化条件：$\sum y_i=1$，$\sum x_i=1$，$\sum (y_i-x_i)=0$；

（3）平衡气相、液相各组分的摩尔分数应满足物质平衡条件，即：

$$y_in_g+x_in_l=z_i \tag{4-1}$$

（4）任一组分在平衡气相、液相中的分配比例可用平衡常数来描述，即$k_i=y_i/x_i$。

以上特性经数学处理，即可得到由平衡气相、液相组成方程和物料守恒方程所构成的物料平衡方程组。其中，平衡组成分配比：

$$K_i = \frac{y_i}{x_i} \tag{4-2}$$

平衡气相、液相质量守恒方程：

$$y_i n_g + x_i n_1 = z_i \tag{4-3}$$

气相组成方程：

$$y_i = \frac{z_i K_i}{1 + (K_i - 1) n_g} \tag{4-4}$$

气相物质平衡方程组：

$$\sum y_i = \sum \frac{z_i K_i}{1 + (K_i - 1) n_g} = 1 \tag{4-5}$$

液相组成方程：

$$x_i = \frac{z_i}{1 + (K_i - 1) n_g} \tag{4-6}$$

液相物质平衡方程组：

$$\sum x_i = \sum \frac{z_i}{1 + (K_i - 1) n_g} = 1 \tag{4-7}$$

气—液两相总物质平衡方程组：

$$\sum (y_i - x_i) = \sum \frac{z_i (K_i - 1)}{1 + (K_i - 1) n_g} = 0 \tag{4-8}$$

这里式（4-5）、式（4-7）和式（4-8）所表示的相平衡条件的热力学含义是等价的，当作为求解相平衡问题的目标函数时三式都是温度、压力、组成和气相摩尔分数的函数，并具有高度的非线性方程特征，需要用试差法循环迭代求解。

二、相平衡时热力学平衡方程组

仅建立相态计算所需的物质平衡方程组，尚不能完全实现相平衡计算，分析物质平衡方程中变量间的关系可知，计算的关键在于能否准确确定气—液两相达到相平衡时各组分的分配比例常数 K_i。K_i通常是温度、压力和组成的函数，当用状态方程和热力学平衡理论求解相平衡问题时，则把 K_i 的求解转化为热力学平衡条件的计算。

根据流体热力学平衡理论，当油气体系达到气—液相平衡时，体系中各组分在气—液相中的逸度（f_{ig} 和 f_{il}）应相等 [3]。

已知逸度的表达式为：

气相

$$f_{ig} = y_i \phi_{ig} p \tag{4-9}$$

液相

$$f_{il}=x_i \phi_{i1} p \tag{4-10}$$

代入式（4-2）有：

$$K_i = \frac{y_i}{x_i} = \frac{\phi_{i1}}{\phi_{ig}} = \frac{f_{i1}/x_i}{f_{ig}/y_i} \tag{4-11}$$

式（4-11）为热力学平衡理论求解相平衡问题的出发点。式中的f_{ig}和f_{il}分别是平衡气—液相中各组分的逸度系数（fugacity coefficient），它与体系所处的温度、压力以及组分的热力学性质有关。根据热力学原理求解f_{ig}和f_{il}的严格积分方程为：

$$RT \ln\left(\frac{f_{ig}}{y_i p}\right) = \int_{V_g}^{\infty}\left[\left(\frac{\partial p}{\partial n_{ig}}\right)_{V_g,T,n_{jg}} - \frac{RT}{V_g}\right]dV_g - RT \ln Z_g \tag{4-12}$$

$$RT \ln\left(\frac{f_{il}}{x_i p}\right) = \int_{V_l}^{\infty}\left[\left(\frac{\partial p}{\partial n_{il}}\right)_{V_l,T,n_{ji}} - \frac{RT}{V_l}\right]dV_l - RT \ln Z_l \tag{4-13}$$

依据范德华（Van der Waals）状态方程理论，任何多组分体系，只要能建立可同时精确描述平衡气相、液相相态特性的状态方程，就可由式（4-12）和式（4-13）导出平衡气相、液相逸度系数的计算公式。这里要说明的是，以上两式中的Z_g和Z_l分别为平衡气相和液相的偏差系数，n_{ig}和n_{il}分别为气相、液相中i组分的摩尔组成。

定义以下相态计算中热力学平衡条件的目标方程组：

$$\begin{cases} F_1\left(x_i,y_i,p,T\right) = f_{11} - f_{1g} = 0 \\ F_2\left(x_i,y_i,p,T\right) = f_{21} - f_{2g} = 0 \\ \qquad\qquad\vdots \\ F_i\left(x_i,y_i,p,T\right) = f_{il} - f_{ig} = 0 \\ \qquad\qquad\vdots \\ F_n\left(x_i,y_i,p,T\right) = f_{nl} - f_{ng} = 0 \end{cases} \tag{4-14}$$

满足以上方程组的f_{ig}和f_{il}就可用于精确求解式（4-11）中的气液相平衡常数K_i。

三、相平衡计算数学模型

当高含硫混合物体系处于任意比例的部分气态和液态的平衡状态时，将物质平衡方程[式（4-8）]和热力学平衡方程组[式（4-14）]组合在一起，就可构造出气—液相平衡闪蒸计算中的相平衡条件方程组：

$$\begin{cases} F_1\left(x_i,y_i,p,T\right) = f_{11} - f_{1g} = 0 \\ \qquad\qquad\vdots \\ F_n\left(x_i,y_i,p,T\right) = f_{nl} - f_{ng} = 0 \\ F_{n+1}\left(x_i,y_i,p,T\right) = \sum \dfrac{z_i\left(K_i-1\right)}{1+\left(K_i-1\right)n_g} = 0 \end{cases} \tag{4-15}$$

计算时仅用式（4-15）作为相态计算的数学模型，并根据该式一般化平衡条件目标函数的意义，将高含硫混合物体系的相平衡计算归结为等温闪蒸计算，即归结为给定变量T和p，求解变量n_g，x_i和y_i的问题。

第二节　高含硫混合物气—液—固相平衡

在高含硫混合物中，当压力和温度满足一定条件时会出现气—液—固三相平衡共存的情况[4, 5]。在这种平衡条件下，固相中只有元素硫存在，而气—液两相中会同时出现混合物中的各组分。在达到相平衡时，高含硫混合物各组分必定同时满足物质平衡方程组和热力学平衡方程组。

一、相平衡时物质平衡方程组

设高含硫混合物是一个由n个组分构成的复杂体系，且第n个组分为硫组分，其他组分为非硫组分。取1mol该混合物为分析单元，则体系处于气—液—固三相相平衡时，应满足以下物质平衡条件：

$$V+L+S=1 \tag{4-16}$$

$$Vx_i^V+Lx_i^L=z_i \quad（前\ n-1\ 个组分） \tag{4-17}$$

$$Vx_S^V+Lx_S^L+S=z_S \tag{4-18}$$

$$\sum_{i=1}^{n} x_i^V = \sum_{i=1}^{n} x_i^L = x_S^S = \sum_{i=1}^{n} z_i = 1 \tag{4-19}$$

式中　V，L，S——平衡时气相、液相和固相的摩尔分数；

x_i^V，x_i^L——分别代表平衡时气相、液相各相中第i个组分的摩尔分数；

x_S^V，x_S^L，x_S^S——分别代表平衡时气相、液相、固相中硫组分的摩尔分数；

z_i——油气体系中第i个组分的总摩尔分数。

结合在平衡时各组分气相、液相和固相中的平衡分配比，即平衡常数的定义，可以导出下述的气—液—固三相平衡的数值模型方程组（三相闪蒸模型）：

$$\sum_{i=1}^{n} x_i^l = \sum_{i=1}^{n-1} \left[\frac{z_i}{V\left(k_i^{vl}-1\right)+1-S} + \frac{z_S-S}{V\left(k_i^{vl}-1\right)+1-S} \right] = 1 \tag{4-20}$$

$$\sum_{i=1}^{n} x_i^v = \sum_{i=1}^{n-1} \left[\frac{z_i k_i^{vl}}{V\left(k_i^{vl}-1\right)+1-S} + \frac{\left(z_S-S\right)k_S^{vl}}{V\left(k_i^{vl}-1\right)+1-S} \right] = 1 \tag{4-21}$$

$$\frac{z_S-S}{V\left(k_s^{vl}-1\right)+1-S} = \frac{1}{k_S^{sl}} \tag{4-22}$$

式（4-20）至式（4-22）是一个高度非线性方程组。根据平衡时各相中各组分的平衡常数，联立求解式（4-20）至式（4-22）构成的方程组，就可算出气、液、固各相的平衡摩尔分数V，L和S及各相中第i个组分的摩尔分数x_i^v，x_i^l和x_i^s。

二、相平衡时热力学平衡方程组 [6]

根据前面的研究，当温度、压力满足一定的条件时，含硫体系将会出现气—液—固三相共存的情形。在建立气—液—固三相相平衡热力学模型前，首先假设：

（1）混合体系处于静态，不考虑其热动力学情况；

（2）温度、压力等热力学条件的变化 [7, 8]，表现为体系的相态变化，同时，热力学平衡在体系各处瞬时完成；

（3）忽略重力的作用，表面润湿性、毛细管力、吸附作用也忽略不计。

根据热力学相平衡原理，体系内各组分 i 在气、液、固三相中的逸度分别表示为：

$$f_i^V = x_i^V \phi_i^V P \tag{4-23}$$

$$f_i^L = x_i^L \phi_i^L P \tag{4-24}$$

$$f_i^S = x_i^S \gamma_i^S f_i^{OS} \tag{4-25}$$

式中 f_i^V，f_i^L 和 f_i^S——分别为组分 i 在气、液、固三相中的逸度，MPa；

ϕ_i^V，ϕ_i^L——分别为组分 i 在气相、液相中的逸度系数；

x_i^V，x_i^L 和 x_i^S——分别为组分 i 在气、液、固三相中的摩尔组成；

γ_i^S——组分 i 在固相中的活度系数；

f_i^{OS}——组分 i 在固相标准态的逸度，MPa。

为了研究方便，本文中不妨令第 1 个组分为硫组分，显然，$x_1^S = 1$，根据多相平衡热力学判据，在某一条件下，当气、液、固三相处于热力学相平衡时，体系中每一组分在各相中的逸度应相等，有：

$$f_1^V = f_1^L f_1^S \tag{4-26}$$

$$f_i^V = f_i^L \quad (i=2, 3, \cdots, N) \tag{4-27}$$

式（4-27）等价为以下二式：

$$f_i^V = f_i^L \quad (i=1, 2, \cdots, N) \tag{4-28}$$

$$f_1^L = f_1^S \tag{4-29}$$

联立式（4-23）~式（4-29），可得气—液平衡常数 k_i^{VL} 的表达式为：

$$k_1^{VL} = \frac{x_1^V}{x_1^L} \tag{4-30}$$

$$k_i^{VL} = \frac{x_i^V}{x_i^L} = \frac{\phi_i^V}{\phi_i^L} \quad (i=2,3,\cdots,N) \tag{4-31}$$

及液—固平衡常数的表达式为：

$$k_1^{SL} = \frac{x_1^S}{x_1^L} = \frac{1}{x_1^L} \tag{4-32}$$

$$k_i^{SL} = 0 \quad (i=2, 3, \cdots, N) \tag{4-33}$$

其中组分 i 在气相和液相中的逸度系数 ϕ_i^V 和 ϕ_i^L 可分别采用状态方程计算获得。而固相参数、标准态逸度 f_i^{OS} 和活度系数 γ_i^S 可查阅有关相平衡方面的文献。

三、相平衡计算的数学模型

利用气、液、固三相相平衡时建立的物质守恒方程式，联立平衡时必须满足的热力学平衡方程组就可以计算高含硫混合物的三相相平衡，从而得到一定温度和压力条件下各相中各组分的摩尔分数。

方程组可以采用Newton−Raphson迭代法求解，具体求解步骤如下。

将式（4−20）、式（4−21）做以下变换：

$$\sum_{i=1}^{n} x_i^V - \sum_{i=1}^{n} x_i^L = 0 \tag{4-34}$$

$$\sum_{i=1}^{n-1}\left[\frac{z_i\left(k_i^{VL}-1\right)}{V\left(k_i^{VL}-1\right)+1-S} + \frac{\left(z_s-S\right)\left(k_s^{VL}-1\right)}{V\left(k_i^{VL}-1\right)+1-S}\right] = 0 \tag{4-35}$$

将式（4−22）代入式（4−35）中，并联立式（4−22），得：

$$\begin{cases} \sum_{i=1}^{n-1}\left[\dfrac{z_i\left(k_i^{VL}-1\right)}{V\left(k_i^{VL}-1\right)+1-S} + \dfrac{k_s^{VL}-1}{k_s^{SL}}\right] = 0 \\[4mm] \dfrac{z_s-S}{V\left(k_s^{VL}-1\right)+1-S} = \dfrac{1}{k_s^{SL}} \end{cases} \tag{4-36}$$

按Newton−Raphson迭代法的中心思想，设：

$$\begin{cases} f_1(V,S) = 0 \\ f_2(V,S) = 0 \end{cases} \tag{4-37}$$

将f_1和f_2在(V°, S°)泰勒展开：

$$f_1(V,S) = f_1^\circ\left(V^\circ,S^\circ\right) + \frac{\partial f_1^\circ}{\partial V}\Delta V + \frac{\partial f_1^\circ}{\partial S}\Delta S + \cdots = 0 \tag{4-38}$$

$$f_2(V,S) = f_2^\circ\left(V^\circ,S^\circ\right) + \frac{\partial f_2^\circ}{\partial V}\Delta V + \frac{\partial f_2^\circ}{\partial S}\Delta S + \cdots = 0 \tag{4-39}$$

写成：

$$\begin{bmatrix} \dfrac{\partial f_1^\circ}{\partial V} & \dfrac{\partial f_1^\circ}{\partial S} \\[3mm] \dfrac{\partial f_2^\circ}{\partial V} & \dfrac{\partial f_2^\circ}{\partial S} \end{bmatrix} \begin{bmatrix} \Delta V \\[3mm] \Delta S \end{bmatrix} = \begin{bmatrix} -f_1^\circ\left(V^\circ,S^\circ\right) \\[3mm] -f_2^\circ\left(V^\circ,S^\circ\right) \end{bmatrix} \tag{4-40}$$

其中：$\Delta V = V - V^\circ$，$\Delta S = S - S^\circ$。

若用简单消元法求解，有：

$$\Delta S = \left[-f_2^\circ\left(V^\circ,S^\circ\right) + f_1^\circ\left(V^\circ,S^\circ\right)\times\frac{\partial f_2^\circ}{\partial V}\Big/\frac{\partial f_1^\circ}{\partial V}\right]\Big/\left[\frac{\partial f_2^\circ}{\partial S} - \frac{\partial f_1^\circ}{\partial S}\times\left(\frac{\partial f_2^\circ}{\partial V}\Big/\frac{\partial f_1^\circ}{\partial V}\right)\right] \tag{4-41}$$

$$\Delta V = \left[-f_1^\circ\left(V^\circ,S^\circ\right) - \frac{\partial f_1^\circ}{\partial S}\times\Delta S\right]\Big/\frac{\partial f_1^\circ}{\partial V} \tag{4-42}$$

具体实现步骤如下：

设

$$f_1 = \sum_{i=1}^{n-1}\left[\frac{z_i\left(k_i^{VL}-1\right)}{V\left(k_i^{VL}-1\right)+1-S} + \frac{k_s^{VL}-1}{k_s^{SL}}\right] = 0 \tag{4-43}$$

$$f_2 = \frac{z_s - S}{V\left(k_s^{VL} - 1\right) + 1 - S} - \frac{1}{k_s^{SL}} = 0 \tag{4-44}$$

$$D_i^\circ = V^\circ\left(k_i^{VL} - 1\right) + 1 - S^\circ \tag{4-45}$$

$$D_s^\circ = V^\circ\left(k_s^{VL} - 1\right) + 1 - S^\circ \tag{4-46}$$

则有：

$$f_1^\circ = \sum_{i=1}^{n-1}\left[\frac{z_i\left(k_i^{VL} - 1\right)}{D_i^\circ} + \frac{k_s^{VL} - 1}{k_s^{SL}}\right] = 0 \tag{4-47}$$

$$f_2^\circ = \frac{z_s - S}{D_s^\circ} - \frac{1}{k_s^{SL}} = 0 \tag{4-48}$$

$$\frac{\partial f_1^\circ}{\partial V} = -\sum_{i=1}^{n-1} z_i\left(\frac{k_i^{VL} - 1}{D_i^\circ}\right)^2 \tag{4-49}$$

$$\frac{\partial f_1^\circ}{\partial S} = \sum_{i=1}^{n-1}\frac{z_i\left(k_i^{VL} - 1\right)}{\left(D_i^\circ\right)} \tag{4-50}$$

$$\frac{\partial f_2^\circ}{\partial V} = -\frac{\left(z_s - S\right)\left(k_s^{VL} - 1\right)}{\left(D_s^\circ\right)^2} \tag{4-51}$$

$$\frac{\partial f_2^\circ}{\partial S} = \frac{z_s - S - D_s^\circ}{\left(D_s^\circ\right)^2} \tag{4-52}$$

根据化简后的结果，则有下列迭代方程组：

$$\begin{bmatrix} -\sum_{i=1}^{n-1} z_i\left(\dfrac{k_i^{VL} - 1}{D_i^\circ}\right)^2 & \sum_{i=1}^{n-1}\dfrac{z_i\left(k_i^{VL} - 1\right)}{\left(D_i^\circ\right)^2} \\ -\dfrac{\left(z_s - S\right)\left(k_s^{VL} - 1\right)}{\left(D_s^\circ\right)^2} & \dfrac{z_s - S - D_s^\circ}{\left(D_s^\circ\right)^2} \end{bmatrix} \begin{pmatrix} V - V^\circ \\ S - S^\circ \end{pmatrix} = \begin{bmatrix} -\left(\sum_{i=1}^{n-1}\dfrac{z_i\left(k_i^{VL} - 1\right)}{D_i^\circ} + \dfrac{k_s^{VL} - 1}{k_s^{SL}}\right) \\ -\left(\dfrac{z_s - S}{D_s^\circ} - \dfrac{1}{k_s^{SL}}\right) \end{bmatrix} \tag{4-53}$$

其中：$V = V + \Delta V$；$S = S + \Delta S$。

若本次迭代获得的 ΔV 和 ΔS 能满足精度要求，则迭代过程停止，否则将 $V \longrightarrow V^\circ$，$S \longrightarrow S^\circ$，重复迭代计算过程。

第三节　高含硫混合物气—液相和气—液—固相平衡计算方法

一、相平衡时组分硫的计算

高含硫混合物达到相平衡时，气液相中[9]各组分的逸度都可采用状态方程进行求解，而固相硫的逸度则要采用关联式进行求解。对于非硫相，可以采用各组分的临界性质计算确定各状态方程参数。但对于元素硫，由于元素硫会因不同的硫原子结合，从而具有不同的化学结构，导致有不同的临界参数，因此若直接采用临界性质计算状态方程参数和逸度会产生较大的误差，因此下面提出一种新方法确定硫的状态方程参数。

1. 液相和气相硫的计算

借鉴Panagiotopoulos和Kumar[10]提出的相关理论，液相和气相中纯组分硫的状态方程参数可通过调整状态方程中引力参数a和斥力系数b来拟合元素硫的饱和蒸汽压和液相密度来获得。由于两个参数的调整有很大的随机性，可以将斥力系数b考虑为一个与温度无关的常数，而不断调整不同温度下的引力系数a，来得到能计算液相和气相中硫组分的状态方程参数。

2. 固相硫的计算

对于固相纯组分硫，不采用状态方程法计算偏差系数和逸度，而是直接采用对低压下纯组分硫的升华压进行高压校正得到。设：

$$\ln f_s = \frac{A}{T} + B + \frac{pv_s}{RT} \tag{4-54}$$

式（4-54）中等号右侧的前两项可以认为是采用Antoine方程计算的元素硫的升华压，最后一项是对低压升华压进行的Poynting修正。

取固相硫的密度为2050kg/m³，则式（4-54）中的v_s可以由式（4-55）计算得到。

$$v_s = \frac{M_{S_8}}{\rho_s^s} = \frac{8 \times 32.064}{2050} = 0.12513\text{m}^3/\text{kmol} \tag{4-55}$$

所以，回归后得到的固相硫的逸度表达式为：

$$\ln f_s = -\frac{13846.797}{T} + 22.83572 + \frac{0.12513p}{RT} \tag{4-56}$$

式中　f_s——固相硫逸度，MPa；

　　　T——温度，K；

　　　p——压力，MPa；

　　　R——普适气体常数，这里取0.08206kmol/(m³·K)。

二、三相相平衡稳定性判断

在多相相平衡计算过程中，要想获得完整而精确的计算结果，就必须事先预测相态计算的稳定性，即进行相态稳定性检验或相态稳定性判断。多相相平衡稳定性检验的目的是，计算进入收敛区域之前能准确地确定体系相态的稳定性，即确定出在给定温度、压力及组成等热力学条件下，体系所处的相态是单相、两相还是三相，这样不仅能够快速满足多相相平衡的收敛要求，而且还可以节省计算时间和计算工作量[11]。

相态稳定性检验方法，即检验多相存在的方法，已有许多研究者提出。1982年Michelsen[12]提出了吉布斯自由能最小化技术，1987年Nelson等[13]提出了以平衡常数k值为基础的多相相态稳定性检验方法，本书在k值相态稳定性检验方法的基础上，推导出气—液—固三相稳定性判断准则。

1. 气—液两相平衡稳定性判断

先以两相系统的气—液平衡为例来推导以平衡常数k值为基础的相态稳定性检验方法。

以液相为参考相，定义平衡参数为：

$$k_i^{(1)} = {x_i}\big/{x_i} \qquad\qquad k_i^{(2)} = {y_i}\big/{x_i} \tag{4-57}$$

其中上标表示相，显然 $k^{(1)} = 1$；

由式（4-57）可得：

$$x_i = \frac{k_i^{(1)} z_i}{1 + V\left(k_i^{(2)} - 1\right)} \tag{4-58}$$

$$y_i = \frac{k_i^{(2)} z_i}{1 + V\left(k_i^{(2)} - 1\right)} \tag{4-59}$$

式中 V——气相的摩尔分数；

x，y，z——分别为气相、液相和体系中组分的摩尔分数；

k——平衡常数；

上标1和2——参考相；

下标 i——组分。

定义 $\phi(V) = \sum x_i - \sum y_i$，将式（4-58）和式（4-59）代入得：

$$\phi(V) = \sum \frac{\left(1 - k_i^{(2)}\right) z_i}{1 + \left(k_i^{(2)} - 1\right) V} \tag{4-60}$$

对 $\phi(V)$ 求导数有：

$$\frac{\partial \phi(V)}{\partial V} = \sum \frac{\left(1 - k_i^{(2)}\right)^2 z_i}{\left[1 + \left(k_i^{(2)} - 1\right) V\right]^2} > 0 \tag{4-61}$$

由于 $\phi(V)$ 对 V 的导数大于0，因此 $\phi(V)$ 是 V 的单调增函数。又 V 取 $0 \sim 1$ 具有物理意义，故由 $\phi(V)$ 的单调性有：

$$\phi(0) < \phi(V) < \phi(1) \tag{4-62}$$

由于式（4-62）可通过求解 $\phi(V) = \sum x_i - \sum y_i = 0$ 得到满足，所以只有当 $\phi(V) = 0$，且 $0 < V < 1$ 时，才有两相存在（$V = 0$ 对应泡点，$V = 1$ 对应露点）。所以有：

$$\phi(0) = 1 - \sum \left(k_i^{(2)} z_i\right) < 0 \tag{4-63}$$

$$\phi(1) = \sum \left(z_i / k_i^{(2)}\right) - 1 > 0 \tag{4-64}$$

即若有气—液两相存在则必须同时满足：

$$\sum \left(k_i^{(2)} z_i\right) > 1 \tag{4-65}$$

$$\sum \left(z_i / k_i^{(2)}\right) > 1 \tag{4-66}$$

这就是气—液两相平衡的相稳定性判断条件。另外，如果 $\phi(V) > 0$，那么 $\phi(V) = 0$ 的解 V 一定是负数，这意味着不存在气相，只有液相存在（过冷）。由组分物料守恒计算有 $x_i = z_i$，推导出 $y_i = x_i k_i^{(2)} = z_i k_i^{(2)}$。由 $1 - \sum \left(k_i^{(2)} z_i\right) > 0$ 有 $\sum y_i < 1$，可见，不存在的气相的总摩尔分数小于1。类似地，可得 $\phi(V) < 0$ 对应的只有气相存在（过热）。不存在的液相的总摩尔分数也小于1。这正是 Michelsen（1982）提出的切平面检验判据的一个等价形式：即被考察相的总摩尔分数如果小于1，则该相并不存

在；反之，如果被考察相在平衡中不存在，它的总摩尔分数必然小于1。

由式（4-58）和式（4-59）我们可以得到更一般的表达式：

$$\sum x_i = \sum \frac{k_i^{(1)} z_i}{L k_i^{(1)} + V k_i^{(2)}} \tag{4-67}$$

$$\sum y_i = \sum \frac{k_i^{(2)} z_i}{L k_i^{(1)} + V k_i^{(2)}} \tag{4-68}$$

式中　L——液相的摩尔分数；

　　　V——气相的摩尔分数。

由此我们可以定义三相共存时，气—液—固三相中任一相的组成求和表达式：

$$P_m(y) = \sum_{i=1}^{n} \frac{z_i k_i^m}{\sum_{j=1}^{3} y^j k_i^j} \tag{4-69}$$

式中　m——某一相；

　　　y^j——j相的摩尔分数（$j=1$，2，3）。

为了研究三相平衡的稳定性，我们先根据定义推导出两相稳定性判断的一般表达。对上述两相系统，可以推导出一个独立函数：

$$\phi_{21}(y) = P_2 - P_1 = \sum_{i=1}^{n} \frac{z_i \left(k_i^{(2)} - k_i^{(1)} \right)}{\sum_{j=1}^{2} y^j k_i^j} \tag{4-70}$$

要使两相系统达到稳定，必有：

$$\phi_{21}(1,\ 0) = \phi_{21}(y_1=1,\ y_2=0) > 0 \tag{4-71}$$

$$\phi_{21}(0,\ 1) = \phi_{21}(y_1=0,\ y_2=1) < 0 \tag{4-72}$$

联立式（4-70）、式（4-71）和式（4-72）有：

$$\sum_{i=1}^{n} z_i k_i^{(2)} > 1 \tag{4-73}$$

$$\sum_{i=1}^{n} \frac{z_i}{k_i^{(2)}} > 1 \tag{4-74}$$

式（4-73）和式（4-74）即为我们所熟知的气—液两相平衡中[6]相态判断的基本关系式，上标 $j=2$ 代表气相。两相闪蒸的稳定性分析可以定性地判断（图4-1）。

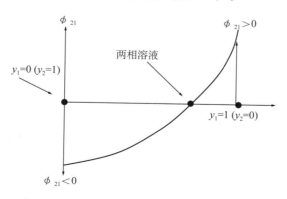

图4-1　两相闪蒸计算的相态稳定性判断

2. 气—液—固三相平衡稳定性判断

针对多相相平衡的基于k值的多相相平衡稳定性检验，定义相平衡[6]常数的通式化的关系式为：

$$k_i^j = \frac{x_i^j}{x_i^r} = \frac{\phi_i^r}{\phi_i^j} \qquad (j=1,2,3,\cdots) \tag{4-75}$$

式中　x_i^j——组分i在第j相中的摩尔组成；

　　　x_i^r——组分i在参考相r相中的摩尔组成；

　　　ϕ_i^r——组分i在参考相r相中的逸度系数；

　　　ϕ_i^j——组分i在第j相中的逸度系数；

　　　k_i^j——组分i在第j相与参考相r相中的平衡常数。

对于一个三相平衡体系的闪蒸计算，也可以类似地推导出相态的稳定性检验方法。由式（4-70）可得出：

$$\phi_{31}(y) = P_3 - P_1 = \sum_{i=1}^{n} \frac{z_i \left(k_i^{(3)} - k_i^{(1)}\right)}{\sum_{j=1}^{3} y^j k_i^j} \tag{4-76}$$

由式（4-70）和式（4-76）有：

$$\phi_{21-31}(y) = \phi_{21} - \phi_{31} = (P_2 - P_1) - (P_3 - P_1) = P_2 - P_3 = \sum_{i=1}^{n} \frac{z_i \left(k_i^{(2)} - k_i^{(3)}\right)}{\sum_{j=1}^{3} y^j k_i^j} \tag{4-77}$$

选液相为参考相（$r=1$），$j=1$表示液相，$j=2$表示气相，$j=3$表示固相，则液相的平衡常数$k_i^1=1$。三相闪蒸计算的稳定性判断由图4-2定性表示。具体判断过程举例分析。

若在$y_1=1$处有：

$$\phi_{21}(y) = \phi_{21}(y_1=1, y_2=0, y_3=0) = \sum_{i=1}^{n} z_i k_i^{(2)} - 1 > 0 \tag{4-78}$$

并且在$y_2=1$处有：

$$\phi_{21}(y) = \phi_{21}(y_1=0, y_2=1, y_3=0) = 1 - \sum_{i=1}^{n} \frac{z_i}{k_i^{(2)}} < 0 \tag{4-79}$$

那么对$\phi_{21}(y)$必有一个根b在沿y_2轴线上某处使$\phi_{21}(y)=0$成立，即相1和相2两相达到相平衡，处于稳定状态。

如果$\phi_{31}(y)$在$y_3=1$处有：

$$\phi_{31}(y_1=0, y_2=0, y_3=1) = 1 - \sum_{i=1}^{n} \frac{z_i}{k_i^{(3)}} < 0 \tag{4-80}$$

同时在b点处有：

$$\phi_{31}(y_b) > 0 \tag{4-81}$$

那么此时体系就有形成第三相的趋势，这将把两相平衡点b向三相区域内移动。

因此，可以认为，如果$\phi_{21}(y_b)=0$，那么相1、相2在$0<y_2<1$且$y_3=0$的区域内形成两相；如果$\phi_{31}(y_b)>0$且$\phi_{31}(y_3=1)<0$，那么体系可以有三相共存。在以上条件下，如$\phi_{31}(y_b)<0$，那么只

有相1和相2两相共存，即气—液平衡。

　　类似的分析可以在其他轴上进行并可以确定相的存在。

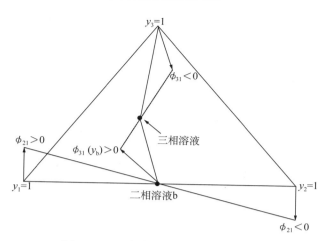

图4-2　三相闪蒸相态的稳定性判断

　　通过以上的推证，就可以获得ϕ_{21}和ϕ_{31}在图4-2中3个顶点处的值，并可以计算出相应顶点处的ϕ_{21-31}的值。对于高含硫气藏而言，具体判断气液固三相相平衡稳定性分析如下：

　　1）气—液平衡判断（气相—2，液相—1）

　　当体系中只存在相1和相2两相且平衡时，应同时满足以下条件：

$$\sum_{i=1}^{n} \frac{z_i}{k_i^{(2)}} > 1 \tag{4-82}$$

$$\sum_{i=1}^{n} z_i k_i^{(2)} > 1 \tag{4-83}$$

$$\phi_{31}(y_1, y_2, 0) < 0 \text{ 且 } \phi_{21}(y_1, y_2, 0) = 0 \tag{4-84}$$

　　2）气—液—固平衡判断（气相—2，液相—1，固相—3）

　　当体系中存在相1、相2和相3三相且平衡时，应同时满足以下条件：

$$\sum_{i=1}^{n} \frac{z_i}{k_i^{(2)}} > 1 \tag{4-85}$$

$$\sum_{i=1}^{n} z_i k_i^{(2)} > 1 \tag{4-86}$$

$$\phi_{31}(y_1, y_2, 0) > 0 \text{ 且 } \phi_{21}(y_1, y_2, 0) = 0, \ \phi_{31}(y_3 = 1) < 0 \tag{4-87}$$

三、高含硫混合物相平衡计算步骤

1. 气—液两相相平衡计算步骤[6]

气—液两相相平衡计算步骤如下：

（1）根据初始条件输入原始数据，包括体系组成和非硫组分的热力学参数；

（2）输入计算的温度和压力；

（3）利用Wilson方程给非硫组分赋初值k_i（i=1，2，3，…，n−1，第n个组分为硫），且令ks=0.0001；

（4）进行气液两相闪蒸计算；

（5）判断各相逸度是否相等，若不等则替换k_i（i=1，2，3，…，n−1，n），回到前一步；若相等则进行下一步；

（6）输出有关参数，如气相中硫组分的摩尔分数；

（7）完成计算，程序结束。

气—液两相中非硫组分的平衡常数k_i（i=1，2，3，…，n）的初值用Wilson公式计算确定：

$$k_i = \exp\left[5.37(1+\omega_i)\left(1-\frac{1}{T_{ri}}\right)/p_{ri}\right] \tag{4-88}$$

式中　ω——偏心因子；

　　　T_r——对比温度；

　　　p_r——对比压力；

　　　下标i——组分。

2. 气—液—固三相相平衡计算步骤

气—液—固三相相平衡计算步骤如下[6]：

（1）根据初始条件输入原始数据，包括体系组成和非硫组分的热力学参数；

（2）输入计算的温度和压力；

（3）利用Wilson方程给非硫组分赋初值k_i^{VL}（i=1，2，3，…，n−1，第n个组分为硫），且令k_s^{SL}=0.00001，k_s^{VL}=0.01；

（4）进行气液固三相闪蒸计算；

（5）判断各相的逸度是否相等，若不等则替换k_i^{VL}（i=1，2，3，…，n−1，n）和k_s^{SL}，回到前一步；若相等则进行下一步；

（6）输出有关参数，如气相中硫组分的摩尔分数；

（7）完成计算，程序结束。

参 考 文 献

［1］杨学锋.高含硫气藏特殊流体相态及硫沉积对气藏储层伤害研究［D］.成都：西南石油大学，2006.

［2］郭平，杨学锋，　　　　　.油藏注气最小混相压力研究［M］.北京：石油工业出版社，2005.

［3］李士伦，等.天然气工程［M］.北京：石油工业出版社，2000.

［4］Kunal Karan，et al.Sulfur Solubility in Sour Gas: Predictions with an Equation of State Model［J］.Ind. Eng. Chem. Res.，1998，37:1679−1684.

［5］Tomcej R A，Kalra H.Hunter B E. Prediction of Sulfur Solubility in Sour Gas Mixture［C］.39th Ann.Tech. Mtg.of CIM Calgary，1988:12−16.

［6］卞小强.含硫气藏流体相平衡规律研究［D］.成都：西南石油大学，2008.

［7］郭肖，杜志敏，姜贻伟，等.温度和压力对气水相对渗透率的影响［J］.天然气工业，2014

（6）:60—64.

[8] 郭肖，姜贻伟，Can Gas—water Relative Permeability Measured under Experiment Conditions be Reliable for the Development Guidance of a Real HPHT [J] .Natural GasIndustry，2014（34）.

[9] 杜志敏.高含硫气藏流体相态实验和硫沉积数值模拟 [J] .天然气工业，2008，28（4）:78—81.

[10] Panagiotopoulos A Z， Kumar S K. A Generalized Technique to Obtain Pure Component Parameters for Two—Parameter Equations of State [J] .Fluid Phase Equilib，1985（22）:77.

[11] 赵金诚.油气烃类体系中气—液—固多相相平衡规律研究 [D] .南充：西南石油学院，1998.

[12] Michelsen M L.The Isothermal Flash Problem， Part I:Stability Analysis [J] .Fluid Equilibria，1982:1—19.

[13] Nelson P A， et al.Rapid Phase Determinations in Multiplephase Flash Calculations [J] . Comput Chem. Eng.，1987（11）:581—591.

第五章 高含硫气藏硫沉积机理

第一节 硫的溶解与析出

一、硫在气体中的溶解与析出机理

硫在酸性气体中的溶解与析出机理对评价硫沉积对酸性气井生产动态的影响至关重要。在天然气的开发、开采及地面集输过程中，热力学条件变化导致硫从气体中的析出、沉积机理与硫在气体中的溶解机理是相辅相成的，其本质为硫在气相中的溶解机理，分为化学溶解和物理溶解两种方式[1-3]。

1. 化学溶解和化学沉积

起初人们在研究硫沉积机理时认为，硫以简单的物理溶解方式溶解在酸性气体中。但随着研究的深入，人们逐渐认识到在一定温度压力条件下，硫与硫化氢能够发生化学反应生成多硫化氢并处于平衡状态，在溶解过程中分子内部结构发生了变化，即硫除能够以物理溶解方式溶解之外，还可以化学溶解方式溶解在酸性气体中。加拿大硫研究有限公司的研究也表明，在地层条件下硫与H_2S反应生成多硫化氢（图5-1）[1]。

$$H_2S + S_x \rightleftharpoons H_2S_{x+1}$$

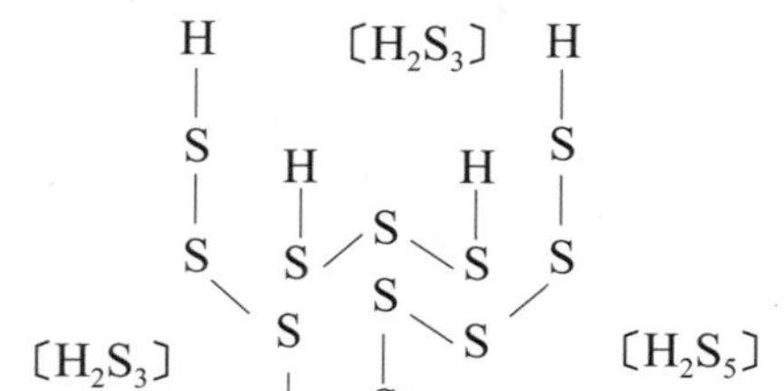

图5-1 元素硫化学溶解结构式
(H_2S_{x+1})

该反应为可逆化学反应。正反应为吸热反应，温度或压力升高将导致平衡向生成多硫化氢方向移动，使得地层中单质硫的含量减少，天然气中硫的含量增加；反之，当温度压力降低时，平衡将向有利于多硫化氢分解生成硫与H_2S的方向进行，导致天然气中硫与硫化氢的含量升高。高含硫气藏流体中含有H_2S组分并溶解有一定量的元素硫。在开采过程中，气体在地层中、从地层进入井筒，以及在地面集输的整个过程中都伴有温度压力的降低，致使上述化学反应平衡被不断打破，使平衡向左移动，多硫化氢分解生成硫与硫化氢。当硫在气体中达到临界饱和态后，硫将从气相中析出，当析出的硫不能被流体携带时，硫即在地层孔隙、井筒及地面管线中聚集、沉积。由于该过程主要是多硫化氢分解导致硫在气相中的存在形式发生了变化而形成，因此，称这一沉积过程为化学沉积。

2. 物理溶解和物理沉积

除上述多硫化氢分解导致的硫沉积之外，"稠密流体"（天然气在地层条件下即为稠密流体）对硫的物理溶解与析出同样至关重要。在原始地层条件下，当温度高于临界温度时，气体处于超临界状态，高温高压下的酸性气体导致硫的溶解大幅增加。国外学者通过实验研究测试了硫在纯H_2S气体中的溶解度。

在地层原始的高温和高压条件下，以物理方式溶解在酸性气体中的硫，在气藏开采过程中，随着气体的产出，地层压力及近井地带温度的降低使硫在气相中的溶解度不断减小，当温度压力降至硫在气相中的临界饱和状态后，温度压力的继续降低便会导致硫从气相中析出、沉积。当析出的硫的量累计至流体不足以携带时，硫即在地层裂缝或孔隙中沉积下来，从而堵塞气体渗流通道，降低孔隙度和渗透率。由于温度压力降低导致硫溶解度减小从而引发硫沉积的过程中，硫的分子结构及在气相中的存在形式均未发生变化（图5-2），因此，这一过程称为物理沉积。

综上所述，硫的两种溶解、析出及沉积方式在本质上是不同的。目前，大部分专家学者认为硫沉积机理主要是物理沉积，即温度、压力降低导致硫在酸性气体中溶解度的降低从而析出，并未发生化学反应。主要依据是：在生产过程，硫的沉积主要发生在井筒以及井筒周围的近井地带。由于近井地带流速较高，而化学反应速度较慢，化学反应所生成的硫一从气相中析出即会被井筒附近的高速气流带入井中，它无法在有限的时间内沉积在地层中。况且，当化学平衡被打破后，如果多硫化氢分解成硫和硫化氢，则将导致气相中硫化氢的含量大大增加。因此，硫主要以物理溶解的方式存在于酸性气体中，而地层压力的降低是导致硫从气相中析出的主要原因[4]。

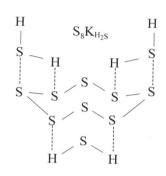

图5-2　元素硫的物理溶解结构式（S_8）

二、元素硫溶解度测定

1. 单质硫析出实验

元素硫不仅溶解在高含硫气体中，而且还溶解在高温高压条件下的富烃组分中。为此，以X井凝析气组分为基础，利用建立的元素硫溶解度测定方法，验证该测定方法的可行性。

1）实验流程

实验流程见图5-3。

2）实验步骤

整个实验分下面几个步骤完成：

（1）安装。按图5-3所示流程连接好实验设备，并将过量的硫粉50g放入配样器中，调试整个流程，保证整个实验过程不发生泄漏。

（2）转样。关闭所有阀门后，开启阀门4和阀门5，将样品筒的气体转入配样器，然后关闭阀门4和阀门5。

（3）平衡。将配样器中的气体加温加压到100℃和40MPa，摇样平衡1天左右。

（4）闪蒸。利用恒压泵保持40MPa压力不变，首先将回压泵调到42MPa，开启阀门2、阀门6和阀

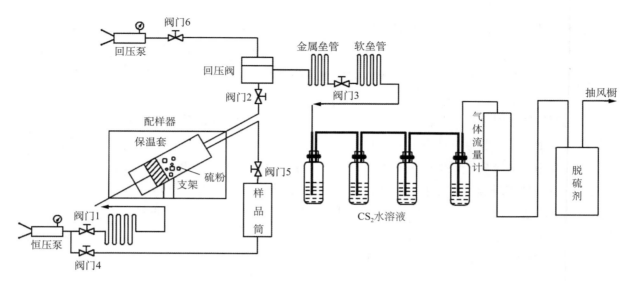

图5-3 元素硫溶解度实验流程图

门3，然后逐步降低回压泵压力，使气体开始流出，然后利用回压泵调节压力，直至气体流量计显示流量为200mL/min时，保持回压泵压力不变。

（5）计量。在恒压泵和回压泵保持压力下，将配样器中的气体闪蒸完。用氮气溶液清洗出口端管线，并与CS_2溶液混合后，放入抽风橱，让CS_2溶液挥发，收集挥发后剩下的固体硫，利用精密天平进行称量。

2. 元素硫溶解度实验测试

分别对P2井和P6井不同压力下硫的溶解度进行了测试，P2井和P6井地层温度分别为123.4℃和120℃，地层压力分别为55.2MPa和55.17MPa，两口井井流物组成见表5-1和5-2，测试结果见图5-4和图5-5。

表5-1 P2井井流物组成

组分	摩尔分数，%	组分	摩尔分数，%
H_2S	13.79	CO_2	9.01
N_2	0.52	C_1	76.64
He	0.01	C_2	0.03
H_2	0.00	$C_3—C_{7+}$	0.00

表5-2 P6井井流物组成

组分	摩尔分数，%	组分	摩尔分数，%
H_2S	14.99	CO_2	8.93
N_2	0.43	C_1	75.61
He	0.01	C_2	0.02
H_2	0.01	$C_3—C_{7+}$	0.00

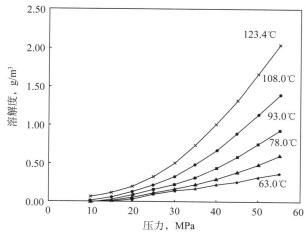

图5-4 P2井硫的溶解度与压力的关系曲线

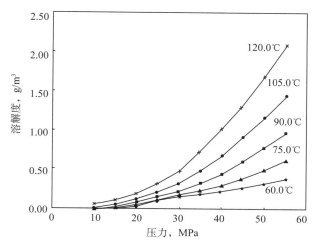

图5-5 P6井硫的溶解度与压力的关系曲线

由图5-4、图5-5可以看出，高压下硫在气体中的溶解度的变化大于低压下的变化。高含硫气藏在生产初期由于地层压力较高，元素硫在地层中的沉积速度大于生产后期的沉积速度。因此，在编制高含硫气藏开发方案时应充分考虑生产初期硫沉积对气井产量的影响，并及时采取预防措施。

第二节 硫沉积动力学机理

石油工业中导致储层伤害的微粒来源主要包括以下两种：

（1）储层内部产生。①黏土和矿物颗粒脱落；②化学反应导致的沉淀物；③物理化学作用析出的微粒。

疏松砂岩油气藏开采过程中岩石颗粒脱落后运移至井底从而导致砂堵、稠油油藏冷采过程中岩石颗粒的运移所形成的蚯蚓洞、高含硫气藏开采过程中由于热力学条件改变导致硫微粒从气相中析出并在孔隙中的运移和沉积、稠油油藏热采过程中沥青质和石蜡的析出、沉积等均系储层内部产生的颗粒。

（2）外部侵入。①钻井及压裂作业过程中侵入地层的微粒；②修井及完井液中的微粒；③注入流体（水、化学剂等）携带的碎屑。

钻井过程中钻井液携带微粒侵入地层、注水开发油藏注入水中所携带的悬浮颗粒进入地层、压裂作业中压裂液在储层中的滞留、三次采油中注入化学剂中悬浮颗粒的夹带、部分化学剂在地层中的滞留均属外部微粒侵入。

储层伤害的机理主要包括以下3种：（1）无机沉积（矿物盐沉积和酸性气体开采过程中硫的沉积）；（2）有机沉积（沥青沉积和石蜡沉积）；（3）流体与流体之间的相互作用（乳化、凝胶化、酸化导致的沉积物，残渣的形成以及凝析液的析出和水合物的形成）。

一、硫微粒在储层中的运移沉积特征

由于热力学条件改变，高含硫气藏气相中析出的硫属于储层内部发生物理化学作用而析出的微粒，属无机沉积。硫微粒在岩石中的存在方式有两种：随气流一起悬浮运移，或吸附、沉积在孔隙表面（图5-6）。

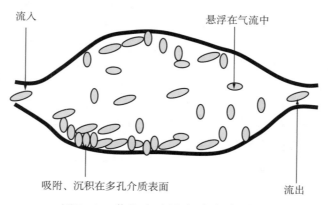

图5-6 微粒在孔隙中的存在形式

微粒在储层孔隙中的运移机理包括吸附、扩散、沉积和水动力4种，由于各种原因致使部分微粒最终以沉降、捕获及桥堵等方式被吸附、沉积在岩石孔隙表面，导致储层孔隙度和渗透率降低，影响油气井的产能和经济效益。

二、硫微粒受力分析

高含硫气藏在开采过程中，热力学条件的改变导致硫微粒在气相中达到临界饱和态从气相中析出，但最终是否沉积在储层中还要取决于流体水动力的大小。若流体水动力不能携带微粒运移，则硫在地层孔隙、井筒及地面管线中就会发生聚集、沉积[5]。

1. 硫微粒在气流中的受力

1）黏滞阻力

储层孔隙结构极其复杂，致使气体渗流速度不断变化，导致硫微粒的流动与气流的松弛过程更加复杂。例如硫微粒析出时速度矢量与气流相同，但由于硫微粒的密度较之气体密度相对较大，从而导致气体较之微粒其加速度更大，即在流动过程中，硫微粒会相对滞后，同时，岩石的复杂结构特征使得这一过程更为严重。在气—固两相流动过程中，微粒所受阻力主要反映气体的惯性效应，同时还要受到诸多因素的影响，例如微粒的雷诺数、气流的湍流运动、气体的可压缩性、气体温度、微粒的形状和浓度等。因此，微粒的阻力很难用一个统一的数学公式表达，通常用一个阻力系数对其进行数学表征。

2）重力

微粒在储层孔隙中的渗流过程中要受到重力的作用，此外由于其随气流一起流动，因而还要受到气流的浮力作用。高含硫气藏开采过程中气相中析出的硫微粒最终能否沉积在储层中，重力是非常重要的影响因素。当微粒所受重力较之浮力起主要作用时，微粒的运动符合斯托克斯定律，即层流时微粒有沉降特征，此时微粒所受重力可以用式（5-1）进行表征：

$$G = \frac{\pi}{6} d^3 \rho_s g \tag{5-1}$$

式中　d——微粒直径，μm；

　　　ρ_s——微粒密度，g/cm^3；

　　　g——重力加速度，m/s^2。

微粒所受的浮力是它的体积乘以流体密度ρ与重力加速度g之积，即：

$$F = \frac{\pi}{6}d^3\rho g \tag{5-2}$$

微粒在气流中沉降时，还要受到气流对微粒的阻力作用：

$$F_f = \delta\frac{\pi d^2}{4}\cdot\frac{\rho u_0^2}{2} \tag{5-3}$$

式中　δ——阻力系数；

　　　u_0——微粒沉降速度，m/s。

当微粒在沉降过程中速度保持恒定时，阻力大小在数值上为重力与浮力之差：

$$\frac{\pi}{6}d^3(\rho_s - \rho)g = \delta\frac{\pi}{4}d^2\cdot\frac{\rho u_0^2}{2} \tag{5-4}$$

求解式（5-4）有：

$$u_0 = \sqrt{\frac{4d(\rho_s - \rho)g}{3\rho\delta}} \tag{5-5}$$

当气流为层流时，即雷诺数$Re < 0.3$时，有：

$$\begin{cases} \delta = \dfrac{24}{Re} \\ u_0 = \dfrac{d^2(\rho_s - \rho)g}{18\mu} \end{cases} \tag{5-6}$$

式（5-6）即为斯托克斯定律表达式。

3）虚假质量力

当微粒相对于气流做加速运动时，不但微粒的速度越来越大，而且微粒周围流体的速度也会增加。推动微粒运动的力不但增加了微粒本身的动能，而且也增加了气流的动能，这个力将大于微粒本身动能增加所需要的力，像是微粒质量增加了一样，加速这部分增加质量的力即为虚假质量力，亦称为表观质量效应。

4）Basset力

微粒在多孔介质中流动时，不仅受到黏性阻力和虚假质量力的作用，还要受到一个瞬时的流动阻力，即Basset力。但由于微粒在多孔介质流动过程中的运动以减速为主，因此Basset力在研究中可以忽略。

5）压力梯度力

微粒在有压力梯度的流场中流动时，微粒要受到由于压力梯度引起的作用力，即压力梯度力。如果微粒的加速度与气流的加速度相差不大，则由于气体密度通常小于微粒的密度，因而压力梯度力的数量级很小，在研究过程中也可以忽略不计。

6）Magnus力

Magnus力是由微粒在流动过程中旋转所产生的。由于构成多孔介质的岩石内部孔隙结构千差万别，且渗流场中有速度梯度存在，因此，在流动过程中，由于微粒各部位所受气流速度的不同，导致微粒受到一个剪切转矩的作用而发生旋转，速度梯度越大，微粒旋转速度越大。前人通过实验研究表明，不规则的微粒比球型微粒旋转速度更高。本书在研究过程中假定硫微粒为均匀球型微粒，且粒径很小，因此，其在多孔介质渗流过程中所受Magnus力作用很小，在研究中将其忽略。

7）Saffman力

Saffman力为固相微粒在有速度的流场中运动时，由于微粒上部的速度大于下部的速度，即上部的压力小于下部的压力，从而导致微粒受到向上的升力。本书研究对象为高含硫气藏开采过程中从气相中析出的硫微粒，由于其粒径尺寸很小，微粒各部位的流速无明显差异，因此，Saffman力可忽略不计。

2. 微粒在气流中的沉降

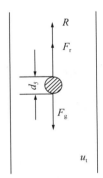

图5-7　颗粒在气流中沉降的受力分析

微粒在随气流一起流动的过程中，由于微粒密度较气体密度大得多，所以重力起主导作用，主要体现在微粒在气流中的运移过程中有沉降现象，微粒的沉降方式包括自由沉降和干涉沉降。自由沉降是指单个微粒的沉降，干涉沉降是指颗粒群的沉降。研究中通常选取单个颗粒进行研究，即研究自由沉降。

1）微粒沉降及其速度表征

假定一球形微粒在静止气流中自由沉降，即微粒只受到自身重力、浮力和阻力的作用（图5-7）。

微粒所受重力为：

$$F_{\mathrm{g}} = \frac{1}{6}\pi d_{\mathrm{s}}^3 \rho_{\mathrm{s}} g \tag{5-7}$$

微粒所受浮力为：

$$F_{\mathrm{r}} = \frac{1}{6}\pi d_{\mathrm{s}}^3 \rho_{\mathrm{g}} g \tag{5-8}$$

微粒在气流中的重量为：

$$G_0 = F_{\mathrm{g}} - F_{\mathrm{r}} = \frac{1}{6}\pi d_{\mathrm{s}}^3 \left(\rho_{\mathrm{s}} - \rho_{\mathrm{g}}\right) g \tag{5-9}$$

而微粒所受阻力为：

$$R = \frac{1}{8}\rho_{\mathrm{g}} C_{\mathrm{D}} \pi d_{\mathrm{s}}^2 (u_{\mathrm{t}})^2 \tag{5-10}$$

式中　d_{s}——微粒粒径，$\mu\mathrm{m}$；

　　　u_{t}——微粒的沉降速度，m/s。

微粒的沉速与其所受流体阻力可由下式表示：

$$G_0 - R = m\frac{\mathrm{d}u}{\mathrm{d}t} \tag{5-11}$$

将式（5-9）和式（5-10）代入式（5-11），得：

$$\frac{1}{6}\pi d_{\mathrm{s}}^3 (\rho_{\mathrm{s}} - \rho_{\mathrm{g}}) g - \frac{1}{8}\rho_{\mathrm{g}} C_{\mathrm{D}} \pi d_{\mathrm{s}}^2 (u_{\mathrm{s}})^2 = \frac{1}{6}\pi d_{\mathrm{s}}^3 \rho_{\mathrm{s}} \frac{\mathrm{d}u}{\mathrm{d}t} \tag{5-12}$$

整理后，有：

$$\frac{\left(\rho_s - \rho_g\right)}{\rho_s}g - \frac{3\rho_g C_D}{4\rho_s d_s}\left(u_s\right)^2 = \frac{du}{dt} \tag{5-13}$$

式中 u_s——微粒的沉降速度，m/s。

C_D——阻力系数，无量纲；

定义如下的变量：

$$g_0 = \frac{\left(\rho_s - \rho_g\right)}{\rho_s}g \tag{5-14}$$

$$a_R = \frac{3\rho_g C_D}{4\rho_s d_s}\left(u_s\right)^2 \tag{5-15}$$

式中 g_0——颗粒在气流中的重力加速度，m/s²；

a_R——阻力加速度，m/s²。

则式（5-13）可简写为：

$$g_0 - a_R = \frac{du}{dt} \tag{5-16}$$

式（5-16）表明：微粒沉降的加速度为微粒自身所受重力加速度与阻力加速度之差。

当微粒在沉降过程中速度保持恒定不变时，表明微粒所受的外力达到平衡状态，则式（5-16）为：

$$g_0 = a_R \tag{5-17}$$

即有：

$$\frac{\left(\rho_s - \rho_g\right)}{\rho_s}g = \frac{3\rho_g C_D}{4\rho_s d_s}\left(u_t\right)^2 \tag{5-18}$$

整理有：

$$u_t = \sqrt{\frac{4\left(\rho_s - \rho_g\right)}{3\rho_g C_D}gd_s} \tag{5-19}$$

式（5-19）为球形微粒在静止气流中沉降速度的数学表达式。

除气体流态和物性参数将影响微粒的沉降之外，微粒在气流中的沉降速度还要受到气流中微粒浓度的制约。如果气流中微粒浓度较小，则其在气相中沉降时不容易受到其他微粒的影响，可以简化为自由沉降过程。若气流中微粒浓度大于某一临界值，则气流中微粒之间的相互影响不能忽略，沉降方式变为干涉沉降。

气相中微粒的浓度对微粒沉降末速的影响与微粒粒径大小有关。粒径较大的微粒在沉降过程中通常处于分散状态，气体黏度不受气相中微粒浓度的影响。微粒浓度对沉降速度的影响方式主要是微粒在沉降过程中引起气流相对向上流动并可能导致气流涌动，这会使微粒的有效重力降低，从而导致微粒的最终沉降末速较之气相中没有微粒时要小。

微粒浓度对粒径较小微粒沉降速度的影响较之对粒径较大微粒要更为复杂。这是由于：其一，粒径较小的微粒其表面积较大，较高的微粒浓度会产生絮凝现象，导致微粒的沉降末速增大；其二，气相中微粒浓度较大时微粒间距离变小，相互引力增加，从而更易发生絮凝，结果导致沉降末速增加。

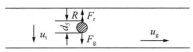

图5-8   水平管中微粒受力分析

2）水平管气—固两相运移时微粒的沉降速度

如图5-8所示，当气流在水平管中以速度u_g作水平流动时，微粒受到的黏性阻力为：

$$F_r = \frac{1}{2}\rho C_D \pi r_p^2 (u_s)^2 \tag{5-20}$$

同理可得：

$$u_t = \sqrt{\frac{4(\rho_s - \rho_g)}{3\rho_g C_D} g d_s} \tag{5-21}$$

可看出式（5-21）与式（5-19）实质上为同一式。

3. 气流携带微粒的临界流速

高含硫气藏开采过程中，原本溶解在气相中的硫微粒在压力降低过程中析出后随气流在多孔介质中的流动过程极其复杂，其中浮力的作用对其能够在气相中悬浮并随气相一起运移至关重要[6]。

（1）硫微粒析出以后在多孔介质流动过程中，之所以能够悬浮在气相中并随气流一起流动，除在水平方向受压差作用以外，紊流作用会导致微粒在纵向上产生一个大于沉降末速的脉冲速度（图5-9）。

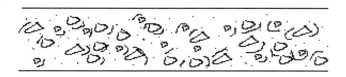

图5-9   紊流作用导致微粒悬浮

（2）实际上，在气相中流动的微粒自身并非理想的球状，而是极不规则的多面体。此时，除有维持微粒在水平方向流动的各种力之外，还存有使微粒具有一个与流动方向垂直的升力（图5-10）。

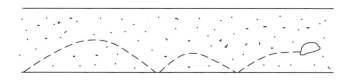

图5-10   微粒碰撞产生惯性升力造成微粒悬浮

（3）由于各种原因，沉积在多孔介质表面的微粒或微粒群，与气流中悬浮运移的微粒流速不同，因此，受气流作用会在微粒上部和下部之间形成压力差，如果此压力差比微粒自身重力更大时，微粒群上部的微粒就会重新悬浮到气相中去（图5-11）。

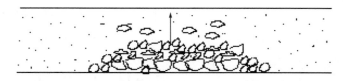

图5-11   微粒群上部和下部压力差导致微粒悬浮

（4）高含硫气体中的硫微粒从气相中析出后，由于渗流场中速度梯度的存在，在流动过程中微粒各部位气流速度自然不同，导致微粒受到一个剪切转矩的作用而发生旋转，速度梯度越大，旋转速度越大。旋转的同时，会使微粒受到一个垂直于流动方向的升力的作用。如果升力和浮力的共同作用比微粒自身重力大时，微粒就会悬浮在气相中与气流一同在多孔介质中流动（图5-12）。

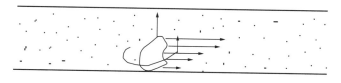

图5-12　微粒旋转产生的升力作用

高含硫气藏实际开采过程中，硫微粒从气相中析出后，由于其粒径大小、自身形状的差异，导致其能够在气相中悬浮和运移的因素也不同。

由前面可知，微粒的沉降末速为：

$$u_t = \sqrt{\frac{4(\rho_s - \rho_g)}{3\rho_g C_D} g d_s} \tag{5-22}$$

根据微粒的受力分析，如果微粒所受各种力的综合作用在垂直于流动方向上的分力大于0，则微粒就能够在气相中悬浮，随气流一同在多孔介质中流动。

$$u_a \geq u_t \tag{5-23}$$

式中　u_a——微粒的上浮速度。

实际高含硫气藏开采过程中析出的硫微粒之间以及硫微粒与孔隙介质孔隙表面之间会有强烈的碰撞，导致微粒动能大量损失，此外，硫微粒与气体之间的摩擦同样会损失部分能量。因此，只有当气相速度较之微粒悬浮速度大时，硫微粒才能够悬浮在气相中并与其共同流动。

一般情况下，在气—固两相混合物流动过程中，气相速度都会较之固相大些，即固相会存在一个滞后现象。因此，硫微粒在多孔介质中的流动过程中的能量损失包括：气体与多孔介质孔隙表面的摩擦，硫微粒与孔隙表面、硫微粒间的相互碰撞和摩擦，以及硫微粒与气体间的相互碰撞和摩擦。

$$\Delta T_a = \Delta T_g + \Delta T_s \tag{5-24}$$

其中

$$\Delta T_g = \Delta T_{gc} + \Delta T_{gf} = \frac{\rho_g u_g^2}{2} + \frac{\rho_g u_g^2 \lambda_g}{2} \frac{l}{D} \tag{5-25}$$

$$\Delta T_s = \Delta T_{sc} + \Delta T_{sf} + \Delta T_{sg} = \frac{1}{2} \rho_m u_s^2 + \frac{1}{2} \rho_m u_s^2 \lambda_m \frac{l}{D} + \rho_m H \tag{5-26}$$

将式（5-25）、式（5-26）代入式（5-24）有：

$$\Delta T_a = \frac{1}{2} \rho_g u_g^2 \left(1 + \lambda_g \frac{l}{D}\right) + \frac{1}{2} \rho_m u_s^2 \left(1 + \lambda_m \frac{l}{D}\right) + \rho_m H \tag{5-27}$$

式中　ΔT_g——由气流导致的能量损失；

ΔT_s——由固相微粒导致的能量损失；

ΔT_a——总能量损失。

λ_g——气体摩擦系数；

λ_m——固相颗粒间摩擦系数。

定义气—固两相的速度比为：

$$\varphi = \frac{u_s}{u_g} \tag{5-28}$$

气—固的质量混合比为：

$$m = \frac{Q_s}{Q_g} \tag{5-29}$$

将式（5-28）、式（5-29）代入式（5-27）整理得：

$$\Delta T_a = \frac{1}{2}\frac{\rho_g l}{D}u_g^2\left(\lambda_g + m\varphi\lambda_m\right) + \frac{m\rho_g}{\varphi}\left(\frac{lu_{mg}}{u_g} + H\right) \tag{5-30}$$

对式（5-30）求导：

$$\frac{d\left(\Delta T_a\right)}{du_g} = \frac{\rho_g l}{D}u_g\left(\lambda_g + m\varphi\lambda_m\right) - \frac{m\rho_g}{\varphi}\frac{lu_{mg}}{u_g^2} \tag{5-31}$$

当 $\dfrac{d\left(\Delta T_a\right)}{du_g} = 0$ 时，表明微粒在气相中的悬浮所需能量最低，式（5-31）可变为：

$$\frac{\rho_g l}{D}u_g\left(\lambda_g + m\varphi\lambda_m\right) - \frac{m\rho_g}{\varphi}\frac{lu_{mg}}{u_g^2} = 0 \tag{5-32}$$

求解该式可得：

$$u_g = \sqrt[3]{\frac{mDu_{mg}}{\varphi\left(\lambda_g + \lambda_m m\varphi\right)}} \tag{5-33}$$

式（5-33）为固相微粒在气相中悬浮所需的临界气体流速。即，如果气相速度大于或等于此流速，则微粒能悬浮于气相中并随气流一起流动；反之，微粒最终将沉积在孔隙中。

4. 微粒在多孔介质表面的受力

气—固两相混合物在多孔介质孔隙中的渗流与其在普通水平管道中的流动所处环境不同，因此，硫微粒在多孔介质孔隙中的受力也有其自身的特点。

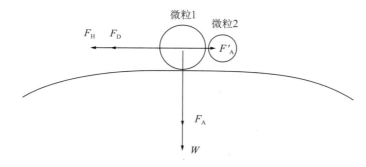

图5-13　微粒在多孔介质表面的受力

F_H—水动力；F_D—微粒间的排斥力；F_A—微粒与多孔介质表面间的范德华力；W—微粒自身重力；F_A'—微粒间的范德华力

如图5-13所示，当微粒与多孔介质孔隙表面接触或碰撞时，微粒受到自身重力、微粒与多孔介质孔隙表面间的范德华力、微粒之间的双电层排斥力和气体流动的水动力的综合作用。

1）范德华力

范德华力也叫分子之间的力。固相微粒与岩石骨架颗粒之间的作用力为：

$$V_A = \frac{A}{6}\left[\frac{2RR_S}{D^2-(R+R_S)^2} + \frac{2RR_S}{D^2-(R-R_S)^2} + \ln\frac{D^2-(R+R_S)^2}{D^2-(R-R_S)^2} \right] \tag{5-34}$$

式中　R——固相微粒半径，μm；

　　　R_S——岩石骨架颗粒半径，μm；

　　　D——固相微粒与岩石骨架颗粒之间的距离，μm。

以D为变量，求导得范德华力：

$$F_A = 1.13\times10^{-14}DRR_S\left[\frac{1}{D^2-(R+R_S)^2} - \frac{1}{D^2-(R-R_S)^2} \right]^2 \tag{5-35}$$

2）水动力

本处所说的水动力是指高含硫气藏开采过程中，热力学条件的改变导致硫微粒从气相中析出以后，并不直接沉积在储层孔隙中，而是受流体水动力的作用随气流一起在多孔介质中运移。准确确定水动力需要大量的实验和理论研究，这里采用Hallow方程计算硫微粒从多孔介质孔隙表面脱附所需的水动力：

$$F_L \approx 8d^2(\mu\rho K)^{0.5}u_s \tag{5-36}$$

3）双电层排斥力

双电层排斥力通常指当溶液中pH值及离子浓度不同时，离子之间的一种相互排斥力，本书特指高含硫气藏开采过程中所析出硫微粒之间的斥力，为简化和计算的方便，采用式（5-37）进行计算：

$$F_R(s) = \frac{e^{-kd(s-2)}}{1+e^{-kd(s-2)}} \tag{5-37}$$

高含硫气藏在开采过程中，随着热力学条件的变化，硫微粒在气相中达到临界饱和态析出后，在随气流流动的过程中，一部分硫微粒受自身重力的作用最终吸附、沉积在多孔介质表面；其中一些微粒可能会彼此相互碰撞或与孔隙表面碰撞后重新进入气相中，最终能否沉积在多孔介质中取决于各种力的综合作用结果，此即为高含硫气藏硫沉积的动力学机理。

三、硫微粒与多孔介质表面之间的相互作用

高含硫气藏开采过程中，随着热力学条件的改变，硫微粒在气相中达到临界饱和态析出后，受气流水动力的作用，并不是立即沉积在孔隙中，而是随气流一起在压差的作用下在孔隙中流动。同时，析出的硫微粒之间可能还会不断地相互撞击，能量重新分配，导致其运移速度和方向发生变化。此外，受自身重力的作用，硫微粒还会不断撞击孔隙表面，使其动能不断损失，最终当流体水动力不足以将其携带于气流中时便会暂时吸附、沉积在孔隙表面。然而，暂时吸附或沉积在孔隙表面的硫微粒在气流水动力的持续作用下也可能会重新进入气相，随气流一起在多孔介质中运移。综上所述，硫微粒析出后，与气流、微粒之间以及孔隙表面之间的相互作用十分复杂[7]。

第三节　硫析出后在孔隙喉道中的存在方式

一、在喉道中的存在方式

高含硫气藏在开采过程中，随着温度压力等热力学条件的变化，硫微粒在气相中达到临界饱和态析出后，能否在地层孔隙中沉积以及最终的沉积方式还取决于其动力学条件，即微粒自身重力、微粒之间和微粒与多孔介质表面之间的范德华力、微粒间的双电层斥力以及气体流动时微粒所受水动力的综合作用。

固相微粒在储层孔隙中的沉积方式主要有：

（1）由于静电力、水动力、重力等的作用，导致微粒沉降在孔隙表面的称之为光滑沉降（Smooth Deposition），简称沉降。

（2）微粒粒径尺寸大于孔喉尺寸，导致硫微粒喉道处沉积而发生的堵塞，这是微粒在多孔介质中导致储层伤害的主要机理。

以上两种沉积方式的具体表现形式有：沉降、捕获和桥堵。

（1）沉降（Smooth Deposition）：在重力和静电力共同作用下，硫微粒沉积在地层孔隙表面。通常只有在气流速度较小或微粒自身质量较大时才会发生（图5-14）。

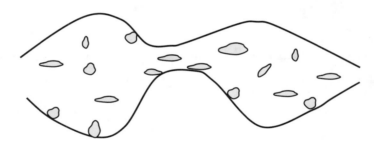

图5-14　颗粒堵塞地层的3种方式之一（沉降方式）

（2）捕获（Capture）：高含硫气藏在开采过程中，硫微粒在气相中达到临界饱和态析出后在孔隙中随气流运移过程中由于与孔隙壁发生碰撞而处于杂乱无章状态，当单个微粒随气流运移至地层孔喉处，由于微粒粒径大于喉道直径使其被卡在喉道处，从而堵塞流体渗流通道的现象（图5-15）。

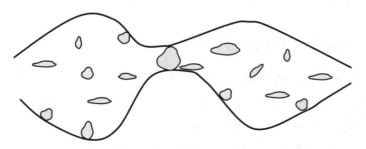

图5-15　颗粒堵塞地层的3种方式之二（捕获方式）

（3）桥堵（Pore Bridging）：当两个（以上）微粒随气流运移至地层孔喉处时竞相通过致使其被卡在喉道处，从而堵塞流体渗流通道的现象（图5-16和图5-17）。

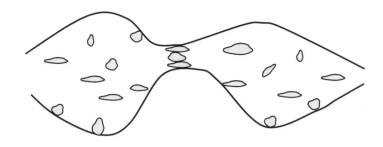

图5-16　颗粒堵塞地层的3种方式之三（桥堵方式）

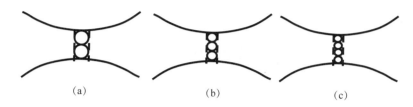

(a) (b) (c)

图5-17　桥堵颗粒数目不同的桥堵体积示意图

从以上分析可以看出，孔隙度、渗透率越小，气体渗流通道迂回性越显著，孔喉处直径越小，硫微粒越容易被捕获而发生桥堵而在地层中沉积下来。

二、在裂缝孔隙中的存在方式

任何裂缝无论其成因如何，均可认为由上下两个极不规则的面组成。特别是天然裂缝，上下两面并不是相互平行的光滑面，而是在不同的部位相互啮合在一起，中间充填了大小不同、起支撑作用的微凸体（图5-18）。

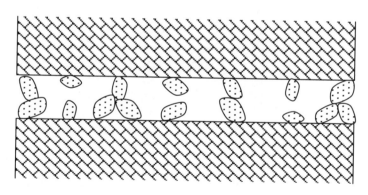

图5-18　地层原始状态裂缝形态

通常情况下，粒径尺寸较大的首先参与支撑，但随着流体的产出，地层压力的降低，岩石骨架所受压力逐渐增大，导致充填在裂缝中的微凸体在压力作用下产生形变，裂缝逐渐趋于闭合。裂缝趋于闭合的过程实际上就是裂缝上下两个粗糙面相互压实的过程。

高含硫裂缝性气藏在开采过程中，裂缝逐渐闭合的同时，由于焦耳-汤姆逊效应，近井地带温度会有不同程度的降低，导致硫微粒在气相中的溶解度减小，从气相中析出，如图5-19所示。析出的硫微粒在裂缝中可能的沉积方式主要有以下几种：

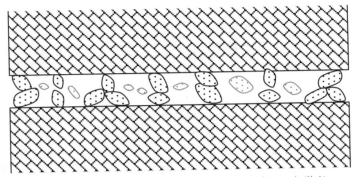

图5-19　压力降低后裂缝逐渐闭合并析出硫微粒

（1）沉积在孔隙壁上（图5-20）。

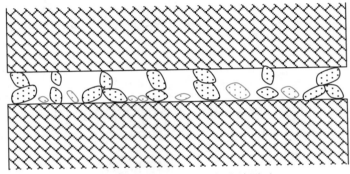

图5-20　硫微粒沉积在孔隙壁上

（2）附着在微凸体表面（图5-21）。

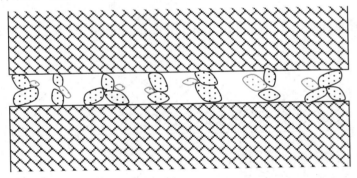

图5-21　硫微粒微沉积在微凸体上

（3）随机分布（图5-22）。

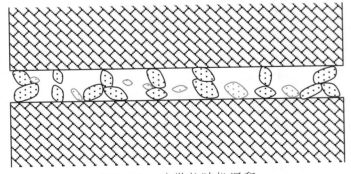

图5-22　硫微粒随机沉积

无论析出的硫微粒以何种形式沉积在裂缝中，由于析出的硫微粒直径不会超过起支撑作用的微凸体的直径，因此，从气相中析出的硫微粒与原来的微凸体组合的粒径平均值逐渐降低。

第四节　硫沉积影响因素

高含硫裂缝性气藏在开采及集输过程中，元素硫之所以会从天然气中析出和沉积，其首要原因是热力学条件的改变导致元素硫在酸性气体中溶解度的变化。因此，硫沉积的影响因素亦即硫在酸性天然气中溶解度的影响因素。硫在天然气中溶解度变化主要受温度、压力、H_2S含量等因素的影响[8, 9]。

（1）在高温高压条件下，纯硫化氢具有较强的溶硫能力。在不同压力条件下，其变化趋势亦不尽相同。当体系压力在30MPa以下时，硫在硫化氢气体中的溶解度随温度升高而降低；当体系压力大于30MPa时，则随温度升高而增大。硫在酸气体系中的溶解度也是同一压力条件下，温度越高，溶解度越大。

（2）同一温度条件下，压力越高，硫的溶解度越大，反之越小。

（3）硫化氢组分对硫在天然气中的溶解度相对其他组分影响最大，这是由相似相溶原理所致。硫化氢组分含量越高，硫的溶解度越大，发生硫沉积的可能性越大。据统计，H_2S含量达到30%以上的井，绝大部分都发生了元素硫的沉积。在酸性天然气中，硫的溶解度随H_2S组分含量的增加而增大。虽然H_2S含量越多，发生硫沉积的可能性越大，但这并不是唯一的因素。有的酸性天然气中硫化氢含量高达34.35%也未见硫堵，而有的仅含8.4%就发生了硫堵。

（4）从硫沉积动力学角度讲，气体流速越大，在井底携带出硫的效率越高，从而减少了硫沉积的可能性；但在井口或者节点处，由于急剧变化的气体流速，硫沉积的可能性会更大。

（5）硫的溶解度除了和温度、压力等热力学条件有关外，还与气体组分有关。实验表明，硫在酸气中的溶解度直接与酸气中凝析气的多少以及凝析气的碳原子数有关。高烷烃含量越多，硫的溶解度越高。

（6）地层孔隙度、渗透率越小，气体渗流通道迂回性越显著，孔喉处直径越小，硫微粒在孔隙介质中运移时消耗的能量越多，越容易导致硫在地层中沉积下来[10, 11]。

（7）地层束缚水不仅会降低气体流速，还会促使硫颗粒的聚集、沉淀，并使沉淀硫更不易被气体携带走。地层束缚水越多，硫沉积越严重。

综上所述，硫沉积的影响因素很多。在酸性天然气的开发、开采以及集输过程中，出现沉积时，一般先考虑其压力和温度等主要影响因素，例如井筒周围和井底至井口的压力温度降落。

第五节　硫沉积对储层的伤害

一、压力衰竭过程中硫沉积对储层伤害的实验

目前，对高含硫气井在生产过程中硫沉积规律的研究及防治技术尚不成熟，对硫沉积的微观动力

学、硫颗粒的运移规律和造成储层堵塞的机制尚不明确，以致在高含硫气藏开发方案编制中往往忽略硫沉积对产能的影响，从而导致高含硫气藏开发方案与开发动态经常出现巨大差异，这对高含硫气藏的安全高效开发、工程管理、环境保护等造成不利影响。

因此，开展高含硫气藏硫沉积储层伤害物理模拟实验不仅可以认识高含硫气藏在气体开采过程中硫沉积机理、硫颗粒的运移沉积规律，而且可以认识硫沉积对地层造成的伤害程度，从而为高含硫气藏开发方案设计提供重要依据，而且对指导高含硫气藏安全高效开发也具有重要的意义[12]。

1. 实验设计

（1）方案一：将压力减至常压后直接实验。

该实验方法是将气源压力经不同量程的减压阀减至常压后进入岩样中。通过岩样后的气体用气体流量计计量，随后经脱硫处理后排放。

该实验方案主要模拟压力梯度和温度对实验结果的影响，其优点是气体流量较稳定且实验相对较简单、安全。研究表明，元素硫在高压下的沉积速度大于低压。换言之，在生产初期的高压阶段，元素硫的沉积速度大，对气井产量的影响也最为明显。由于整个实验过程的压力降主要是在进入岩心前，并不能模拟高含硫气藏整个衰竭过程中岩心孔隙度和渗透率等的变化过程，因此本实验方案只能用于定性研究岩心中是否存在硫沉积，而不能进行岩心硫沉积的定量评价。

（2）方案二：模拟衰竭式开发过程。

方案二主要用于模拟初始条件下元素硫的沉积情况，定量评价一定温度、不同初始压力和气体组成下元素硫沉积对岩石物性造成的伤害。

实验方法是利用双缸计量泵控制配样器中高含硫气体的压力，并利用恒温箱保证整个实验过程中温度恒定不变。直接将配样器内的高含硫气体通过岩心，采用回压控制系统控制实验压差和气体流量，其余过程与第一套方案相同。

虽然该方案能模拟气藏压力衰竭过程中元素硫在岩心中的沉积情况，但由于高压气体流量存在不稳定情况，可能会出现气流量瞬间过大而导致爆管的安全隐患。

2. 实验流程和实验步骤

1）实验样品准备

（1）在同一口井的同一井段，选取岩样直径一致、端面平整、溶孔小且不明显，无裂缝的一段岩心。

（2）在每组样品中选取一块进行扫描电镜、能谱分析和X衍射矿物成分分析。

（3）其余样品测定孔隙度并称取质量后，待用。

2）实验流程准备

（1）连接实验流程。根据需要替换实验用岩心夹持器。

（2）试围压：在岩心夹持器中装入钢岩心，以10MPa，15MPa，20MPa，…，的间隔逐步施加围压，每一压力点稳定5min，直至达到45MPa，稳压30min无泄漏即为合格。

（3）将岩样装入岩心夹持器，施加一定的围压和回压，在设定的实验温度和压力下，用氮气进行全流程试漏。如无泄漏，则稳压10min后进行岩样渗透率测定。

3）实验步骤

（1）保持实验温度不变，通入高含硫气体置换流程中的氮气。

（2）逐步降低回压，开始衰竭实验。在设定的压力点（如38MPa，35MPa，33MPa，30MPa，

25MPa，20MPa，l5MPa，10MPa等）进行渗透率测定，直至出口压力降至废弃压力，此时测定岩样渗透率。整个衰竭实验过程中，要保持相同的实验压差和密封压差。

（3）保持实验温度不变，通入与废弃压力相同压力的氮气，稳定10min后进行渗透率测定。

（4）停止加温，待岩心夹持器冷却后，取出岩样称取质量并在气体渗透率仪上进行渗透率测定。

（5）将岩样进行扫描电镜和能谱分析。

以天东5-1井井口气样作为研究对象，让气体通过飞仙关组龙岗2井岩心进行衰竭实验，观察岩心中元素硫的沉积情况，从而研究元素硫在岩心中的沉积对岩心的伤害程度。

根据元素硫岩心沉积实验测定方法，在取得天东5-1井井口样后，选取龙岗2井的第25号岩样，首先进行烘干，并称量烘干后的岩心质量和测定渗透率。然后将该岩样装入岩心夹持器中，在实验温度26℃和初始压力19MPa下，保持驱替压力在2MPa下进行衰竭。实验过程中保持环压为12MPa不变。由于驱替压力给定的过小，使得初始流速较慢。为了提高气体流动速度，将驱替压力增到12.8MPa。由于整个实验都处于衰竭过程，则驱替压力从12.8MPa不断降低到10MPa，一直衰竭15天后停止衰竭。然后取出岩心进行烘干，再测量烘干后的岩心质量和岩心渗透率，并与实验前获得的岩心质量和渗透率进行对比，其对比结果见表5-3。

表5-3　硫岩心沉积实验前后岩心渗透率对比

项目	岩心质量，g	渗透率，mD	孔隙度	岩石压缩系数，$10^{-4}MPa^{-1}$
实验前	48.3720	0.726	0.085	8.9
实验后	48.3859	0.608	0.078	7.2
增量	0.0139	0.118	0.007	1.7
变化幅度，%	0.0287	16.253	8.235	19.1

在实验前后，岩心质量由48.3720g增加到48.3859g，而岩心渗透率从实验前的0.726mD降低到0.608mD，可见在实验衰竭过程中存在外来物质沉淀，引起岩心质量增加，也引起了岩心堵塞，降低了岩心渗透率。

为了准确确定高含硫气体通过岩心后岩心中的沉积物，对该岩样进行能谱和电镜扫描分析。由于25号岩样已经通过了高含硫气体的衰竭过程，只能选取与25号岩样物性相似的没有进行过高含硫气体衰竭过的第37号岩样进行对比分析（表5-4）。

表5-4　硫岩心沉积实验前后能谱分析结果对比

岩心编号	元素	元素浓度	强度校正	质量百分比	质量百分比sigma	原子百分比
37	O，K	31.98	0.551	58.53	0.35	74.26
	Mg，K	9.60	0.6663	14.53	0.18	12.13
	S，K	0.80	0.9021	0.90	0.06	0.57
	Ca，K	25.01	1.0082	25.03	0.24	12.68
	Fe，K	0.81	0.8097	1.01	0.10	0.37
	总量			100		
25	O，K	1.13	0.3727	13.50	1.29	23.82
	S，K	21.55	1.1046	86.50	1.29	76.18
	总量			100		

从对比结果可知，氧元素组成降低，质量百分比由58.53%降为13.5%。而硫元素组成升高，质量百分比由0.9%增长到86.5%，因此通过能谱分析知道起岩心中的沉积物是包含硫元素的物质，至于该物质是单质硫还是有机硫化物还需进一步研究。

为了研究包含硫元素的固体物质在岩心孔隙中的微观分布特征，对25号岩样进行了能谱图识别，其能谱图见图5-23。

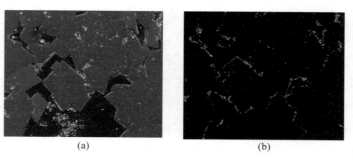

图5-23　Z2井25号岩心高含硫衰竭实验后的能谱图

从能谱分析图谱可以看出，包含硫元素的物质主要沉积在岩石孔隙壁上，且越靠近壁面，沉积的越多，而在孔隙中间，其沉积的比例较小。为了深入研究元素硫沉积后的具体形态，随后又对该块岩样薄片进行了电子显微镜扫描，分别进行了180倍和400倍放大后观察。从图5-24还可以看出，溶孔内沉积的硫元素在孔隙壁上呈膜状分布。当沉积在多孔介质中的硫的量累计达到一定程度时，部分小孔道可能会被完全堵塞，致使渗透率大幅降低，从而导致气井产量在进入递减期后递减速度加快，或在短期内停产。由于包含硫元素的固体物质在岩石孔隙表面是以膜状分布的，其形态与沥青的形态较为相似。为了进一步搞清该物质的具体成分，专门对单质硫粉在不加任何物质的情况下进行电镜扫描，其照片见图5-25。由以上分析可得出，沉积在孔隙内部的物质主要以硫元素为主，而孔隙内部物质几乎不含碳元素。

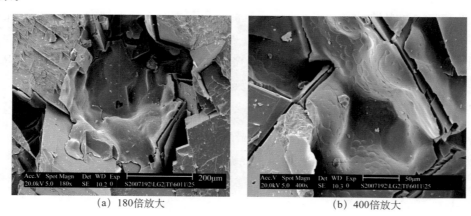

(a) 180倍放大　　　　　　　　　(b) 400倍放大

图5-24　高含硫衰竭实验前后岩心的电镜分析图

二、硫沉积影响因素实验分析

1. 渗流规律实验研究

为弄清高含硫气体在衰竭式开采过程中的渗流规律，本书采用同组中的两块岩样，在相同温度和压力下，分别采用氮气和高含硫气体进行衰竭式开采模拟实验，实验结果见图5-26。

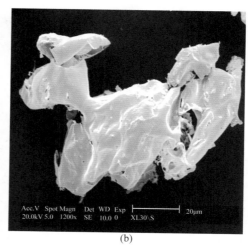

图5-25 元素硫的电镜分析图

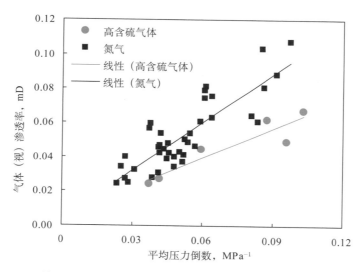

图5-26 模拟衰竭式开发实验得到的渗流曲线（实验温度：100℃）

从图中可以看出，采用两种气体开展实验得到的视渗透率随压力倒数的变化曲线形态一致，都表现为岩心（视）渗透率与平均压力倒数成线性相关，即随着压力倒数的减小，岩心（视）渗透率降低，且随着平均压力倒数的降低，两条直线之间的距离不断缩小，这正是气体分子滑脱效应造成的影响。通过氮气和高含硫气体的渗流曲线，也验证了滑脱效应不受气质影响的经典理论[13, 14]。

从图5-26中还可以看出，在相同平均压力下，采用高含硫气体测定得的（视）渗透率较低。这是由于，相对于高含硫气体来说，氮气更为活跃，气体分子热运动剧烈，从而导致滑脱效应更显著。

2. 单质硫对储层岩石伤害的影响

取同组岩样中的一块，用氮气在设定的温度、初始压力条件下进行衰竭式开采模拟实验，实验前后在常温、常压下测定岩样渗透率；再取同组的另一块岩样，用饱和硫的酸气在相同温度、初始压力下用氮气做相同的实验，结果见表5-5。

表5-5 衰竭实验前后岩样物性对比表（新兴1井）

样号	实验条件			孔隙度，%			渗透率，mD		
	介质	温度 ℃	初始压力 MPa	实验前	实验后	绝对差值	实验前	实验后	渗透率值 %
67	氮气	90	38.8	8.31	8.18	0.13	0.531	0.393	26.0
66	高含硫 气体	90	39.0	7.54	7.59	−0.05	0.582	0.372	36.1
63	氮气	100	38.75	7.18	—	—	0.408	0.333	18.4
62	高含硫 气体	100	41.0	7.33			0.275	0.206	25.1

表中的孔隙度绝对差值、渗透率相对差值是以实验前岩样的孔隙度、渗透率为基础得到的。从表5-5中可以看出，两种气体在不同温度、初始压力下进行衰竭实验后，储层岩样孔隙度变化非常小，说明实验后储层岩石孔隙度基本没有受到伤害。虽然元素硫以膜状形式沉积在孔隙壁上，但不会对孔隙造成明显影响。

对于岩样渗透率来说，情况则有所不同。从表5-5中可以看出，在不同温度和不同压力下，氮气对渗透率的相对影响比高含硫气体要小，这说明采用高含硫气体对岩样渗透率伤害更大。

通过对同组岩样氮气和饱和硫的酸气进行衰竭实验对比可知，采用氮气实验前后，样品中硫含量几乎不变；而采用高含硫气体样品中的硫含量有较大变化，从衰竭前的7.85%增加到衰竭后的49.91%。利用不同气体进行的衰竭实验，也进一步说明了高含硫气藏在衰竭式开采过程中，随着压力的下降，存在着元素硫的沉积现象。

3. 初始压力对储层岩石伤害的影响

为了研究高含硫气藏储层初始地层压力对元素硫在岩心中沉积情况的影响，分别选用3块岩样研究100℃条件下不同初始压力下元素硫沉积对碳酸盐岩岩心的伤害程度。

利用25~80mm岩心夹持器，让高含硫气体饱和元素硫后通过岩心夹持器。实验过程中保持岩心夹持器和气体温度在100℃不变，通过岩心进出口压力差让元素硫在岩心中沉积下来，并每隔一定时间测定岩心渗透率。

对于同一地层温度，在31MPa和41.25MPa下，黄金1井的27号岩样和新兴1井的62号岩样进行岩心沉积实验，得到了不同平均压力倒数与岩心（视）渗透率的对比结果，见图5-27。

从图5-27中可以看出，随着平均压力倒数的降低，即平均压力的增加，碳酸盐岩岩心的（视）渗透率慢慢降低，且初始压力越大，（视）渗透率降低的越明显，而到了废弃压力附近，（视）渗透率差别最大。这主要是因为初始压力越大，则饱和溶解的元素硫质量越大。当压力降到同一废弃压力时，酸气沉积出的硫质量最多，从而对地层的伤害也最明显。

不同初始压力下的元素硫沉积，对储层岩石孔隙度基本无影响；而对储层岩石渗透性影响较大，且随着实验初始压力增大，渗透率伤害率增大。

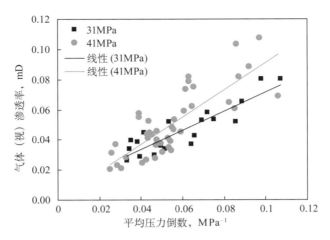

图5-27　不同初始压力下硫沉积对岩心渗透率影响对比（实验温度：100℃）

参 考 文 献

[1] Fidler B R，Sublette K L，Jenneman G E，et al. A Novel Approach to Hydrogen Sulfide Removal from Natural Gas [C] //SPE/EPA/DOE Exploration and Production Environmental Conference. Society of Petroleum Engineers，2003.

[2] 陈依伟，等.高含硫气藏硫沉积预测研究 [J].西南石油大学学报，2007（29）:35-38

[3] 杨学锋.高含硫气藏特殊流体相态及硫沉积对气藏储层伤害研究 [D].成都：西南石油大学，2006.

[4] Fu D，Guo X，Du Z, et al.Sulfur Deposition Mechanism of the Gas Reservoirs with High Sulfur Content [J] .Journal of Southwest Petroleum University （Science & Technology Edition），2009（5）：024.

[5] 张勇.高含硫气藏硫微粒运移沉积数值模拟研究 [D].成都：西南石油大学，2006.

[6] 张勇，等.硫沉积对高含硫气藏产能影响数值模拟研究 [J].天然气工业，2007，27（6）：94-96.

[7] 付德奎.高含硫裂缝性气藏储层综合伤害数学模型研究 [D].成都：西南石油大学，2010.

[8] 徐艳梅，郭平，黄伟岗.高含硫气藏元素硫沉积研究 [J].天然气勘探与开发，2004，27（4）：52-59.

[9] 张兴德.高含硫气藏硫沉积预测及硫沉积对气藏产能影响的研究 [D].成都:西南石油大学，2007.

[10] 郭肖，周小涪.考虑非达西作用的高含硫气井近井地带硫饱和度预测模型 [J].天然气工业，2015，35（4）:40-44.

[11] Guo X，et al.Prediction Model of Sulfur Saturation Considering the Effects of Non-darcy Flow and Reservoir Compaction [J] .Journal of Natural Gas Science and Engineering，2015（22）.

[12] Zekri A Y，Shedid S A，Almehaideb R A.Sulfur and Asphaltene Deposition during CO_2 Flooding of Carbonate Reservoirs [C] //SPE Middle East Oil and Gas Show and Conference. Society of Petroleum Engineers，2009.

[13] Shedid S A, Zekri A Y. Formation Damage due to Simultaneous Sulfur and AsphalTene Deposition [C] //SPE International Symposium and Exhibition on Formation Damage Control. Society of Petroleum Engineers, 2004.

[14] Shedid S A, Zekri A Y. Formation Damage due to Sulfur Deposition in Porous Media [C] // International Symposium and Exhibition on Formation Damage Control. Society of Petroleum Engineers, 2002.

第六章 酸性气井产能测试及评价

气井试井是对气井的一种现场试验方法，它建立在渗流力学基础上，涉及油层物理、渗流理论、计算机技术、测试工艺、仪器仪表和地面设备等多个领域。试井是认识气藏特性和气井动态的重要手段，将测试获取的资料经处理解释，可获得地层压力、渗透率、表皮系数、供气半径、储量等气藏特征参数，通过稳定试井还可以获得表征产层生产特性的产能方程和无阻流量等参数 [1, 2]，为储量评价、确定产能建设规模、措施设计、确定主体工艺技术、建立气井合理生产制度提供重要依据。

第一节 试井测试工艺

一、地层测试工艺

高含H_2S和CO_2的天然气藏的试井，要求井下测试设备、仪器、仪表和配套工具等要具有较高的抗酸蚀性和密封性。

1. 测试管柱类型

高含H_2S和CO_2气井完井测试管柱采用封隔器测试管柱。这种测试管柱比较复杂，一般都在地层压力较高、生产套管承压能力有限时使用。这种测试管柱分为两类，即逐层上返的测试管柱及测试和生产合一的管柱。

1）逐层上返的射孔+测试联作管柱

测试管柱不是生产管柱，测试完毕需压井更换生产管柱后才能投入生产。由下入井内的测试阀、压力计、取样器获取井下压力、温度和流体样品等资料数据。管柱结构（由上而下）：油管+APR测试工具+RTTS封隔器+油管+筛管+减振器+液压延时启爆器+射孔枪+液压延时启爆器+引鞋（图6-1）。

对于裸眼井，去掉定位短节、减振器、液压延时启爆器和射孔枪即可。

2）射孔、测试和生产合一测试管柱

此类管柱测试完毕后无需压井更换管柱就可以投入生产。井口上安装采气井口装置，通过地面流程测试获取资料数据和流体样品。有条件时，可以把仪器下入管柱内获取温度、压力和流体样品等资料数据。采取地面关井，求压力恢复资料。

管柱结构（由上而下）：油管+RD循环阀+电子压力计托筒+旁通阀+井下安全接头+RTTS封隔器+电子压力计托筒+筛管+点火头+射孔枪+引鞋。

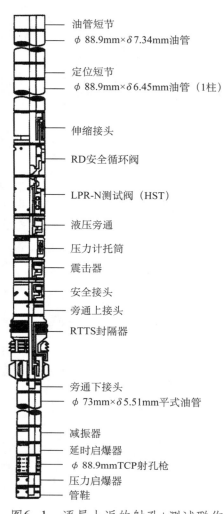

油管短节

ϕ 88.9mm×δ7.34mm油管

定位短节

ϕ 88.9mm×δ6.45mm油管（1柱）

伸缩接头

RD安全循环阀

LPR-N测试阀（HST）

液压旁通

压力计托筒

震击器

安全接头

旁通上接头

RTTS封隔器

旁通下接头

ϕ 73mm×δ5.51mm平式油管

减振器

延时启爆器

ϕ 88.9mmTCP射孔枪

压力启爆器

管鞋

图6-1　逐层上返的射孔+测试联作
管柱示意图

3）射孔、测试、酸压和生产一体化管柱

此类管柱与上一管柱基本相同，区别是在测试完毕后可以直接进行酸压改造，因为注入酸液时产生的高摩阻将增加地面泵压，如果管柱尺寸太小，将使泵注排量受到限制，从而影响施工效果。因此，酸压管柱在结构、尺寸、规范和钢级等性能上要针对不同井况进行合理设计。

施工过程中的地面泵压，可通过井口压力和井底压力之间的关系进行计算，进而优化酸压管柱结构、尺寸。

井口压力＝地层破裂压力＋井筒中的摩阻－井筒中的静液柱压力

井筒中的摩阻＝冻胶压裂液在特定排量下的摩阻系数 × 油管长度

针对高含H_2S和CO_2酸性气体井，对油管有一些特殊要求。这些要求包括：

（1）采用生产封隔器永久完井管柱，封隔器完井后酸性气体不会接触套管，可以同时防止套管和油管外壁被腐蚀。

（2）井下油管、套管的材质及井下工具与配件应选择抗H_2S腐蚀的材质。油管应采用高密封性能的螺纹油管，材质选用AC90S，KO90S和G3等。井下工具材料推荐9Cr1Mo以上的合金钢材料。

（3）高含H_2S气井若产地层水，则油管、套管腐蚀更厉害。因此，应加泡沫助排剂排水，或者换小油管排水。

（4）注防腐蚀剂可以有效减缓H_2S和CO_2对油管、套管的电化学腐蚀。

（5）为防止油管内壁H_2S和CO_2的电化学腐蚀，可选用内涂层或内衬玻璃钢油管。

2. 测试管柱的设计

井下测试管串的设计主要包括井下工具的选择和各工具的连接位置设计。井下工具主要由测试必备件、应急备件及附件组成。测试必备件主要包括：封隔器和油管；测试应急备件主要包括：磨铣及延伸管、XD循环滑套；附件主要包括：引鞋插管、坐放短节和定位短节。

1）必备件

（1）封隔器。

套管内地层测试工艺中，封隔器是一关键工具。打开多流测试器，地层立刻被掏空，环形空间的液体重量在极短时间内全部作用在封隔器上，此时封隔器的卡瓦不能打滑，密封不能失败；操作多流测试器时，上提管柱重量超过管柱悬重时，封隔器不能解封；卡钻时，转动管柱，封隔器还要能承受扭矩。

目前，用于高含H_2S和CO_2的封隔器主要有：国产的Y211-48型卡瓦式封隔器、哈里伯顿产的BWH永久型插管式封隔器和RTTS全通径卡瓦悬挂式封隔器等。

①Y211-48型卡瓦式封隔器：主要由滑动控制、密封、卡瓦机构、扶正换轨机构4部分组成。该封隔器的特点是卡瓦作为燕尾镶嵌在锥体上，使卡瓦与锥体始终保持良好的接触，消除了卡瓦的薄弱部分，提高了卡瓦的抗压强度并降低了起封隔器的负荷，卡瓦易于回收。技术规范为：防硫、耐压、耐高温。

②BWH型永久型插管式封隔器：主要由合金外筒和RTR密封总成组成。技术规范为：防硫、耐压、耐高温。

③RTTS全通径卡瓦悬挂式封隔器：主要由水力锚、卡瓦、外筒和密封件组成。技术规范为：防硫、耐压、耐高温。

（2）油管。

油管和油管接头扣型均为气密封性能极好的SEC扣，井下工具采用的是VAM扣和3SB扣，工具接头有3SB扣、SEC扣、VAM扣3种扣型。

2）应急件

（1）磨铣及延伸管。

磨铣的使用是为了预防井下管柱失效时能处理下部管串而设计的。磨铣延伸管的设计是为了保证磨铣与插管引鞋之间连接的密封性。

磨铣及延伸管的技术规范要求均为耐酸、耐压、耐高温。

（2）XD循环滑套。

XD循环滑套的使用是为了处理长期处于高温、高压和高酸性气体环境下井内管柱发生刺漏或封隔器胶筒失效而引起的事故。通常情况下，XD循环滑套处于关闭状态。一旦有事故发生，可以从井口通过油管下入绳索式工具打开滑套，从井口注入压井液，通过滑套阀门，实现地面与井底的循环，实施压井和更换井内管柱的作业。

XD循环滑套的技术规范要求防酸性气体、耐压、耐高温。

3）附件

测试管串中，测试附件主要是指连接各必备件和应急件的坐放短节和定位短节，以及便于插管作业的插管引鞋。

对于插管和各连接短节除了防硫、耐压和耐温要求外，其扣型还必需与上下连接部件相匹配。

3. 测试压差的设计

合理测试压差是测试施工操作中比较重要的参数之一。尽管不同的施工目的对施工压差的要求不同，但施工压差必须在满足测试要求的同时，还要保证测试管柱、封隔器和地面流程的安全。一般来讲，施工时对压力要进行以下几个方面的校核：

（1）安全压力校核，包括其抗内挤力$p_{t, max}$、抗外压力$p_{t, min}$以及剩余拉力校核。流体介质和管柱结构设计不同，则相应的$p_{t, max}$和$p_{t, min}$不同。

（2）套管安全压力校核，包括其抗内挤力、抗外压力应满足最高套管压力$p_{t, max}$和最低套管压力$p_{t, min}$。同样，井筒内流体介质的性质、温度分布和流动状态不同，则其对应的$p_{t, max}$和$p_{t, min}$随之变化。

（3）满足测试要求的安全压力校核，即液垫回压p_{test}应满足：①p_{test1}大于地层流体（原油）的饱和压力，避免地层中出现多相流动；p_{test1}由原油的高压物性确定。②p_{test2}大于出现临界流动（测试阀）的下游压力，避免出现临界流动；p_{test2}根据阀孔尺寸、流动介质的种类、流量和温度，由临界流动计算模型确定。③p_{test2}产生的初始流量，应不使井壁坍塌或流速不大于储层允许的速敏临界流速；p_{test3}表示与临界速敏流速对应的临界压力，它可由岩心流动评价实验确定。

（4）敏感性对储层的伤害，由应力敏感性实验确定。

美国岩心公司认为压差的大小主要与岩心渗透率有关，他们给的射孔作业中确定压差的公式为：

$$\Delta p = \frac{1.841}{K^{0.3668}} \tag{6-1}$$

式中　　Δp——负压差，MPa；

　　　　K——渗透率，mD。

二、压力计试井工艺

电子压力计试井是通过电缆或录井钢丝将电子压力计下入气层中部，通过井口开、关井录取到压力（井口压力和井底压力）、油气水产量、井下温度、压力和俘获压力降落速度、液面深度、井下流体样品等。这就决定了试井要使用耐酸性腐蚀的压力计、温度计、流量计等仪表及试井车与之配套的井口和井下工具。

1. 试井作业

试井作业的主要任务是按试井设计，选择合适的仪器和设备，安全、经济地取全取准资料。气井试井分为单一试井（包括测井温、测井下压力、探液面）、稳定试井（完井测试、回压法试井、等时试井、修正等时试井、一点法试井等）和不稳定试井（压力恢复、压力降落、储量试井）。试井目的不同，要录取的资料不同，使用的仪器设备和试井程序也就不同。

稳定（等时）试井各点间开井时间较长，特别是产量逐渐加大时，天然气排放量很多，修正等时试井解决了这一问题。修正等时试井各点间生产时间和关井时间相同，这样大大节约了测试时间。

在具有多口成功试井资料的地区，可以建立一点法试井计算模型，进一步缩短测试时间。一点法是气井产能试井的方法之一，其目的是求气井的无阻流量。它是指气井以某一工作制度生产到稳定状态，测取产量、稳定井底流压及地层压力，利用相关经验公式计算气井的无阻流量。特点是工艺简单、测试时间短、成本低、资源浪费少、环保。

2. 产量测试方法

1）临界速度流量计

（1）原理及结构。

临界速度流量计的原理是根据天然气通过孔板，下流压力p_2必须小于上流压力p_1大约1倍，即$p_2 \leq 0.546 p_1$，达到临界气流。这时，在流速断面最小处，天然气的流速等于在该温度下天然气中声速。这时增加上流压力，流速断面（最小）的流速不再增加，只增加气体密度和流量，故利用上流压力即可计算出流量。临界速度流量计结构见图6-2。

（2）安装注意事项。

①孔板的安装。孔板安装方向非常重要，不能反装，用小口进大口出，即喇叭口朝下。

②放喷测试管的安装。临界速度流量计要求安装在比较平直的测试管线上。流量计下游不宜接

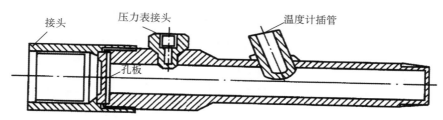

图6-2　临界速度流量计结构示意图

较长的管线，一般2~3根油管即可。否则，流量计下游一定要增接一个下流压力表，以计算下游压力p_2，确定气流是否达到临界速度。

（3）流量计算公式。

流量计算公式为：

$$q_{sc} = \frac{1860d^2 p_1}{\sqrt{\gamma_g ZT}}$$ 　　　　（6-2）

式中　q_{sc}——气体流量，m³/d；

　　　d——孔板直径，mm；

　　　p_1——上流压力，MPa；

　　　T——上流温度，K；

　　　γ_g——天然气的相对密度；

　　　Z——在p_1、T条件下天然气的偏差系数（当$p_1 < 0.8$MPa（绝）时，可取$Z=1$）。

当气体未能达到临界状态时，即$p_2 > 0.546p_1$时，气流量可用式(6-3)计算：

$$q_{sc} = 3.312d^2 \sqrt{\frac{(p_1 + p_2) \times (0.546p_1 + 0.45p_2)}{\gamma_g ZT}}$$ 　　　　（6-3）

式中　p_2——下流压力，MPa。

2）垫圈流量计

（1）原理及结构。

垫圈流量计的原理是根据气体流经孔板所形成压差的变化来测量流量的。下游通大气，其压力为一个大气压，上游测出的压力即为上、下游的压差。气体流经孔板时，流速大大增加，部分压能转化为动能，所以在孔板前后形成压差，压差越大，流经孔板的流量就越大，利用压差即可算出流量。现场一般利用临界流量计改装后进行测试，改装要求是下游管线不能太长，一般2~3根油管，直接通大气。在上游压力表处，换成"U"形管计算上游压力。

（2）流量计算公式。

当压差为汞柱时：

$$q_{sc} = 10.64d^2 \sqrt{\frac{H}{\gamma_g T}}$$ 　　　　（6-4）

当压差为水柱时：

$$q_{sc} = 2.89d^2 \sqrt{\frac{H}{\gamma_g T}}$$ 　　　　（6-5）

式中　H——"U"形管中汞柱或水柱压差，mm。

三、永置式测试工艺

捆绑电缆及毛细管永置式测试工艺具有操作简单、工作年限长、精度高等特点，可满足高含硫气井测试需要，正常工作年限10年以上，精度高于1‰。

永置式井下压力温度监测技术主要通过压力传感器、温度传感器随完井油管下入产层附近，压力、温度信号通过井下电缆传送至地面，经由地面数字采集仪对信号进行处理并实时显示和存储。通过RS232通信接口与计算机相连，对数据进行处理和分析，得出长期连续的井下压力、温度动态监测曲线。

系统主要由井下和地面两部分组成，井下部分主要包括高精度井下压力计，压力、温度传感器，压力计托筒，井下电缆，电缆保护器。地面部分包括井口密封器、地面数据采集系统。

1. 捆绑电缆式实时压力监测系统

永置式实时井下监测系统包括ERD传感器、信号电缆及其保护器等井下装置和地面测控仪器两大部分。对于多层监测的井还应配备封隔器、滑套开关以及液压控制线等。

永置式测试系统工作原理是地面系统通过井下电缆给传感器提供一个毫伏级的电压信号，ERD传感器产生与周围环境压力温度相关的频率响应信号，频率响应信号再通过电缆传送至地面采集系统并在此被转为压力温度读数。

ERD压力温度传感器主要技术指标见表6-1。

表6-1　ERD压力温度传感器主要技术指标

项　　目	温度	压力
传感器类型	ERD	ERD
测量范围	$-30\sim250℃$	$0\sim172MPa$（$0\sim25000psi$）
精度	$±1.00℃$	$±0.1\%$（F.S）
分辨率	$0.05℃$	0.0005%（F.S）
漂移	0.0005%（F.S）	
采样频率	最小采样间隔$1s^{-1}$	
电缆长度	6000m	

2. 毛细管测压系统

毛细管压力监测系统是以惰性气体（主要是氮气）作为压力传递介质，在地面完成对井口气体压力的测量，然后通过井口压力的大小推算出井下测压深度处的压力大小的一种压力测量技术。该技术的难点在于怎样才能准确无误地通过井口压力推算井底的压力，一般要根据井的类型、气体的类型（静止或者流动）来确定合理的推算公式。此项技术适合于直井、斜井、水平井和稠油热采井的单层测试和分层测试，尤其适合海上油井压力的测量。

两种井下实时压力监测系统对比情况见表6-2。其中永置式实时井下监测系统能够实时监测井下的压力和温度，毛细管测压系统仅能实时监测井下的压力，但价格比永置式实时井下监测系统便宜一半。

表6-2　永置式实时压力监测系统与毛细管测压系统对比情况表

项目	永置式实时压力监测系统	毛细管测压系统
传感器	类型：电谐振膜片传感器 压力等级：70MPa 温度等级：−20～150℃	类型：传压筒 压力等级：70MPa 温度等级：−20～150℃
传感器托筒	类型：外挂式 材质：ALLOY 825	类型：外挂式 材质：ALLOY 825
传输介质	类型：带钢管护套的铜芯电缆 绝缘材料：特氟隆 钢管材质：ALLOY 825	类型：充填惰性气体的毛细管 毛细管材质：Incoloy 825
电缆保护器	夹板式保护器 材质：ALLOY 825	夹板式保护器 材质：ALLOY 825
井口密封器	方式：油管挂上部穿出或特殊设计 三通 等级：70MPa 材质：不锈钢	方式：油管挂上部穿出或特殊设计 三通 等级：70MPa 材质：不锈钢
专用封隔器	预埋相同规格电缆的专用封隔器	预埋相同规格电缆的专用封隔器
数据采集系统	操作系统：Win98、Win2000、NT 通信协议：RS232、以太网接口	操作系统：Win98、Win2000、NT 通信协议：RS232、以太网接口
使用寿命	8年	15年

第二节　测试流程及实施步骤

放喷排液完毕关井后开始测试。首先下压力计测井筒静压静温梯度；然后压力计停留于产层中部深度，开始5开5关的修正等时试井；最后再以$10 \times 10^4 m^3/d$的产量开井，起出压力计过程中测井筒流压流温梯度。

一、试井阶段时间与产量设计

以罗家6井第一次完井设计测试数据分析结果为依据，酸化后解除了污染，尽可能将产量和时间控制在较低水平，为研究需要获取完整资料留有余地，设计见表6-3。图6-3为罗家6井修正等时试井压力变化预测图。

表6-3　测试时间及产量设计表

测试类型	阶段名称	气产量，$10^4 m^3/d$	阶段时间，h
放喷排液	初开	根据现场情况而定，不作井下测试，但井口油压表处接高精度电子压力计开始测试	
	初关		
静压、静温梯度	下压力计	—	预计3
修正等时试井	1开	10	4

续表

测试类型	阶段名称	气产量，$10^4 m^3/d$	阶段时间，h
修正等时试井	1关	—	4
	2开	20	4
	2关	—	4
	3开	30	4
	3关	—	4
	4开	40	4
	4关	—	4
	5开	20	12
	5关	—	72
流压、流温梯度	起压力计	10	预计3
放空气量与测试时间统计		放空$27.917 \times 10^4 m^3$（不包括初开）	122

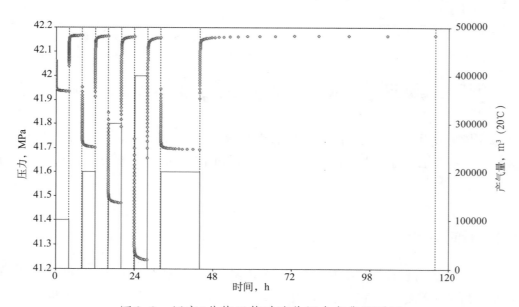

图6-3　罗家6井修正等时试井压力变化预测图

二、压力计采点密度设计

井底、井口压力计采用相同的采点程序：下压力计过程中每1min测一次压力和温度；修正等时试井的每个开、关井阶段，从变生产制度之前5min开始，到变生产制度后55min，每5s测一次压力、温度，之后每1min测一次压力、温度。修正等时试井预定时间结束后，最后预留4天每1min录取一次压力和温度的采点程序设计。预计测压、测温各19800点（包括最后预留时间）。电子压力计采点测试程序设计见表6-4。

表6-4　电子压力计采点测试程序设计

测试内容	阶段持续时间 h（min）		采点程序	
			持续时间 min	采点密度 s/点
下压力计，测井筒静压、静温梯度，等待井	8	（480）	475	60
1开	4	（240）	60	5
			180	60
1关	4	（240）	60	5
			180	60
2开	4	（240）	60	5
			180	60
2关	4	（240）	60	5
			180	60
3开	4	（240）	60	5
			180	60
3关	4	（240）	60	5
			180	60
4开	4	（240）	60	5
			180	60
4关	4	（240）	60	5
			180	60
5开	12	（720）	60	5
			660	60
5关	72	（4320）	60	5
起压力计，测井筒流压、流温梯度，预留4天时间	96	（5760）	10025	60

三、井口温度监测

修正等时试井各开关井阶段每1h人工记录一次地面井内温度。

四、产量计算与记录

修正等时试井各开井阶段，每1h计算一次产量，整理成数据报表。

五、其他注意事项

（1）要防止井口压力计被阳光直接照射，以免影响压力、温度测试的准确性。

（2）尽可能将压力计下到产层中部测试。

（3）应保证储存式电子压力计电池寿命满足试井时间要求。

（4）设定的压力计采点密度，不低于试井地质设计确定的最低要求。严格控制改变生产制度的时间，井口压力计应保证在开关井初期以较密的间距采点，按照设计进行工作。

（5）关井期间保证井口密封不漏。

（6）开井期间保证井口及防喷管线密封不漏。

（7）修正等时试井每一开井阶段的最初20min可调整产量，使之接近于设计产量，在此之后不要动操作调整产量。

（8）作好施工记录，特别对异常情况要有详细记录。

（9）提交测试时井身结构及下入工具图。

（10）作好安全防范工作。

第三节　试井解释数学模型

试井作为油气田开发的重要手段之一，已经发展得较为成熟了，完全可以利用试井技术来获得含硫气田开发所必要的地层参数以及评价硫的沉积对地层的伤害等。

对于高含H_2S气井，当地层孔隙中发生硫沉积，对地层造成伤害时，地层中将形成两个特征区域：硫沉积伤害区和未伤害外区[3]。因此，除了要对试井解释模型作出优化选型外，在试井资料的处理时还应充分考虑由于硫沉积引起的地层孔隙堵塞而造成的对试井解释上的影响。

一、含硫气井的均质地层模型不稳定试井解释分析

对于含硫气井的试井，首先利用已有的均质地层模型来考虑含硫气井的试井问题。不稳定渗流的基本概念是渗流过程中同一空间位置流体的密度随时间变化。实际流体都有可压缩性，随着压力的变化，流体密度也会发生变化。用不稳定渗流模型描述气藏开发过程，更符合实际情况，计算结果精度更高。

在含硫气藏的开发过程中，元素硫主要沉积在井筒周围几米范围内（主要在2m之内）[4]。为了考虑这个范围内硫的沉积对试井结果的影响，采用均质地层模型的有效井半径解。有效井半径用符号r_{we}表示，将其定义为：

$$r_{we}=r_w e^{-S}$$

$$r_{we} > r_w$$

(6—6)

有效井半径r_{we}和真实井半径r_w之间的关系可以反映井筒附近的伤害情况。

当$r_{we}=r_w$时，即表皮系数$S=0$，井未受伤害，是完善井；

当$r_{we} < r_w$时，即表皮系数$S>0$，井受伤害，是不完善井；

当$r_{we} > r_w$时，即表皮系数$S < 0$，井附近受到改造，是超完善井。

当井筒周围发生硫的沉积后，根据有效半径定义，此时$S > 0$，说明地层受到硫沉积的伤害。

1. 均质无限大地层模型试井解释方法 [5]

1）地质模型

对于均质无限大地层的试井，采用以下地质模型：

（1）单相可压缩气体在地层中作平面径向流；

（2）忽略重力、毛细管力；

（3）测试前$r_{we} > r_w$的范围内，地层各处的压力为原始地层压力p_i；

（4）流体流动满足线性达西渗流；

（5）井筒流动考虑井筒储存和表皮系数的影响；

（6）地层无限大而且等厚，气井以一常产量q_{sc}生产，测试在该井中进行。

2）数学模型的建立及其解

根据以上地质模型，并设地层厚度为h，原始地层压力为p_i，井筒储存常数为C，表皮系数为S，有效井半径为r_{we}。假设井从$t=0$时刻起以稳定产量q_{sc}生产，那么在生产t时间后地层压力分布$p(r, t)$应满足下列定解问题：

$$\frac{\partial^2 p}{\partial r^2} + \frac{1}{r}\frac{\partial p}{\partial r} = \frac{1}{\eta}\frac{\partial p}{\partial t} \tag{6-7}$$

式中 η——传导系数。

η定义式为：

$$\eta = \frac{K}{\mu \phi C_t} \tag{6-8}$$

式中 C_t——总压缩系数，MPa^{-1}。

初始条件：

$$p(r, 0) = p_i \tag{6-9}$$

内边界条件：

$$\left(\frac{\partial p}{\partial r}\right)\bigg|_{r=r_{we}} = \frac{\mu}{2\pi Kh}\left(q_{sc}B + C\frac{dp_w}{dt}\right) \tag{6-10}$$

$$p_w = p(r_{we}, t) \tag{6-11}$$

外边界条件：

$$\lim_{r \to \infty} p(r, t) = p_i \tag{6-12}$$

把以上定解问题用无量纲形式表示为：

$$\frac{\partial^2 \eta_D}{\partial r_D^2} + \frac{1}{r_D}\frac{\partial p_D}{\partial r_D} = \frac{1}{C_D e^{2S}}\frac{\partial p_D}{\partial T_D} \tag{6-13}$$

初始条件：

$$p_D(r_D, 0) = 0 \tag{6-14}$$

内边界条件：

$$\left(r_D \frac{\partial p_D}{\partial r_D} \right) \Bigg|_{r_D=1} = -1 + \frac{dp_{wD}}{dT_D} \tag{6-15}$$

$$p_{wD} = p(1, T_D) \tag{6-16}$$

外边界条件：

$$\lim_{r_D \to \infty} p_D (r_D, T_D) = 0 \tag{6-17}$$

其中，无量纲变量定义如下：

$$p_D = \frac{78.489Kh}{q_{sc}\mu ZT} \Delta p^2 \tag{6-18}$$

$$t_D = \frac{3.6Kt}{\phi\mu C_t r_w^2} \tag{6-19}$$

$$C_D = C / (2\pi\phi C_t h r_w^2) \tag{6-20}$$

$$r_D = r/r_w \tag{6-21}$$

$$r_{De} = r_e/r_w \tag{6-22}$$

$$T_D = t_D/C_D \tag{6-23}$$

式中 r_{De}——无量纲供给半径；

r_D——地层供给半径。

对式（6-13）～式（6-17）作Laplace变换后得：

$$\frac{d^2\overline{p}_D}{dr_D^2} + \frac{1}{r_D}\frac{d\overline{p}_D}{dr_D} = \frac{u}{C_D e^{2S}}\overline{p}_D \tag{6-24}$$

内边界条件：

$$\left(r_D \frac{d\overline{p}_D}{dr_D} \right) \Bigg|_{r_D=1} = -\frac{1}{u} + u\overline{p}_{wD} \tag{6-25}$$

$$\overline{p}_{wD} = \overline{p}_D(1, u) \tag{6-26}$$

外边界条件：

$$\lim_{r_D \to \infty} \overline{p}_D(r_D, T_D) = 0 \tag{6-27}$$

式（6-24）的通解为：

$$\overline{p}_D = aI_0\left(\sqrt{S/C_D e^{2S}} r_D \right) + bK_0\left(\sqrt{u/C_D e^{2S}} r_D \right) \tag{6-28}$$

式中 I_0——第一类虚宗量零阶 Bessel 函数。

由定解条件式（6-25）、式（6-26）和式（6-27）确定系数 a 和 b，得Laplace空间中的解：

$$\overline{p}_{wD} = \frac{K_0\sqrt{u/C_D e^{2S}}S}{u\left[uK_0\left(\sqrt{u/C_D e^{2S}} \right) + \left(\sqrt{u/C_D e^{2S}} \right) K_1\left(\sqrt{u/C_D e^{2S}} \right) \right]} \tag{6-29}$$

式中　$\overline{p}_{wD}$——拉氏空间无量纲压力；

　　　K_0——第二类虚宗量零阶Bessel函数；

　　　K_1——第二类虚宗量一阶Bessel函数；

　　　C_D——无量纲井筒储集常数；

　　　S——表皮系数；

　　　u——拉普拉斯变量，由t_D/C_D变换而来；

　　　C_De^{2S}——参数组合。

2. 均质圆形封闭边界地层模型及其解

对于均质封闭边界地层来说，其地质模型和数学模型只需在均质无限大地层的基础上改变外边界条件既可。

首先，把均质无限大地层的地质模型的第（6）条改为"地层为圆形封闭边界且等厚，气井以一常产量q_{sc}生产，测试在该井中进行"即可。

其次，将均质无限大地层数学模型中的式（6-12）、式（6-17）和式（6-27）用以下3个式子分别代替，就可以得到具有井筒储存和表皮效应的均质圆形封闭边界地层的有效井半径解：

$$\left.\frac{\partial p}{\partial r}\right|_{r=r_e} = 0 \tag{6-30}$$

$$\left.\frac{\partial p_D}{\partial r_D}\right|_{r_D=r_{De}} = 0 \tag{6-31}$$

$$\left.\frac{\partial \overline{p}_D}{\partial r_D}\right|_{r_D=r_{De}} = 0 \tag{6-32}$$

可以解得均质圆形封闭边界地层试井数学模型的拉氏空间解为：

$$\overline{p}_{wD} = \frac{1}{u(u-H)} \tag{6-33}$$

其中

$$H = \frac{f(u)\{I_1[f(u)]K_1[r_{De}f(u)] - I_1[r_{De}f(u)]K_1[f(u)]\}}{I_0[f(u)]K_1[r_{De}f(u)] + I_1[r_{De}f(u)]K_0[f(u)]} \tag{6-34}$$

而

$$f(u) = \sqrt{\frac{u}{C_De^{2S}}} \tag{6-35}$$

3. 均质圆形定压边界地层模型及其解

同样，对于均质圆形定压边界地层来说，其地质模型和数学模型只需在均质无限大地层基础上改变外边界条件既可。

首先，把均质无限大地层的地质模型的第（6）条改为"地层为圆形定压边界且等厚，气井以一常产量q_{sc}生产，测试在该井中进行"即可。

其次，将均质无限大地层数学模型中的式（6-12）、式（6-17）和式（6-27）用以下3个式子分别代替，就可以得到具有井筒储存和表皮效应的均质圆形定压边界地层的有效井半径解：

$$p\left(r_e,\ t\right)=p_i \tag{6-36}$$

$$p_D\left(r_{De},\ T_D\right)=0 \tag{6-37}$$

$$\overline{p}_D\left(r_{De},u\right)=0 \tag{6-38}$$

同样可以解得均质圆形定压边界地层试井数学模型的拉氏空间解为：

其中

$$\overline{p}_{wD}=\frac{1}{u\left(H+u\right)} \tag{6-39}$$

$$H=\frac{f(u)\left\{I_1\left[f(u)\right]K_1\left[r_{De}f(u)\right]+K_1\left[f(u)\right]I_0\left[r_{De}f(u)\right]\right\}}{I_0\left[r_{De}f(u)\right]K_0\left[f(u)\right]-I_0\left[f(u)\right]K_0\left[r_{De}f(u)\right]} \tag{6-40}$$

$f(u)$ 的定义与式（6-35）相同。

二、含硫气井的无限大复合地层模型不稳定试井分析

复合地层一般是指由（岩石和流体）不同性质的两个区域组成的地层，这两个区域被一个不连续的界面分隔开来，在分界面，渗透率、流度、饱和度或热量分布一般具有不连续性。井底附近具有伤害的地层、注水、注气、注聚合物化学驱地层均可描述为复合地层[3, 6]。

对于含硫气藏，如果在地层内发生了硫沉积，则在硫沉积的区域与硫未发生沉积（或者硫沉积较少，可以近似认为地层性质没有发生改变）的区域，具有不同的地层和流体性质。主要表现为两点不同：

（1）两个区域地层的渗透率、孔隙度不同。很明显，发生硫沉积的区域，孔隙度减小，渗透率降低，降低和减小的程度视硫沉积的程度而定。

（2）两个区域的流体的流度不同。流体的流度定义为：

$$M=\frac{K}{\mu} \tag{6-41}$$

式中　K——地层的渗透率，mD；

　　　μ——流体的黏度，mPa·s。

在流体从地层远处渗流到井底的过程中，在到达硫的沉积区域后，元素硫开始析出、沉积，使得硫沉积区域孔隙度降低，渗透率降低，而在这一区域以外的地层，由于硫未发生沉积或者沉积的量很小，地层渗透率不变或者基本不变。由式（6-41）可知，发生硫沉积的区域的流体流度将大大降低，降低程度由硫沉积的量的多少来决定。

由于硫的沉积使得地层明显可以划分为两个区域，即硫沉积区和硫未沉积区。两个区域均是以气井为中心的圆形（或者外区为无限大），两个区域的地层性质（渗透率、孔隙度等）和流体性质（主要是流体的流度）明显不同，可以认为是被一个分界面（渗透率和流体流度的不连续性）分割开来，由复合地层的定义，硫沉积以后的地层可以认为是复合地层。因此可以用无限大复合地层模型来考虑含硫气井的试井问题[7]。

1. 地质模型

假定由一个圆形不连续界面将地层分隔成两个同心区域，井位于系统中心，井半径为r_w，内区记为Ⅰ区，半径为r_1，外区记为Ⅱ区，半径为r_2（图6-4）。当$r_2 \longrightarrow \infty$时，外区为无限大地层，否则为有限地层，本章考虑的即为无限大复合地层情况，并假设：

（1）单相可压缩流体在两区中的渗流服从达西定律；

（2）储层水平等厚，各向同性，且上下分别具有良好的不渗透隔层；

（3）忽略重力作用及微小压力梯度和毛细管力的影响；

（4）地层的原始静压力为p_i；

（5）井以定产量生产；

（6）两渗流区界面不存在附加压力降；

（7）流动过程为等温过程；

（8）气体在两区渗流过程中黏度μ不发生改变；

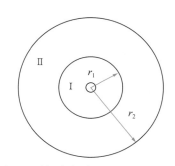

图6-4 均质复合地层模型示意图

（9）在硫的沉积区域，即Ⅰ区，平均渗透率为k_1，平均孔隙度为ϕ_1；在硫未沉积区域，即Ⅱ区，平均渗透率和孔隙度分别为K_2和ϕ_2，两层厚度均为h。

2. 数学模型

本模型考虑了井筒储存和表皮系数的影响，与均质地层模型一样，引入了有效井半径的概念，那么描述复合系统的流动方程为：

Ⅰ区

$$\frac{\partial^2 p_1}{\partial r^2} + \frac{1}{r}\frac{\partial p_1}{\partial r} = \frac{(\phi C_t)_1}{\lambda_1}\frac{\partial p_1}{\partial t} \qquad (r_w \leqslant r < r_1) \qquad (6-42)$$

Ⅱ区

$$\frac{\partial^2 p_2}{\partial r^2} + \frac{1}{r}\frac{\partial p_2}{\partial r} = \frac{(\phi C_t)_2}{\lambda_2}\frac{\partial p_2}{\partial t} \qquad (r_1 \leqslant r < r_2) \qquad (6-43)$$

式中 λ_1，λ_2——分别为复合地层Ⅰ区和Ⅱ区双孔介质窜流系数，无量纲。

以Ⅰ区的参数定义无量纲表达式，那么无量纲化的数学模型表示为：

Ⅰ区

$$\frac{\partial^2 p_{1D}}{\partial r_{De}^2} + \frac{1}{r_{De}}\frac{\partial p_{1D}}{\partial r_{De}} = \frac{\partial p_{1D}}{\partial t_{De}} \qquad (1 \leqslant r_{De} < a) \qquad (6-44)$$

Ⅱ区

$$\frac{\partial^2 p_{2D}}{\partial r_{De}^2} + \frac{1}{r_{De}}\frac{\partial p_{2D}}{\partial r_{De}} = \frac{1}{\sigma}\frac{\partial p_{2D}}{\partial t_{De}} \qquad (a \leqslant r_{De} < \infty) \qquad (6-45)$$

初始条件：

$$p_{1D}(r_{De}, 0) = p_{2D}(r_{De}, 0) = 0 \qquad (6-46)$$

内边界条件：

$$\left(\frac{\partial p_{1D}}{\partial r_{De}}\right)\bigg|_{r_{De}=1} = -1 + C_{De}\frac{\partial p_{wD}}{\partial t_{De}} \qquad (6-47)$$

界面条件：

$$p_{1D}\ (a,\ t_{De}) = p_{2D}\ (a,\ t_{De}) \tag{6-48}$$

$$\frac{\partial p_{1D}}{\partial r_{De}} = M \frac{\partial p_{2D}}{\partial r_{De}} \qquad (r_{De}=a) \tag{6-49}$$

外边界条件：

无限大边界

$$\lim_{r_{De} \to \infty} p_{2D}\left(r_{De}, t_{De}\right) = 0 \tag{6-50}$$

以上各式中的无量纲参数定义式分别为：

$$p_D = \frac{78.4489 K_1 h}{q_{sc} \mu Z T} \Delta p^2 \tag{6-51}$$

$$p_D = \frac{78.489 K_1 h}{q_{sc} \mu Z T} \Delta p^2 \tag{6-52}$$

$$C_D = \frac{0.1592 C}{h \phi_1 C_{t1} r_w^2} \tag{6-53}$$

$$r_D = r/r_w \tag{6-54}$$

$$\eta = \frac{K}{\phi \mu C_t} \tag{6-55}$$

$$\sigma = \eta_2/\eta_1 \tag{6-56}$$

$$M_1 = \left(\frac{K}{\mu}\right)_1 \tag{6-57}$$

$$M_2 = \left(\frac{K}{\mu}\right)_2 \tag{6-58}$$

$$M = \frac{\left(\dfrac{K}{\mu}\right)_2}{\left(\dfrac{K}{\mu}\right)_1} \tag{6-59}$$

$$r_{De} = r_D \cdot e^s \tag{6-60}$$

$$t_{De} = t_D \cdot e^{2S} \tag{6-61}$$

$$C_{De} = C_D \cdot e^{2S} \tag{6-62}$$

$$a = \left(\frac{r_f}{r_w}\right) \cdot e^s \tag{6-63}$$

式中　Z——天然气偏差因子；

　　　p——地层中任一点处的压力，MPa；

　　　C_t——总压缩系数，MPa^{-1}；

　　　a——复合地层不连续界面位置（前缘位置）；

r_f——复合地层不连续界面（前缘位置）到井中心的距离，即Ⅰ区半径r_1，m；

p_D，p_{wD}，t_D，C_D，r_D——分别表示无量纲压力、无量纲井底压力、无量纲时间、无量纲井筒储集系数和无量纲距离；

M_1，M_2，M——分别为复合地层Ⅰ区和Ⅱ区流体流度，以及流体流度比；

η——传导系数；

σ——传导系数比；

t——时间，h；

p_1，K，ϕ——分别为地层原始压力（单位：MPa）、渗透率（单位：mD）和孔隙度；

S——表皮系数；

r——距井中心距离，m。

3. 数学模型的求解

对时间t_{De}作Laplace变换，并求解上述试井模型，拉普拉斯空间的试井分析数学模型为：

$$\overline{p}_{wD} = \frac{A_C I_0\left(\sqrt{u}\right) + B_C K_0\left(\sqrt{u}\right)}{D_N} \tag{6-64}$$

$$A_C = \frac{1}{u}\left(b_2 d_3 - b_3 d_2\right) \qquad B_C = \frac{1}{u}\left(a_3 d_2 - a_2 d_3\right) \tag{6-65}$$

$$D_N = a_1\left(b_2 d_3 - b_3 d_2\right) + b_1\left(a_3 d_2 - a_2 d_3\right) \tag{6-66}$$

$$a_1 = u C_{De} I_0\left(\sqrt{u}\right) - \sqrt{u} I_1\left(\sqrt{u}\right) \tag{6-67}$$

$$b_1 = \sqrt{u} K_1\left(\sqrt{s}\right) + C_{De} u K_0\left(\sqrt{u}\right) \tag{6-68}$$

$$d_1 = u K_0\left(\sqrt{s}\right) \qquad a_2 = I_0\left(\sqrt{u}a\right) \tag{6-69}$$

$$b_2 = K_0\left(\sqrt{s}a\right) \qquad d_2 = -K_0\left(\sqrt{\frac{u}{\sigma}}\right) \tag{6-70}$$

$$a_3 = \sqrt{u} I_1\left(\sqrt{u}a\right) \qquad b_3 = -\sqrt{u} K_1\left(\sqrt{u}a\right) \tag{6-71}$$

$$d_3 = \sqrt{\frac{u}{\sigma}} M K_1\left(\sqrt{\frac{u}{\sigma}}a\right) \tag{6-72}$$

式中　$\overline{p}_{wD}$——拉氏空间中的无量纲压力；

I_0——第一类虚宗量零阶Bessel函数；

K_0——第二类虚宗量零阶Bessel函数；

A_C，B_C，D_N——待定系数；

a_1，a_2，a_3，b_1，b_2，b_3，c_1，c_2，c_3——待定系数；

u——拉氏变量，由t_D/C_D变换而来。

三、含硫气藏气井产能试井解释理论

在气藏开采过程中，随着气体的产出、地层压力的不断下降，元素硫将以单体形式从载硫气体中析出，并且在适当的温度条件下以固态硫的形式存在，并在储层岩石的孔隙喉道中沉积，从而堵塞渗流通道，降低地层有效渗透率及孔隙度，影响气井的产能。如我国华北油田的赵兰庄气藏，因对高含硫气藏开发的认识不足，产生严重的元素硫沉积而被迫关井，至今未投产。目前高含硫气藏开发技术研究正处于起步阶段，研究高含硫气井试井解释方法对指导高含硫气田的开发具有重要而长远的意义[8]。

根据硫沉积的程度，可将单井渗流模型分为附加表皮模型和复合模型两大类。

1. 附加表皮型产能试井解释数学模型

Forcheimer通过实验，提出利用二次方程描述平面径向流气藏流体的非达西渗流，即：

$$-\frac{\mathrm{d}p}{\mathrm{d}r} = \frac{\mu v}{K} + \beta \rho v^2 \tag{6-73}$$

其中

$$\beta = 7.644 \times 10^{10} / K^{1.5}$$

$$\rho = \frac{M_{air} \gamma_g p}{ZRT} \tag{6-74}$$

$$v = \frac{q}{2\pi rh} \tag{6-75}$$

$$q = B_g q_g = \frac{p_{sc} ZT}{T_{sc} p} q_g \tag{6-76}$$

对方程变形，并积分得：

$$\int_{wf}^{p} 2p\mathrm{d}p = \int_{w}^{r}\left(\frac{q_g p_{sc} T \mu Z}{\pi K h T_{sc} Z_{sc}}\frac{1}{r} + \frac{28.9 \beta \gamma_g ZT p_{sc}^2 2q_g^2}{RT_{sc}^2 2\pi^2 h^2}\frac{1}{r^2}\right)\mathrm{d}r \tag{6-77}$$

气井的产能方程一般用式（6-78）进行描述，即：

$$p_e^2 - p_{wf}^2 = Aq_g + Bq_g^2 \tag{6-78}$$

$$A = \frac{1.291 \times 10^{-3} T \mu Z}{Kh} \ln\frac{r_e}{r_w} \tag{6-79}$$

$$B = \frac{2.828 \times 10^{-21} \beta \gamma_g ZT}{h^2}\left(\frac{1}{r_w} - \frac{1}{r_e}\right) \tag{6-80}$$

根据Hawwhins的定义，由表皮效应引起的压力平方差为：

$$\Delta p_{skin}^2 = \frac{1.291 \times 10^{-3} q_g T \mu Z}{Kh} S \tag{6-81}$$

其中

$$S = S_{硫沉积} + S_{其他}$$

$$S_{硫沉积} = \left(e^{aS_s} - 1 \right) \ln \frac{r_s}{r_w}$$

式中　K——储层渗透率，mD；

　　　ρ——气体密度，kg/m³；

　　　v——气流速度，m/s；

　　　M_{air}——空气摩尔质量，g/mol；

　　　β——孔隙介质紊流影响系数，m⁻¹；

　　　R——摩尔气体常数，0.008471 MPa·m³/（kmol·K）；

　　　γ_g——气体相对密度，小数；

　　　μ——气体黏度，mPa·s；

　　　h——气层有效厚度，m；

　　　r_w——井底半径，m；

　　　Z——平均地层压力下的偏差因子，无量纲；

　　　p_{sc}——标况压力，MPa；

　　　T_{sc}——标况温度，K；

　　　B_g——气体体积系数；

　　　q_g——气井产量，m³/d；

　　　p_e——供给边界压力井底压力，MPa；

　　　p_{wf}——井底压力，MPa。

2. 两区复合型产能试井解释数学模型

当高含硫气藏开采一段时间后，气井井筒附近储层出现硫沉积，导致气井附近储层的渗透率和孔隙度下降。对这一情况，可采用两区复合物理模型来简化硫沉积对气藏渗流的影响（图6-5）。

根据前人的试验研究结果，高含硫气藏复合渗流模型具体假设如下：

内区渗透率

$$K_1 = K_2 e^{-aS_s} \tag{6-82}$$

外区渗透率

$$K_2$$

界面连续条件

$$p_1 = p_2 \tag{6-83}$$

根据渗流力学基本原理，在内外区对Forcheimer一次渗流方程进行积分，可以得到两区复合高含硫气藏产能试井解释的数学模型：

$$p_e^2 - p_{wf}^2 = A_2 q_g + B_2 q_g^2 \tag{6-84}$$

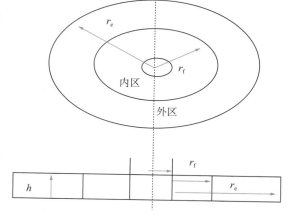

图6-5　两区复合气藏示意图

$$A_2 = \frac{1.291 \times 10^{-3} T_w \overline{\mu_g} Z p_{sc}}{KhT_{sc}} \left(\lg \frac{r_d}{r_w} + e^{-aS_s} \cdot \lg \frac{r_e}{r_d} + S \right) \tag{6-85}$$

$$B_2 = \frac{2.828\times10^{-21}\beta\gamma_{\mathrm{g}}ZT_{\mathrm{w}}p_{\mathrm{sc}}^2}{h^2T_{\mathrm{sc}}}\left[\frac{1}{r_{\mathrm{w}}}\frac{1}{r_{\mathrm{d}}}+\mathrm{e}^{-aS_{\mathrm{S}}}\left(\frac{1}{r_{\mathrm{e}}}\frac{1}{r_{\mathrm{d}}}\right)\right] \qquad (6\text{-}86)$$

式中　S——表皮系数，无量纲；

　　　K——地层渗透率，mD；

　　　T_{w}——地层温度，K；

　　　$\overline{\mu_{\mathrm{g}}}$——为平均地层压力下的气体黏度，mPa·s；

　　　S_{S}——地层含硫饱和度；

　　　a——经验系数；

　　　r_{d}——内区半径，m。

由上述分析可知，针对高含硫气藏，无论采用附加表皮模型还是两区复合模型，其最终产能方程在形式上均为二项式。于是，可用二项式产能方程对高含硫气藏的产能测试资料进行分析。

应用两区复合型产能试井解释数学模型对罗家6井进行实例分析。罗家6井是位于四川盆地罗家寨构造的1口开发评价井。该井钻达飞仙关组见鲕粒云岩，发现存在良好的鲕滩储层，取心后钻至井深3600m完钻。该井修正等时试井测试数据见表6-5。

表6-5　罗家6井修正等时试井压力、产量数据表

测试时间	测点深度压力 MPa	产层中部压力 MPa	产量 $10^4\mathrm{m}^3/\mathrm{d}$
关井	40.4411	42.0095	
一开井	40.3876	41.9560	10.0585
关井	40.4372	42.0056	
二开井	40.3398	41.8682	17.4296
关井	40.4339	42.0023	
三开井	40.0723	41.6407	30.5376
关井	40.4318	42.0002	
四开井	39.8205	41.3889	43.5244
延长测试	40.2647	41.7331	22.1404

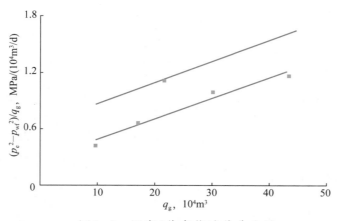

图6-6　罗家6井产能试井曲线图

罗家6井压力恢复试井双对数曲线表现为典型的复合气藏特征（图6-6），利用所建立的高含硫气藏产能试井解释模型对该井实测数据进行处理。

利用罗家6井修正等时试井数据，确定罗家6井的产能方程［式（6-87）］，绝对无阻流量为$q_{\mathrm{AOF}}=270\times10^4\mathrm{m}^3/\mathrm{d}$。

$$p_{\mathrm{e}}^2-p_{\mathrm{wf}}^2=0.6388q_{\mathrm{g}}+0.0218q_{\mathrm{g}}^2 \qquad (6\text{-}87)$$

参 考 文 献

[1] 黄江尚，贾永禄. 异常高压含硫气井产能方法研究 [J]. 内蒙古石油化工，2010(6)：109—110.

[2] 蒋凯军，马华丽，张雁. 考虑热效应影响的深层气井试井评价方法 [J]. 油气井测试，2011，20(4)：18—21.

[3] 李成勇，张烈辉，刘启国，等. 高含硫气藏试井解释方法研究 [J].西南石油大学学报，2007(29)：35—38.

[4] 王琛. 硫的沉积对气井产能的影响 [J]. 石油勘探与开发，1999，6(5)：56—58.

[5] 郭肖.高含硫气藏水平井产能评价 [M].北京：中国地质大学出版社，2014.

[6] 晏中平，等. 高含硫气藏双孔介质硫沉积试井解释模型 [J]. 新疆石油地质，2009，30(3)：355—357.

[7] 翟广福. 含硫气井试井分析理论与方法研究 [D].成都：西南石油大学，2005.

[8] 张烈辉，刘启国，李允，等. 高含硫气藏气井产能试井解释理论 [J]. 天然气工业，2008，28(4)：86—88.

第七章　高含硫气藏
气—固耦合渗流综合数学模型

一、综合数学模型基本假设条件

　　高含硫气藏的渗流特征和相态变化特征具有较大的复杂性，很多领域（硫微粒的运移、沉积等）在实验中也很难研究，为了简化研究的复杂程度，对研究对象作一定的假设[1]。

　　（1）假设地层温度恒定，即高含硫气藏的开发是一个恒温过程；

　　（2）含硫天然气初始饱和溶解元素硫，包括物理溶解和化学溶解两类；

　　（3）忽略由化学溶解析出的硫所引起的硫化氢含量的增加；

　　（4）元素硫在天然气中的溶解主要受压力和温度影响；

　　（5）气相中除含有烃类组分外，还有较高含量的硫化氢组分和元素硫组分；

　　（6）假设地层温度低于元素硫的凝固点，即析出的元素硫为固态微粒；

　　（7）只考虑高含硫气体和固态硫微粒两相，不考虑水相的影响；

　　（8）气流流动符合达西定律；

　　（9）忽略重力和毛细管力的影响；

　　（10）岩石微可压缩；

　　（11）气流中析出的颗粒较小，小于孔喉，能在孔隙中流动；

　　（12）析出并悬浮在气流中的硫微粒满足连续介质假设；

　　（13）忽略硫微粒间的碰撞和聚集；

　　（14）忽略硫微粒与孔隙壁面的碰撞，假设微粒与壁面的吸附瞬间即达到平衡；

　　（15）硫微粒密度不发生变化。

二、基本微分方程组

　　根据连续性方程、状态方程、运动方程，以及气—固动力学原理和空气动力学气—固运移沉积理论，建立了高含硫气藏气—固耦合综合数学模型，其基本微分方程组如下：

裂缝系统

$$
\begin{cases}
\nabla \cdot \left(\dfrac{\rho_g K_f}{\mu_g} \nabla p \right) + \Gamma_{gmf} = \dfrac{\partial \left(\phi_f S_{gf} \rho_g \right)}{\partial t} + q_{gf} \\[3mm]
\nabla \cdot \left(\dfrac{K_f}{\mu_g} \nabla p \right) + \nabla \cdot \left(u_s \right) + \dfrac{\Gamma_{smf}}{\rho_s} = \dfrac{\partial}{\partial t} \left(S_{gf} C_s + C_s' S_{gf} + S_{sf} \right) \phi_f + \dfrac{q_{sf}}{\rho_s} \\[3mm]
\nabla \left[\dfrac{K_f \rho_g Z_{gf}^m}{\mu_g} \nabla p \right] + \Gamma_{gmf} Z_{gf}^m = \dfrac{\partial \left[\phi_m \left(S_g \rho_g Z_g^m \right) \right]}{\partial t} + q_{gf} Z_{gf}^m \qquad (m = 1, 2, 3, \cdots)
\end{cases}
\tag{7-1}
$$

基质系统

$$
\begin{cases}
\nabla \left(\dfrac{\rho_g K_m}{\mu_g} \nabla p \right) - \Gamma_{gmf} = \dfrac{\partial \left(\phi_f S_{gm} \rho_g \right)}{\partial t} \\[3mm]
\nabla \left(\dfrac{K_m}{\mu_g} \nabla p \right) + \nabla \left(u_s \right) - \dfrac{\Gamma_{smf}}{\rho_s} = \dfrac{\partial}{\partial t} \left(S_{gm} C_s + C_s' S_{gm} + S_{sm} \right) \phi_m \\[3mm]
\nabla \left[\dfrac{K_m \rho_g Z_{gm}^m}{\mu_g} \nabla p \right] - \Gamma_{gmf} Z_{gm}^m = \dfrac{\partial \left[\phi_f \left(S_g \rho_g Z_{gm}^m \right) \right]}{\partial t} \qquad (m = 1, 2, 3, \cdots)
\end{cases}
\tag{7-2}
$$

式中　ϕ_m——基质孔隙度；

　　　ϕ_f——裂缝孔隙度；

　　　K_f——裂缝渗透率，mD；

　　　K_m——基质渗透率，mD；

　　　q_{gf}——源汇项；

　　　Q_{rs}——单元体中硫的析出量，m^3；

　　　Γ_{gmf}——交换项；

　　　q_{smf}——交换项；

　　　ΔV——单元体体积；

　　　ρ_g——气体密度，kg/m^3；

　　　μ_g——气体黏度，$mPa \cdot s$；

　　　ρ_s——液硫密度，kg/m^3；

　　　μ_s——液硫黏度，$mPa \cdot s$；

　　　S_{gf}——裂缝系统气相饱和度；

　　　S_{gm}——基质系统气相饱和度；

　　　S_{sf}——裂缝系统含硫饱和度；

　　　S_{sm}——基质系统含硫饱和度；

　　　C_s——溶解在气相中的硫微粒浓度，g/m^3；

　　　C_s'——悬浮在气相中的硫微粒浓度，g/m^3；

　　　u_s——微粒运移速度，m/s。

其中第一个方程为气相的连续性方程，第二个方程为元素硫的连续性方程，第三个方程为非硫组分连续性方程。

三、模型辅助方程

设高含硫天然气中除元素硫以外有 n 个组分，则上述方程中含有 $n+12$ 个未知数。若要求解这些未知数，则需要 $n+12$ 个方程。上述已经有了 $n+8$ 个方程，因此还需要4个辅助方程。这些辅助方程补充如下：

饱和度关系

$$S_g + S_s = 1 \tag{7-3}$$

气相组成关系

$$\sum_{m=1}^{n} Z_g^m = 1 \tag{7-4}$$

天然气密度

$$\rho_g = \rho_g \left[p, \ T, \ Z_i \ (i=1, \ \cdots, \ n+1) \right] \tag{7-5}$$

天然气黏度

$$\mu_g = \mu_g \left[p, \ T, \ Z_i \ (i=1, \ \cdots, \ n+1) \right] \tag{7-6}$$

四、边界条件和初始条件

模型建立后，要求获得模型的唯一解，还需要一定的定解条件，即模型的边界条件和初始条件。油气藏数学模型的边界条件分为：外边界条件和内边界条件两种。

1. 外边界条件

常见的外边界条件有：定压边界、定流量边界和封闭边界等。

1）定压边界

定压边界是指在边界（G）处的压力为一定值，其数学表达式为：

$$p|_G = const \tag{7-7}$$

2）定流量边界

定流量边界是指在边界（G）处保持有一恒定的流量通过，数学表达式为：

$$\frac{\partial p}{\partial n}\Big|_G = q_{const} \tag{7-8}$$

3）封闭边界

封闭边界是指在边界（G）处的流量为0，其数学表达式为：

$$\frac{\partial p}{\partial n}\Big|_G = 0 \tag{7-9}$$

2. 内边界条件

内边界条件从井的工作制度出发，主要分为定流量和定压力两类。

1）定流量条件

定流量条件是指生产井在模拟过程中的产量是已知的定量。其数学表达式为：

$$q|_{\text{well}} = q \tag{7-10}$$

2）定压力条件

定压力条件是指生产井在模拟过程中井底压力是已知的定值。其数学表达式为：

$$p|_{\text{well}} = p_{\text{wf}} \tag{7-11}$$

3. 初始条件

在边界条件确定后，还要从时间上确定油气藏在模拟初始时刻的压力和流体分布等状态。对于研究的高含硫气藏，假设模型在初始时刻处于静平衡状态，即各处的压力均相等，其表达式为：

$$p\,(X,\ Y,\ Z)\,|_{t=0} = p_i \tag{7-12}$$

流体主要以气相为主，初始时刻没有硫沉积产生，即：

$$S_s = 0,\quad S_g = 1 \tag{7-13}$$

五、元素硫析出及硫微粒运移沉积模型

1. 元素硫析出模型 [2]

元素硫的析出过程是元素硫在酸性气体中过饱和溶解的过程，即当元素硫的含量超过了一定温度和压力下硫在酸气中的溶解度后就将析出 [3]。因此元素硫的析出可以用硫在酸气中的溶解度变化来表示。假设元素硫在初始状态下已饱和溶解在高含硫气体中，那么一定温度和压力下元素硫的溶解度可表示如下 [4]：

$$R_S = \rho^k e^{\frac{A}{T}+B} \tag{7-14}$$

对气体，式（7-14）中的密度与压力的变化关系比较密切，因此式中的密度变化能反映压力对元素硫在气体中溶解能力的影响。

设单元体内天然气在 t_1 时刻的元素硫溶解度为 $R_{S,1}$，密度为 $\rho_{g,1}$；在 t_2 时刻元素硫的溶解度为 $R_{S,2}$，密度为 $\rho_{g,2}$，并假设从 t_1 到 t_2 时间段内单元体内温度不发生变化，则在该时间段内元素硫的析出量可表示为：

$$\Delta M_{\text{rs}} = \Delta x \Delta y \Delta z \phi S_g\,(R_{S,1} - R_{S,2}) \tag{7-15}$$

将式（7-13）代入式（7-14）整理可得元素硫的析出模型为：

$$\Delta M_{\text{rs}} = V_p \phi S_g (\rho_{g,1}^k - \rho_{g,2}^k) e^{\frac{A}{T}+B} \tag{7-16}$$

式中　A，B——计算参数；

　　　V_p——单元体的体积；

　　　S_g——气体中的含硫量。

2. 硫微粒在气流中运移速度计算模型

由于忽略硫微粒在气流中可能发生的碰撞，因此可以假设在同一单元体中的硫微粒具有相同的速

度。在这里采用颗粒动力学方法来计算颗粒在气流中的运移速度：

$$u_s = \sqrt{\frac{b}{a}} \left[\frac{1 + e^{4t\sqrt{ab}}}{1 - e^{4t\sqrt{ab}}} + 2\sqrt{\left(\frac{1 + e^{4t\sqrt{ab}}}{1 - e^{4t\sqrt{ab}}}\right)^2 - 1} \right] \tag{7-17}$$

其中

$$a = \frac{\rho C_D \pi r_p^2}{2m_p}$$

$$b = \frac{V_p}{m_p} \frac{\partial p}{\partial x}$$

式中　ρ——气固混合物密度，kg/m^3；

C_D——阻力系数；

r_p——微粒直径，m；

V_p——孔隙体积，m^3；

m_p——微粒质量，kg。

3. 硫微粒沉降模型

硫微粒在气流中的沉降，采用气流携带微粒的临界速度来判断，气流携带颗粒的临界流速模型为：

$$u_{g,s} = \sqrt[3]{\frac{mDu_{mg}}{\phi(\lambda_g + \lambda_m m\phi)}} \tag{7-18}$$

式中　m——微粒质量，kg；

D——管道直径，m；

u_{mg}——气固混合物速度，m/s；

ϕ——微粒形状系数；

λ_g——气体摩擦系数；

λ_m——固相颗粒间摩擦系数。

其沉降判断准则：当$u_g \geqslant u_{g,s}$，颗粒就悬浮运移；当$u_g < u_{g,s}$，颗粒就沉降在孔隙中。

4. 元素硫的吸附模型

元素硫的吸附模型采用Ali-islam根据表面剩余理论建立的吸附模型，表达式如下：

$$n'_s = \frac{m_s x_s S}{S x_s + (m_s / m_g) x_g} \tag{7-19}$$

其中

$$S = \frac{x'_s / x'_g}{x_s / x_g}$$

式中　n'_s——颗粒吸附量，mg/g；

x_s——硫微粒在连续相中的质量分数；

x_g——气相组分在连续相中的质量分数；

x'_s——硫微粒在吸附相中的质量分数；

x'_g——气相组分在吸附相中的质量分数；

m_s——硫微粒在吸附单层中的浓度，mg/g；

m_g——气体在吸附单层中的浓度，mg/g。

5. 地层伤害模型

硫沉积对地层的伤害可分为对孔隙度和渗透率影响两类。

1）孔隙度伤害模型

假设地层孔隙中沉积硫体积不随压力的变化而变化，孔隙度伤害模型为：

$$\phi = \phi_0 - \Delta\phi = \phi_0 - \frac{V_s}{V} \times 100\% \tag{7-20}$$

式中 ϕ_0——岩石的初始孔隙度。

2）渗透率伤害模型

描述沉积对地层渗透率的伤害主要有实验公式法和机理模型法两种。模型的具体形式为：

$$K = f_p K_{p0} e^{-\alpha\varepsilon_p^{\eta_1}} + f_{np} K_{np_0} \left(1 + b\varepsilon_{np}\right) \tag{7-21}$$

第二节　数值模型

一、差分方程的建立

用气固动力学的连续性方程描述硫微粒在天然气中的运移，则其基本微分方程组为式（7-1）、式（7-2），对连续性方程差分得到[5]：

裂缝系统气相的差分方程

$$F_{j+\frac{1}{2}}\left(\rho_g\lambda_{gf}\right)_{j+\frac{1}{2}}\left(p_{j+1}^{n+1} - p_j^{n+1}\right) + F_{j-\frac{1}{2}}\left(\rho_g\lambda_{gf}\right)_{j-\frac{1}{2}}\left(p_{j-1}^{n+1} - p_j^{n+1}\right) + F_{k+\frac{1}{2}}\left(\rho_g\lambda_{gf}\right)_{k+\frac{1}{2}}\left(p_{k+1}^{n+1} - p_k^{n+1}\right) +$$

$$F_{k-\frac{1}{2}}\left(\rho_g\lambda_{gf}\right)_{k-\frac{1}{2}}\left(p_{k-1}^{n+1} - p_k^{n+1}\right) + V_b\left(\Gamma_{gmf}\right)_{i,j,k} F_{i+\frac{1}{2}}\left(\rho_g\lambda_{gf}\right)_{i+\frac{1}{2}}\left(p_{i+1}^{n+1} - p_i^{n+1}\right) +$$

$$F_{i-\frac{1}{2}}\left(\rho_g\lambda_{gf}\right)_{i-\frac{1}{2}}\left(p_{i-1}^{n+1} - p_i^{n+1}\right) = V_b\left[\frac{\left(\phi_f S_{gf}\rho_g\right)^{n+1} - \left(\phi_f S_{gf}\rho_g\right)^n}{\Delta t} + q_{gf}\right] \tag{7-22}$$

裂缝系统元素硫的差分方程

$$F_{i+\frac{1}{2}}\left(\lambda_{gf}\right)_{i+\frac{1}{2}}\left(p_{i+1}^{n+1} - p_i^{n+1}\right) + F_{i-\frac{1}{2}}\left(\lambda_{gf}\right)_{i-\frac{1}{2}}\left(p_{i-1}^{n+1} - p_i^{n+1}\right) + F_{j+\frac{1}{2}}\left(\lambda_{gf}\right)_{j+\frac{1}{2}}\left(p_{j+1}^{n+1} - p_j^{n+1}\right) +$$

$$F_{j-\frac{1}{2}}\left(\lambda_{gf}\right)_{j-\frac{1}{2}}\left(p_{j-1}^{n+1} - p_j^{n+1}\right) + F_{k+\frac{1}{2}}\left(\lambda_{gf}\right)_{k+\frac{1}{2}}\left(p_{k+1}^{n+1} - p_k^{n+1}\right) + F_{k-\frac{1}{2}}\left(\lambda_{gf}\right)_{k-\frac{1}{2}}\left(p_{k-1}^{n+1} - p_k^{n+1}\right) +$$

$$f_i\left(u_{s,i+1}^{n+1} - u_{s,i}^{n+1}\right) + f_j\left(u_{s,j+1}^{n+1} - u_{s,j}^{n+1}\right) + f_k\left(u_{s,k+1}^{n+1} - u_{s,k}^{n+1}\right) + V_b\frac{\left(\Gamma_{smf}\right)_{i,j,k}}{\rho_s}$$

$$= V_b\left\{\frac{\left[\left(S_{gf}C_s + C_s'S_{gf} + S_s\right)\phi_f\right]^{n+1} - \left[\left(S_{gf}C_s + C_s'S_{gf} + S_s\right)\phi_f\right]^n}{\Delta t} + \frac{q_{sf}}{\rho_s}\right\} \tag{7-23}$$

裂缝系统非硫组分差分方程

$$F_{i+\frac{1}{2}}\left(\lambda_{gf}\rho_g Z_{gf}^m\right)_{i+\frac{1}{2}}\left(p_{i+1}^{n+1}-p_i^{n+1}\right)+F_{i-\frac{1}{2}}\left(\lambda_{gf}\rho_g Z_{gf}^m\right)_{i-\frac{1}{2}}\left(p_{i-1}^{n+1}-p_i^{n+1}\right)+$$

$$F_{j+\frac{1}{2}}\left(\lambda_{gf}\rho_g Z_{gf}^m\right)_{j+\frac{1}{2}}\left(p_{j+1}^{n+1}-p_j^{n+1}\right)+F_{j-\frac{1}{2}}\left(\lambda_{gf}\rho_g Z_{gf}^m\right)_{j-\frac{1}{2}}\left(p_{j-1}^{n+1}-p_j^{n+1}\right)+$$

$$F_{k+\frac{1}{2}}\left(\lambda_{gf}\rho_g Z_{gf}^m\right)_{k+\frac{1}{2}}\left(p_{k+1}^{n+1}-p_k^{n+1}\right)+F_{k-\frac{1}{2}}\left(\lambda_{gf}\rho_g Z_{gf}^m\right)_{k-\frac{1}{2}}\left(p_{k-1}^{n+1}-p_k^{n+1}\right)+V_b\left(\Gamma_{gmf}\right)_{i,j,k}Z_{gf}^m \quad (7\text{—}24)$$

$$=V_b\left[\frac{\left(\phi_f S_{gf}\rho_g Z_g^m\right)^{n+1}-\left(\phi_f S_{gf}\rho_g Z_g^m\right)^n}{\Delta t}+q_{gf}Z_g^m\right]$$

其中，几何因子为：

$$F_{i+\frac{1}{2}}=\frac{\Delta y_j \Delta z_k}{\Delta x_{i+\frac{1}{2}}} \qquad F_{i-\frac{1}{2}}=\frac{\Delta y_j \Delta z_k}{\Delta x_{i-\frac{1}{2}}}$$

$$F_{j+\frac{1}{2}}=\frac{\Delta x_i \Delta z_k}{\Delta y_{j+\frac{1}{2}}} \qquad F_{j-\frac{1}{2}}=\frac{\Delta x_i \Delta z_k}{\Delta y_{j-\frac{1}{2}}}$$

$$F_{k+\frac{1}{2}}=\frac{\Delta x_i \Delta y_j}{\Delta z_{k+\frac{1}{2}}} \qquad F_{k-\frac{1}{2}}=\frac{\Delta x_i \Delta y_j}{\Delta z_{k-\frac{1}{2}}}$$

$$f_i=\Delta y_j \Delta z_k \qquad f_j=\Delta x_i \Delta z_k \qquad f_k=\Delta x_i \Delta y_j$$

流度系数为：

$$\lambda_g=\frac{K}{\mu_g}$$

同理，基质系统气相的差分方程为

$$F_{i+\frac{1}{2}}\left(\rho_g\lambda_{gm}\right)_{i+\frac{1}{2}}\left(p_{i+1}^{n+1}-p_i^{n+1}\right)+F_{i-\frac{1}{2}}\left(\rho_g\lambda_{gm}\right)_{i-\frac{1}{2}}\left(p_{i-1}^{n+1}-p_i^{n+1}\right)+$$

$$F_{j+\frac{1}{2}}\left(\rho_g\lambda_{gm}\right)_{j+\frac{1}{2}}\left(p_{j+1}^{n+1}-p_j^{n+1}\right)+F_{j-\frac{1}{2}}\left(\rho_g\lambda_{gm}\right)_{j-\frac{1}{2}}\left(p_{j-1}^{n+1}-p_j^{n+1}\right)+$$

$$F_{k+\frac{1}{2}}\left(\rho_g\lambda_{gm}\right)_{k+\frac{1}{2}}\left(p_{k+1}^{n+1}-p_k^{n+1}\right)+F_{k-\frac{1}{2}}\left(\rho_g\lambda_{gm}\right)_{k-\frac{1}{2}}\left(p_{k-1}^{n+1}-p_k^{n+1}\right)-V_b\left(\Gamma_{gmf}\right)_{i,j,k} \quad (7\text{—}25)$$

$$=V_b\frac{\left(\phi_m S_{gm}\rho_g\right)^{n+1}-\left(\phi_m S_{gm}\rho_g\right)^n}{\Delta t}$$

基质系统元素硫的差分方程：

$$F_{i+\frac{1}{2}}\left(\lambda_{gm}\right)_{i+\frac{1}{2}}\left(p_{i+1}^{n+1}-p_i^{n+1}\right)+F_{i-\frac{1}{2}}\left(\lambda_{gm}\right)_{i-\frac{1}{2}}\left(p_{i-1}^{n+1}-p_i^{n+1}\right)+F_{j+\frac{1}{2}}\left(\lambda_{gm}\right)_{j+\frac{1}{2}}\left(p_{j+1}^{n+1}-p_j^{n+1}\right)+$$

$$F_{j-\frac{1}{2}}\left(\lambda_{gm}\right)_{j-\frac{1}{2}}\left(p_{j-1}^{n+1}-p_j^{n+1}\right)+F_{k+\frac{1}{2}}\left(\lambda_{gm}\right)_{k+\frac{1}{2}}\left(p_{k+1}^{n+1}-p_k^{n+1}\right)+F_{k-\frac{1}{2}}\left(\lambda_{gm}\right)_{k-\frac{1}{2}}\left(p_{k-1}^{n+1}-p_k^{n+1}\right)+$$

$$f_i\left(u_{s,i+1}^{n+1}-u_{s,i}^{n+1}\right)+f_j\left(u_{s,j+1}^{n+1}-u_{s,j}^{n+1}\right)+f_k\left(u_{s,k+1}^{n+1}-u_{s,k}^{n+1}\right)-V_b\frac{\left(\Gamma_{smf}\right)_{i,j,k}}{\rho_s} \quad (7\text{—}26)$$

$$=\frac{V_b}{\Delta t}\left\{\left[\left(S_{gm}C_s+C_s'S_{gm}+S_s\right)\phi_m\right]^{n+1}-\left[\left(S_{gm}C_s+C_s'S_{gm}+S_s\right)\phi_m\right]^n\right\}$$

基质系统非硫组分差分方程为：

$$F_{i+\frac{1}{2}}\left(\lambda_{gm}\rho_g Z_{gm}^m\right)_{i+\frac{1}{2}}\left(p_{i+1}^{n+1}-p_i^{n+1}\right)+F_{i-\frac{1}{2}}\left(\lambda_{gm}\rho_g Z_{gm}^m\right)_{i-\frac{1}{2}}\left(p_{i-1}^{n+1}-p_i^{n+1}\right)+$$

$$F_{j+\frac{1}{2}}\left(\lambda_{gm}\rho_g Z_{gm}^m\right)_{j+\frac{1}{2}}\left(p_{j+1}^{n+1}-p_j^{n+1}\right)+F_{j-\frac{1}{2}}\left(\lambda_{gm}\rho_g Z_{gm}^m\right)_{j-\frac{1}{2}}\left(p_{j-1}^{n+1}-p_j^{n+1}\right)+$$

$$F_{k+\frac{1}{2}}\left(\lambda_{gm}\rho_g Z_{gm}^m\right)_{k+\frac{1}{2}}\left(p_{k+1}^{n+1}-p_k^{n+1}\right)+F_{k-\frac{1}{2}}\left(\lambda_{gm}\rho_g Z_{gm}^m\right)_{k-\frac{1}{2}}\left(p_{k-1}^{n+1}-p_k^{n+1}\right)- \tag{7-27}$$

$$V_b\left(\Gamma_{gmf}\right)_{i,j,k} Z_{gm}^m = V_b\frac{\left(\phi_m S_{gm}\rho_g Z_{gm}^m\right)^{n+1}-\left(\phi_m S_{gm}\rho_g Z_{gm}^m\right)^n}{\Delta t}$$

二、差分方程的线性化处理

在实际的求解中，并不直接求解 $n+1$ 时间的变量（如 p^{n+1}、S_g^{n+1} 等），而是求解从 n 时刻到 $n+1$ 时刻变量的增量[6]。设：

$$p^{n+1}=p^n+\delta p \tag{7-28}$$

$$S_g^{n+1}=S_g^n+\delta S_g \tag{7-29}$$

$$S_s^{n+1}=S_s^n+\delta S_s \tag{7-30}$$

其中，δp，δS_g，δS_s 是变量从 n 时刻到 $n+1$ 时刻的增量。

经推导整理可得裂缝系统气相差分方程的线性方程为：

$$T_{gf, i+\frac{1}{2}}\delta p_{i+1}+T_{gf, i-\frac{1}{2}}\delta p_{i-1}+T_{gf, j+\frac{1}{2}}\delta p_{j+1}+T_{gf, j-\frac{1}{2}}\delta p_{j-1}+T_{gf, k+\frac{1}{2}}\delta p_{k+1}+T_{gf, k-\frac{1}{2}}\delta p_{k-1}-$$

$$\left[\left(T_{gf,i+\frac{1}{2}}+T_{gf,i-\frac{1}{2}}\right)\delta p_i+\left(T_{gf,j+\frac{1}{2}}+T_{gf,j-\frac{1}{2}}\right)\delta p_j+\left(T_{gf,k+\frac{1}{2}}+T_{gf,k-\frac{1}{2}}\right)\delta p_k\right]+A_{gf}+V_b\left(\Gamma_{gmf}\right)_{i,j,k} \tag{7-31}$$

$$=\frac{V_b}{\Delta t}\left(\phi_f\rho_g^n\delta S_{gf}+S_{gf}^n\phi_f\frac{\partial\rho_g}{\partial p}\delta p\right)+V_b q_{gf}$$

其中

$$T_{gf, i+\frac{1}{2}}=F_{i+\frac{1}{2}}\left(\rho_g\lambda_g\right)_{i+\frac{1}{2}} \qquad T_{gf, i-\frac{1}{2}}=F_{i-\frac{1}{2}}\left(\rho_g\lambda_g\right)_{i-\frac{1}{2}}$$

$$T_{gf, j-\frac{1}{2}}=F_{j-\frac{1}{2}}\left(\rho_g\lambda_g\right)_{j-\frac{1}{2}} \qquad T_{gf, j+\frac{1}{2}}=F_{j+\frac{1}{2}}\left(\rho_g\lambda_g\right)_{j+\frac{1}{2}}$$

$$T_{gf, k+\frac{1}{2}}=F_{k+\frac{1}{2}}\left(\rho_g\lambda_g\right)_{k+\frac{1}{2}} \qquad T_{gf, k-\frac{1}{2}}=F_{k-\frac{1}{2}}\left(\rho_g\lambda_g\right)_{k-\frac{1}{2}}$$

$$A_{gf}=T_{gf,i+\frac{1}{2}}\left(p_{i+1}^n-p_i^n\right)+T_{gf,i-\frac{1}{2}}\left(p_{i-1}^n-p_i^n\right)+T_{gf,j+\frac{1}{2}}\left(p_{j+1}^n-p_j^n\right)+T_{gf,j-\frac{1}{2}}\left(p_{j-1}^n-p_j^n\right)+$$

$$T_{gf,k+\frac{1}{2}}\left(p_{k+1}^n-p_k^n\right)+T_{gf,k-\frac{1}{2}}\left(p_{k-1}^n-p_k^n\right)$$

裂缝系统元素硫差分方程的线性方程为：

$$\left[T_{\text{sf},i+\frac{1}{2}}\delta p_{i+1} + T_{\text{sf},i-\frac{1}{2}}\delta p_{i-1} + T_{\text{sf},j+\frac{1}{2}}\delta p_{j+1} + T_{\text{sf},j-\frac{1}{2}}\delta p_{j-1} + T_{\text{sf},k+\frac{1}{2}}\delta p_{k+1} + T_{\text{sf},k-\frac{1}{2}}\delta p_{k-1} \right] -$$

$$\left[\left(T_{\text{sf},i+\frac{1}{2}} + T_{\text{sf},i-\frac{1}{2}} \right)\delta p_i + \left(T_{\text{sf},j+\frac{1}{2}} + T_{\text{sf},j-\frac{1}{2}} \right)\delta p_j + \left(T_{\text{sf},k+\frac{1}{2}} + T_{\text{sf},k-\frac{1}{2}} \right)\delta p_k \right] + A_{\text{sf}} +$$

$$f_i\left(u_{\text{s},i+1}^n - u_{\text{s},i}^n \right) + f_j\left(u_{\text{s},j+1}^n - u_{\text{s},j}^n \right) + f_k\left(u_{\text{s},k+1}^n - u_{\text{s},k}^n \right) + V_{\text{b}}\frac{(\Gamma_{\text{smf}})_{i,j,k}}{\rho_{\text{s}}}$$

$$= \frac{V_{\text{b}}}{\Delta t}\left(\phi_{\text{f}}S_{\text{gf}}^n\frac{\partial C_{\text{s}}}{\partial p}\delta p + \phi_{\text{f}}C_{\text{s}}^n\delta S_{\text{gf}} + \phi_{\text{f}}S_{\text{gf}}^n\frac{\partial C_{\text{s}}'}{\partial p}\delta p + \phi_{\text{f}}C_{\text{s}}'^n\delta S_{\text{gf}} + \phi_{\text{f}}\delta S_{\text{sf}} \right) + \frac{V_{\text{b}}q_{\text{sf}}}{\rho_{\text{s}}} \tag{7-32}$$

其中

$$T_{\text{sf},i+\frac{1}{2}} = F_{i+\frac{1}{2}}\left(\rho_{\text{s}}\lambda_{\text{g}}\right)_{i+\frac{1}{2}} \qquad T_{\text{sf},i-\frac{1}{2}} = F_{i-\frac{1}{2}}\left(\rho_{\text{s}}\lambda_{\text{g}}\right)_{i-\frac{1}{2}}$$

$$T_{\text{sf},j+\frac{1}{2}} = F_{j+\frac{1}{2}}\left(\rho_{\text{s}}\lambda_{\text{g}}\right)_{j+\frac{1}{2}} \qquad T_{\text{sf},j-\frac{1}{2}} = F_{j-\frac{1}{2}}\left(\rho_{\text{s}}\lambda_{\text{g}}\right)_{j-\frac{1}{2}}$$

$$T_{\text{sf},k+\frac{1}{2}} = F_{k+\frac{1}{2}}\left(\rho_{\text{s}}\lambda_{\text{g}}\right)_{k+\frac{1}{2}} \qquad T_{\text{sf},k-\frac{1}{2}} = F_{k-\frac{1}{2}}\left(\rho_{\text{s}}\lambda_{\text{g}}\right)_{k-\frac{1}{2}}$$

$$A_{\text{sf}} = \left[T_{\text{sf},i+\frac{1}{2}}\left(p_{i+1}^n - p_i^n \right) + T_{\text{sf},i-\frac{1}{2}}\left(p_{i-1}^n - p_i^n \right) + T_{\text{sf},j+\frac{1}{2}}\left(p_{j+1}^n - p_j^n \right) + \right.$$

$$\left. T_{\text{sf},j-\frac{1}{2}}\left(p_{j-1}^n - p_j^n \right) + T_{\text{sf},k+\frac{1}{2}}\left(p_{k+1}^n - p_k^n \right) + T_{\text{sf},k-\frac{1}{2}}\left(p_{k-1}^n - p_k^n \right) \right]$$

裂缝系统非硫组分差分方程的线性方程为：

$$T_{\text{mf},i+\frac{1}{2}}\delta p_{i+1} + T_{\text{mf},i-\frac{1}{2}}\delta p_{i-1} + T_{\text{mf},j+\frac{1}{2}}\delta p_{j+1} + T_{\text{mf},j-\frac{1}{2}}\delta p_{j-1} + T_{\text{mf},k+\frac{1}{2}}\delta p_{k+1} + T_{\text{mf},k-\frac{1}{2}}\delta p_{k-1} -$$

$$\left[\left(T_{\text{mf},i+\frac{1}{2}} + T_{\text{mf},i-\frac{1}{2}} \right)\delta p_i + \left(T_{\text{mf},j+\frac{1}{2}} + T_{\text{mf},j-\frac{1}{2}} \right)\delta p_j + \left(T_{\text{mf},k+\frac{1}{2}} + T_{\text{mf},k-\frac{1}{2}} \right)\delta p_k \right] + A_{\text{mf}}$$

$$= V_{\text{b}}\left\{ \frac{1}{\Delta t}\left[\phi_{\text{f}}\rho_{\text{g}}^n(Z_{\text{gf}}^m)^n\delta S_{\text{gf}} + \phi_{\text{f}}S_{\text{gf}}^n\rho_{\text{g}}^n\delta(Z_{\text{gf}}^m) + \phi_{\text{f}}S_{\text{gf}}^n(Z_{\text{gf}}^m)^n\frac{\partial \rho_{\text{g}}}{\partial p}\delta p \right] + q_{\text{gf}}Z_{\text{gf}}^m \right\} \tag{7-33}$$

其中

$$T_{\text{mf},i+\frac{1}{2}} = F_{i+\frac{1}{2}}\left(\rho_{\text{g}}\lambda_{\text{gf}}Z_{\text{gf}}^m\right)_{i+\frac{1}{2}} \qquad T_{\text{mf},i-\frac{1}{2}} = F_{i-\frac{1}{2}}\left(\rho_{\text{g}}\lambda_{\text{gf}}Z_{\text{gf}}^m\right)_{i-\frac{1}{2}}$$

$$T_{\text{mf},j+\frac{1}{2}} = F_{j+\frac{1}{2}}\left(\rho_{\text{g}}\lambda_{\text{gf}}Z_{\text{gf}}^m\right)_{j+\frac{1}{2}} \qquad T_{\text{mf},j-\frac{1}{2}} = F_{j-\frac{1}{2}}\left(\rho_{\text{g}}\lambda_{\text{gf}}Z_{\text{gf}}^m\right)_{j-\frac{1}{2}}$$

$$T_{\text{mf},k+\frac{1}{2}} = F_{k+\frac{1}{2}}\left(\rho_{\text{g}}\lambda_{\text{gf}}Z_{\text{gf}}^m\right)_{k+\frac{1}{2}} \qquad T_{\text{mf},k-\frac{1}{2}} = F_{k-\frac{1}{2}}\left(\rho_{\text{g}}\lambda_{\text{gf}}Z_{\text{gf}}^m\right)_{k-\frac{1}{2}}$$

$$A_{\text{mf}} = T_{\text{mf},i+\frac{1}{2}}\left(p_{i+1}^n - p_i^n \right) + T_{\text{mf},i-\frac{1}{2}}\left(p_{i-1}^n - p_i^n \right) + T_{\text{mf},j+\frac{1}{2}}\left(p_{j+1}^n - p_j^n \right) +$$

$$T_{\text{mf},j-\frac{1}{2}}\left(p_{j-1}^n - p_j^n \right) + T_{\text{mf},k+\frac{1}{2}}\left(p_{k+1}^n - p_k^n \right) + T_{\text{mf},k-\frac{1}{2}}\left(p_{k-1}^n - p_k^n \right)$$

同理，基质系统气相差分方程的线性方程为：

$$T_{\text{gm}, i+\frac{1}{2}}\delta p_{i+1} + T_{\text{gm}, i-\frac{1}{2}}\delta p_{i-1} + T_{\text{gm}, j+\frac{1}{2}}\delta p_{j+1} + T_{\text{gm}, j-\frac{1}{2}}\delta p_{j-1} + T_{\text{gm}, k+\frac{1}{2}}\delta p_{k+1} + T_{\text{gm}, k-\frac{1}{2}}\delta p_{k-1} -$$

$$\left[\left(T_{\text{gm}, i+\frac{1}{2}} + T_{\text{gm}, i-\frac{1}{2}}\right)\delta p_i + \left(T_{\text{gm}, j+\frac{1}{2}} + T_{\text{gm}, j-\frac{1}{2}}\right)\delta p_j + \left(T_{\text{gm}, k+\frac{1}{2}} + T_{\text{gm}, k-\frac{1}{2}}\right)\delta p_k\right] + A_{\text{gm}} - V_{\text{b}}\left(\Gamma_{\text{gmf}}\right) \tag{7-34}$$

$$= \frac{V_{\text{b}}}{\Delta t}\left(\phi_{\text{m}}\rho_{\text{g}}^n\delta S_{\text{gm}} + S_{\text{gm}}^n\phi_{\text{m}}\frac{\partial \rho_{\text{g}}}{\partial p}\delta p\right)$$

其中

$$T_{\text{gm}, i+\frac{1}{2}} = F_{i+\frac{1}{2}}\left(\rho_{\text{g}}\lambda_{\text{gm}}\right)_{i+\frac{1}{2}} \qquad T_{\text{gm}, i-\frac{1}{2}} = F_{i-\frac{1}{2}}\left(\rho_{\text{g}}\lambda_{\text{gm}}\right)_{i-\frac{1}{2}}$$

$$T_{\text{gm}, j+\frac{1}{2}} = F_{j+\frac{1}{2}}\left(\rho_{\text{g}}\lambda_{\text{gm}}\right)_{j+\frac{1}{2}} \qquad T_{\text{gm}, j-\frac{1}{2}} = F_{j-\frac{1}{2}}\left(\rho_{\text{g}}\lambda_{\text{gm}}\right)_{j-\frac{1}{2}}$$

$$T_{\text{gm}, k+\frac{1}{2}} = F_{k+\frac{1}{2}}\left(\rho_{\text{g}}\lambda_{\text{gm}}\right)_{k+\frac{1}{2}} \qquad T_{\text{gm}, k-\frac{1}{2}} = F_{k-\frac{1}{2}}\left(\rho_{\text{g}}\lambda_{\text{gm}}\right)_{k-\frac{1}{2}}$$

$$A_{\text{gm}} = T_{\text{gm}, i+\frac{1}{2}}\left(p_{i+1}^n - p_i^n\right) + T_{\text{gm}, i-\frac{1}{2}}\left(p_{i-1}^n - p_i^n\right) + T_{\text{gm}, j+\frac{1}{2}}\left(p_{j+1}^n - p_j^n\right) + T_{\text{gm}, j-\frac{1}{2}}\left(p_{j-1}^n - p_j^n\right) +$$

$$T_{\text{gm}, k+\frac{1}{2}}\left(p_{k+1}^n - p_k^n\right) + T_{\text{gm}, k-\frac{1}{2}}\left(p_{k-1}^n - p_k^n\right)$$

基质系统元素硫差分方程的线性方程为:

$$\left[T_{\text{sm}, i+\frac{1}{2}}\delta p_{i+1} + T_{\text{sm}, i-\frac{1}{2}}\delta p_{i-1} + T_{\text{sm}, j+\frac{1}{2}}\delta p_{j+1} + T_{\text{sm}, j-\frac{1}{2}}\delta p_{j-1} + T_{\text{sm}, k+\frac{1}{2}}\delta p_{k+1} + T_{\text{sm}, k-\frac{1}{2}}\delta p_{k-1}\right] -$$

$$\left[\left(T_{\text{sm}, i+\frac{1}{2}} + T_{\text{sm}, i-\frac{1}{2}}\right)\delta p_i + \left(T_{\text{sm}, j+\frac{1}{2}} + T_{\text{sm}, j-\frac{1}{2}}\right)\delta p_j + \left(T_{\text{sm}, k+\frac{1}{2}} + T_{\text{sm}, k-\frac{1}{2}}\right)\delta p_k\right] + A_{\text{sm}} +$$

$$f_i\left(u_{\text{s}, i+1}^n - u_{\text{s}, i}^n\right) + f_j\left(u_{\text{s}, j+1}^n - u_{\text{s}, j}^n\right) + f_k\left(u_{\text{s}, k+1}^n - u_{\text{s}, k}^n\right) - V_{\text{b}}\frac{\left(\Gamma_{\text{smf}}\right)_{i,j,k}}{\rho_{\text{s}}} \tag{7-35}$$

$$= \frac{V_{\text{b}}}{\Delta t}\left(\phi_{\text{m}}S_{\text{gm}}^n\frac{\partial C_{\text{s}}}{\partial p}\delta p + \phi_{\text{m}}C_{\text{s}}^n\delta S_{\text{gm}} + \phi_{\text{m}}S_{\text{gm}}^n\frac{\partial C_{\text{s}}'}{\partial p}\delta p + \phi_{\text{m}}C_{\text{s}}'^n\delta S_{\text{gm}} + \phi_{\text{m}}\delta S_{\text{sm}}\right)$$

其中

$$T_{\text{sm}, i+\frac{1}{2}} = F_{i+\frac{1}{2}}\left(\lambda_{\text{gm}}\right)_{i+\frac{1}{2}} \qquad T_{\text{sm}, i-\frac{1}{2}} = F_{i-\frac{1}{2}}\left(\lambda_{\text{gm}}\right)_{i-\frac{1}{2}}$$

$$T_{\text{sm}, j+\frac{1}{2}} = F_{j+\frac{1}{2}}\left(\lambda_{\text{gm}}\right)_{j+\frac{1}{2}} \qquad T_{\text{sm}, j-\frac{1}{2}} = F_{j-\frac{1}{2}}\left(\lambda_{\text{gm}}\right)_{j-\frac{1}{2}}$$

$$T_{\text{sm}, k+\frac{1}{2}} = F_{k+\frac{1}{2}}\left(\lambda_{\text{gm}}\right)_{k+\frac{1}{2}} \qquad T_{\text{sm}, k-\frac{1}{2}} = F_{k-\frac{1}{2}}\left(\lambda_{\text{gm}}\right)_{k-\frac{1}{2}}$$

$$A_{\text{sm}} = \left[T_{\text{sm}, i+\frac{1}{2}}\left(p_{i+1}^n - p_i^n\right) + T_{\text{sm}, i-\frac{1}{2}}\left(p_{i-1}^n - p_i^n\right) + T_{\text{sm}, j+\frac{1}{2}}\left(p_{j+1}^n - p_j^n\right) +\right.$$

$$\left.T_{\text{sm}, j-\frac{1}{2}}\left(p_{j-1}^n - p_j^n\right) + T_{\text{sm}, k+\frac{1}{2}}\left(p_{k+1}^n - p_k^n\right) + T_{\text{sm}, k-\frac{1}{2}}\left(p_{k-1}^n - p_k^n\right)\right]$$

基质系统非硫组分差分方程的线性方程为:

$$T_{\mathrm{mm},i+\frac{1}{2}}\delta p_{i+1} + T_{\mathrm{mm},i-\frac{1}{2}}\delta p_{i-1} + T_{\mathrm{mm},j+\frac{1}{2}}\delta p_{j+1} + T_{\mathrm{mm},j-\frac{1}{2}}\delta p_{j-1} + T_{\mathrm{mm},k+\frac{1}{2}}\delta p_{k+1} + T_{\mathrm{mm},k-\frac{1}{2}}\delta p_{k-1} -$$

$$\left[\left(T_{\mathrm{mm},i+\frac{1}{2}} + T_{\mathrm{mf},i-\frac{1}{2}}\right)\delta p_i + \left(T_{\mathrm{mm},j+\frac{1}{2}} + T_{\mathrm{mm},j-\frac{1}{2}}\right)\delta p_j + \left(T_{\mathrm{mm},k+\frac{1}{2}} + T_{\mathrm{mm},k-\frac{1}{2}}\right)\delta p_k\right] + A_{\mathrm{mm}} \qquad (7-36)$$

$$= \frac{V_{\mathrm{b}}}{\Delta t}\left[\phi_{\mathrm{m}}\rho_{\mathrm{g}}^n\left(Z_{\mathrm{gm}}^m\right)^n\delta S_{\mathrm{gm}} + \phi_{\mathrm{m}}S_{\mathrm{gm}}^n\rho_{\mathrm{g}}^n\delta\left(Z_{\mathrm{gm}}^m\right) + \phi_{\mathrm{m}}S_{\mathrm{gm}}^n\left(Z_{\mathrm{gm}}^m\right)^n\frac{\partial\rho_{\mathrm{g}}}{\partial P}\delta p\right]$$

其中

$$T_{\mathrm{mm},i+\frac{1}{2}} = F_{i+\frac{1}{2}}\left(\rho_{\mathrm{g}}\lambda_{\mathrm{gm}}Z_{\mathrm{gm}}^m\right)_{i+\frac{1}{2}} \qquad\qquad T_{\mathrm{mm},i-\frac{1}{2}} = F_{i-\frac{1}{2}}\left(\rho_{\mathrm{g}}\lambda_{\mathrm{gm}}Z_{\mathrm{gm}}^m\right)_{i-\frac{1}{2}}$$

$$T_{\mathrm{mm},j+\frac{1}{2}} = F_{j+\frac{1}{2}}\left(\rho_{\mathrm{g}}\lambda_{\mathrm{gm}}Z_{\mathrm{gm}}^m\right)_{j+\frac{1}{2}} \qquad\qquad T_{\mathrm{mm},j-\frac{1}{2}} = F_{j-\frac{1}{2}}\left(\rho_{\mathrm{g}}\lambda_{\mathrm{gm}}Z_{\mathrm{gm}}^m\right)_{j-\frac{1}{2}}$$

$$T_{\mathrm{mm},k+\frac{1}{2}} = F_{k+\frac{1}{2}}\left(\rho_{\mathrm{g}}\lambda_{\mathrm{gm}}Z_{\mathrm{gm}}^m\right)_{k+\frac{1}{2}} \qquad\qquad T_{\mathrm{mm},k-\frac{1}{2}} = F_{k-\frac{1}{2}}\left(\rho_{\mathrm{g}}\lambda_{\mathrm{gm}}Z_{\mathrm{gm}}^m\right)_{k-\frac{1}{2}}$$

$$A_{\mathrm{mm}} = T_{\mathrm{mm},i+\frac{1}{2}}\left(p_{i+1}^n - p_i^n\right) + T_{\mathrm{mm},i-\frac{1}{2}}\left(p_{i-1}^n - p_i^n\right) + T_{\mathrm{mm},j+\frac{1}{2}}\left(p_{j+1}^n - p_j^n\right) +$$

$$T_{\mathrm{mm},j-\frac{1}{2}}\left(p_{j-1}^n - p_j^n\right) + T_{\mathrm{mm},k+\frac{1}{2}}\left(p_{k+1}^n - p_k^n\right) + T_{\mathrm{mm},k-\frac{1}{2}}\left(p_{k-1}^n - p_k^n\right)$$

三、差分方程的求解

裂缝系统元素硫差分方程两端同乘以 $\dfrac{\rho_{\mathrm{g}}^n}{1 - C_{\mathrm{s}}^n - C_{\mathrm{s}}'^n}$ 加上气相差分方程得到：

$$\left(BT_{\mathrm{sf},i+\frac{1}{2}} + T_{\mathrm{gf},i+\frac{1}{2}}\right)\delta p_{i+1} + \left(BT_{\mathrm{sf},i-\frac{1}{2}} + T_{\mathrm{gf},i-\frac{1}{2}}\right)\delta p_{i-1} + \left(BT_{\mathrm{sf},j+\frac{1}{2}} + T_{\mathrm{gf},j+\frac{1}{2}}\right)\delta p_{j+1} +$$

$$\left(BT_{\mathrm{sf},j-\frac{1}{2}} + T_{\mathrm{gf},j-\frac{1}{2}}\right)\delta p_{j-1} + \left(BT_{\mathrm{sf},k+\frac{1}{2}} + T_{\mathrm{gf},k+\frac{1}{2}}\right)\delta p_{k+1} + \left(BT_{\mathrm{sf},k-\frac{1}{2}} + T_{\mathrm{gf},k-\frac{1}{2}}\right)\delta p_{k-1} -$$

$$\left[\left(BT_{\mathrm{sf},i+\frac{1}{2}} + T_{\mathrm{gf},i+\frac{1}{2}}\right) + \left(BT_{\mathrm{sf},i-\frac{1}{2}} + T_{\mathrm{gf},i-\frac{1}{2}}\right) + \left(BT_{\mathrm{sf},j+\frac{1}{2}} + T_{\mathrm{gf},j+\frac{1}{2}}\right) + \left(BT_{\mathrm{sf},j-\frac{1}{2}} + T_{\mathrm{gf},j-\frac{1}{2}}\right) +\right.$$

$$\left.\left(BT_{\mathrm{sf},k+\frac{1}{2}} + T_{\mathrm{gf},k+\frac{1}{2}}\right) + \left(BT_{\mathrm{sf},k-\frac{1}{2}} + T_{\mathrm{gf},k-\frac{1}{2}}\right) + V_{\mathrm{b}}\left[B\frac{\left(\Gamma_{\mathrm{smf}}\right)_{i,j,k}}{\rho_{\mathrm{s}}} + \left(\Gamma_{\mathrm{gmf}}\right)_{i,j,k}\right] +\right. \qquad (7-37)$$

$$B\left[f_i\left(u_{\mathrm{s},i+1}^n - u_{\mathrm{s},i}^n\right) + f_j\left(u_{\mathrm{s},j+1}^n - u_{\mathrm{s},j}^n\right) + f_k\left(u_{\mathrm{s},k+1}^n - u_{\mathrm{s},k}^n\right)\right] + BA_{\mathrm{sf}} + A_{\mathrm{gf}}$$

$$= \frac{V_{\mathrm{b}}\phi_f}{\Delta t}\left[B\left(S_{\mathrm{gf}}^n\frac{\partial C_{\mathrm{s}}}{\partial p} + S_{\mathrm{gf}}^n\frac{\partial C_{\mathrm{s}}'}{\partial p}\right) + S_{\mathrm{gf}}^n\frac{\partial\rho_{\mathrm{g}}}{\partial p}\right]\delta p + V_{\mathrm{b}}\left[\left(q_{\mathrm{gf}}\right)_{i,j,k} + \frac{q_{\mathrm{sf}}}{\rho_{\mathrm{s}}}B\right]$$

基质系统元素硫差分方程两端同乘以 $\dfrac{\rho_{\mathrm{g}}^n}{1 - C_{\mathrm{s}}^n - C_{\mathrm{s}}'^n}$ 加上气相差分方程得到：

$$\left[T_{sm,i+\frac{1}{2}}\delta p_{i+1}+T_{sm,i-\frac{1}{2}}\delta p_{i-1}+T_{sm,j+\frac{1}{2}}\delta p_{j+1}+T_{sm,j-\frac{1}{2}}\delta p_{j-1}+T_{sm,k+\frac{1}{2}}\delta p_{k+1}+T_{sm,k-\frac{1}{2}}\delta p_{k-1}\right]$$

$$\left(BT_{sm,j-\frac{1}{2}}+T_{gm,j-\frac{1}{2}}\right)\delta p_{j-1}+\left(BT_{sm,k+\frac{1}{2}}+T_{gm,k+\frac{1}{2}}\right)\delta p_{k+1}+\left(BT_{sm,k-\frac{1}{2}}+T_{gm,k-\frac{1}{2}}\right)\delta p_{k-1}-$$

$$\left[\left(BT_{sm,i+\frac{1}{2}}+T_{gm,i+\frac{1}{2}}\right)+\left(BT_{sm,i-\frac{1}{2}}+T_{gm,i-\frac{1}{2}}\right)+\left(BT_{sm,j+\frac{1}{2}}+T_{gm,j+\frac{1}{2}}\right)+\left(BT_{sm,j-\frac{1}{2}}+T_{gm,j-\frac{1}{2}}\right)+\right.$$

$$\left.\left(BT_{sm,k+\frac{1}{2}}+T_{gm,k+\frac{1}{2}}\right)+\left(BT_{sm,k-\frac{1}{2}}+T_{gm,k-\frac{1}{2}}\right)-V_b\left[B\frac{(\varGamma_{smf})_{i,j,k}}{\rho_s}+(\varGamma_{gmf})_{i,j,k}\right]+\right. \tag{7-38}$$

$$B\left[f_i\left(u_{s,i+1}^n-u_{s,i}^n\right)+f_j\left(u_{s,j+1}^n-u_{s,j}^n\right)+f_k\left(u_{s,k+1}^n-u_{s,k}^n\right)\right]+BA_{sm}+A_{gm}$$

$$=\frac{V_b\phi_m}{\Delta t}\left[B\left(S_{gm}^n\frac{\partial C_s}{\partial p}+S_{gm}^n\frac{\partial C_s'}{\partial p}\right)+S_{gm}^n\frac{\partial\rho_g}{\partial p}\right]\delta p$$

其中

$$B=\frac{\rho_g^n}{1-C_s^n-C_s'^n}$$

由上式可计算出压力增量δp。

整理公式可得显式求解含气饱和度和组分组成的计算式：

$$S_{gf}^{n+1}=S_{gf}^n+\delta S_{gf}$$

$$=S_{gf}^n+\frac{\Delta t}{V_b\phi\left[C_s^n+C_s'^n-1\right]}\left[\left\{T_{sf,i+\frac{1}{2}}\delta p_{i+1}+T_{sf,i-\frac{1}{2}}\delta p_{i-1}+T_{sf,j+\frac{1}{2}}\delta p_{j+1}+T_{sf,j-\frac{1}{2}}\delta p_{j-1}+\right.\right.$$

$$T_{sf,k+\frac{1}{2}}\delta p_{k+1}+T_{sf,k-\frac{1}{2}}\delta p_{k-1}\right]-\left[\left(T_{sf,i+\frac{1}{2}}+T_{sf,i-\frac{1}{2}}\right)\delta p_i+\left(T_{sf,j+\frac{1}{2}}+T_{sf,j-\frac{1}{2}}\right)\delta p_j+\right. \tag{7-39}$$

$$\left(T_{sf,k+\frac{1}{2}}+T_{sf,k-\frac{1}{2}}\right)\delta p_k\right]+A_{sf}+f_i\left(u_{s,i+1}^n-u_{s,i}^n\right)+f_j\left(u_{s,j+1}^n-u_{s,j}^n\right)+f_k\left(u_{s,k+1}^n-u_{s,k}^n\right)-$$

$$\left[\frac{V_b}{\Delta t}\left(\phi_f S_{gf}^n\frac{\partial C_s}{\partial p}\delta p+\phi_f S_{gf}^n\frac{\partial C_s'}{\partial p}\delta p\right)+V_b\frac{q_{sf}}{\rho_s}+V_b\frac{(\varGamma_{smf})_{i,j,k}}{\rho_s}\right]\right\}$$

$$S_{gm}^{n+1}=S_{gm}^n+\delta S_{gm}$$

$$=S_{gm}^n+\frac{\Delta t}{V_b\phi\left[C_s^n+C_s'^n-1\right]}\left[\left\{T_{sm,i+\frac{1}{2}}\delta p_{i+1}+T_{sm,i-\frac{1}{2}}\delta p_{i-1}+T_{sm,j+\frac{1}{2}}\delta p_{j+1}+T_{sm,j-\frac{1}{2}}\delta p_{j-1}+\right.\right.$$

$$T_{sm,k+\frac{1}{2}}\delta p_{k+1}+T_{sm,k-\frac{1}{2}}\delta p_{k-1}\right]-\left[\left(T_{sm,i+\frac{1}{2}}+T_{sm,i-\frac{1}{2}}\right)\delta p_i+\left(T_{sm,j+\frac{1}{2}}+T_{sm,j-\frac{1}{2}}\right)\delta p_j+\right. \tag{7-40}$$

$$\left(T_{sm,k+\frac{1}{2}}+T_{sm,k-\frac{1}{2}}\right)\delta p_k\right]+A_{sm}+f_i\left(u_{s,i+1}^n-u_{s,i}^n\right)+f_j\left(u_{s,j+1}^n-u_{s,j}^n\right)+$$

$$f_k\left(u_{s,k+1}^n-u_{s,k}^n\right)-\left[\frac{V_b}{\Delta t}\left(\phi_m S_{gm}^n\frac{\partial C_s}{\partial p}\delta p+\phi_m S_{gm}^n\frac{\partial C_s'}{\partial p}\delta p\right)-V_b\frac{(\varGamma_{smf})_{i,j,k}}{\rho_s}\right\}$$

$$\left(Z_{gf}^m\right)^{n+1} = \left(Z_{gf}^m\right)^n + \delta\left(Z_{gf}^m\right)$$

$$= \left(Z_{gf}^m\right)^n + \frac{\Delta t}{V_p \phi S_{gf}^n \rho_g^n}\left\{T_{mf,i+\frac{1}{2}}\delta p_{i+1} + T_{mf,i-\frac{1}{2}}\delta p_{i-1} + T_{mf,j+\frac{1}{2}}\delta p_{j+1} + T_{mf,j-\frac{1}{2}}\delta p_{j-1} + \right.$$

$$T_{mf,k+\frac{1}{2}}\delta p_{k+1} + T_{mf,k+\frac{1}{2}}\delta p_{k+1} + T_{mf,k-\frac{1}{2}}\delta p_{k-1} - \left[\left(T_{mf,i+\frac{1}{2}} + T_{mf,i-\frac{1}{2}}\right)\delta p_i + \left(T_{mf,j+\frac{1}{2}} + T_{mf,j-\frac{1}{2}}\right)\delta p_j + \right.$$

$$\left. \left(T_{mf,k+\frac{1}{2}} + T_{mf,k-\frac{1}{2}}\right)\delta p_k\right] + A_{mf} - \frac{V_p}{\Delta t}\left[\phi\rho_g^n\left(Z_{gf}^m\right)^n\delta S_{gf} + \phi S_{gf}^n\left(Z_{gf}^m\right)^n\frac{\partial\rho_g}{\partial p}\delta p\right] - -V_p q_g\left(Z_{gf}^m\right)^n\right\} \tag{7-41}$$

$$\left(Z_{gm}^m\right)^{n+1} = \left(Z_{gm}^m\right)^n + \delta\left(Z_{gm}^m\right)$$

$$= \left(Z_{gm}^m\right)^n + \frac{\Delta t}{V_p \phi S_{gm}^n \rho_g^n}\left\{T_{mm,i+\frac{1}{2}}\delta p_{i+1} + T_{mm,i-\frac{1}{2}}\delta p_{i-1} + T_{mm,j+\frac{1}{2}}\delta p_{j+1} + \right.$$

$$T_{mm,j-\frac{1}{2}}\delta p_{j-1} + T_{mm,k+\frac{1}{2}}\delta p_{k+1} + T_{mm,k-\frac{1}{2}}\delta p_{k-1} - \left[\left(T_{mm,i+\frac{1}{2}} + T_{mm,i-\frac{1}{2}}\right)\delta p_i + \right.$$

$$\left. \left(T_{mm,j+\frac{1}{2}} + T_{mm,j-\frac{1}{2}}\right)\delta p_j + \left(T_{mm,k+\frac{1}{2}} + T_{mm,k-\frac{1}{2}}\right)\delta p_k\right] + A_{mm} - $$

$$\frac{V_p}{\Delta t}\left[\phi\rho_g^n\left(Z_{gm}^m\right)^n\delta S_{gm} + \phi S_{gm}^n\left(Z_{gm}^m\right)^n\frac{\partial\rho_g}{\partial p}\delta p\right]\right\} \tag{7-42}$$

第三节 计算实例

选川东北高含硫气井L7井为例评价硫沉积对气井产能的影响。该气井的相关（解释）资料：原始地层压力41.7MPa，地层温度90℃，储层有效厚度h为10.7m，孔隙度ϕ为9%，绝对渗透率K为10mD，S_{wi}为10%。地层流体组成见表7-1。

表7-1 L7井气体井流物组成

组 分	摩尔分数，%	组 分	摩尔分数，%
H_2S	8.364	C_2	0.07
N_2	0.3	C_3	0.01
CO_2	6.28	He	0.02
C_1	84.97	H_2	0.004

为了研究硫沉积对气藏投产的影响，选择了该气藏包括L7井在内的一部分含气区域进行模拟研究，并假设生产井在该含气区域的中部（图7-1、表7-2）。模拟计算结果如图7-2～图7-7所示。

表7-2 罗家寨气田L7井区域模拟网格参数

网格总数	网格维数	网格步长，m		模拟面积，km²
		I方向	J方向	
441	18×8×1	119.5	120.4	2.05

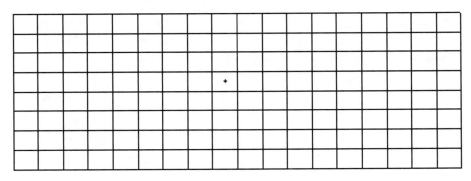

图7-1 罗家寨气田L7井区域模拟网格平面分布

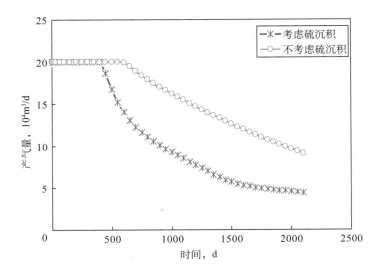

图7-2 定压生产模拟日产气量对比曲线

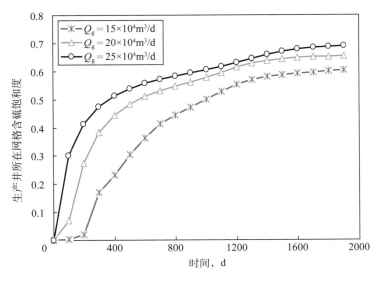

图7-3 产气量对硫沉积速度影响的对比曲线

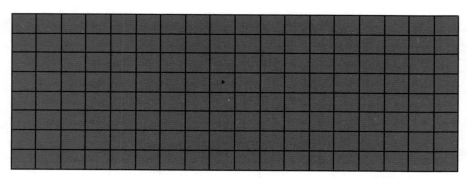

图7-4　初始时刻网格中硫微粒的沉积量（单位：g）

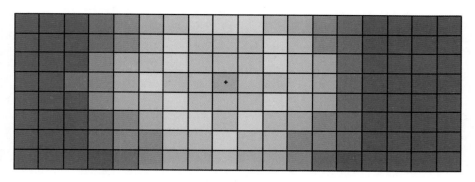

图7-5　100天时网格中硫微粒的沉积量（单位：g）

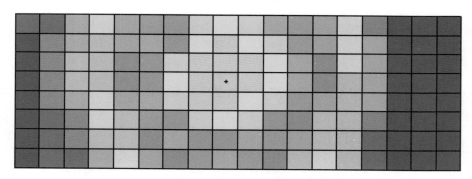

图7-6　300天时网格中硫微粒的沉积量（单位：g）

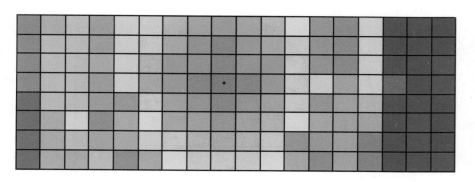

图7-7　600天时网格中硫微粒的沉积量（单位：g）

硫沉积对气井生产造成的影响表现如下：

（1）由于假设气藏在初始时刻饱和溶解元素硫，因此当存在压降时，元素硫就会析出。

（2）在远井区域，由于压降较小，气体流动速度不大，其气流速度往往不能携带硫微粒运移，因此在这些区域也存在元素硫的析出，以及硫微粒的沉积[7]。

（3）硫微粒主要在近井区域沉积。这主要有两方面的原因：一是在近井区域压降较大，析出的硫微粒较多，另外气流远处携带的硫微粒运移至该区域，使得硫微粒的浓度增加；另一方面，虽然近井区域气流的流速较大，但由于硫微粒浓度较大，而且高速的气流加剧了微粒与孔隙壁的碰撞，因此硫微粒在孔隙中的吸附较强，即因吸附而引起的硫沉积加重。

（4）硫沉积导致气井的稳产时间缩短，在递减期内的产量递减速度加快，并且气井产量越大，地层的压降也越大，硫沉积速度也就越快。

因此，合理配产对预防和控制硫沉积都具有重要意义，同时也是科学、高效开发高含硫气藏的关键。

参 考 文 献

［1］郭肖，等.高含硫裂缝性气藏流体渗流规律研究进展［J］.天然气工业，2006，26(1):30－33.

［2］Roberts B E. The Effect of Sulfur Deposition on Gas Well Inflow Performance［C］. SPE Reservoir Engineering，1997:118.

［3］叶慧平，等.酸性气藏开发面临的技术挑战及相关对策［J］.石油科技论坛，2009(4)：63－65.

［4］张文亮.高含硫气藏硫沉积储层伤害实验及模拟研究［D］.成都：西南石油大学，2010.

［5］张勇，杜志敏，郭肖，等.硫沉积对高含硫气藏产能影响数值模拟研究［J］.天然气工业，2007，27(6):94－96，157.

［6］张勇.高含硫气藏硫微粒运移沉积数值模拟研究［D］.成都：西南石油学院，2005.

［7］陈依伟.高含硫气井井筒硫沉积预测研究［D］.成都：西南石油大学，2010.

第八章　天然气水合物

第一节　水合物形成机理

酸性天然气中通常含有水，水在天然气中以气态或液态形式存在。在高温地层条件下，水蒸气分压高，天然气中的水含量相对较高[1—3]。在井口和管输过程中，尤其在冬季气温较低的情况下，天然气中的水蒸气将以液态水的形式析出，在一定条件（合适的温度、压力、气体组成、水的盐度、pH值等）下，水可以与天然气中的某些组分形成类冰的、非化学计量的笼形结晶混合物，即称为水合物（Natural Gas Hydrate，简称Gas Hydrate）。

图8—1所示为自然界中天然气水合物的3种基本结构。

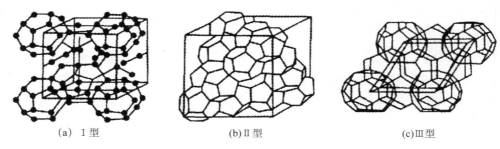

(a) I 型　　　　　　　　(b) II 型　　　　　　　　(c) III 型

图8—1　自然界中天然气水合物的3种基本结构

天然气水合物的生成主要需要以下3个条件：

（1）满足一定的压力条件，只有当系统压力大于它的水合物分解压力时，才能生成水合物；

（2）满足一定的温度条件，天然气形成水合物有一个临界温度，只有当系统温度低于这个临界温度时才有可能形成水合物；

（3）天然气中含有足够的水分，以形成空穴结构。

此外，根据现场的实际经验，气体压力波动、气体流动方向突变而产生的涡流、酸性气体的存在、微小水合物晶核的诱导等因素对水合物的形成也具有一定的影响。

水合物的形成过程包括气液溶解、核化、生长和稳定4个阶段，即气体溶解于水中，在过冷或过饱和时生成亚稳态结晶；水合物的成核是指形成达到临界尺寸的稳定水合物核的过程；水合物的生长是指稳定核的成长过程；水合物逐步生成后，将进行一定的变形以减小表面积和自由能，即稳定阶段。水合物晶核的形成有一定的诱导期，诱导期具有很大的随机性，其成核、生长的过程和机理都非常复杂。

研究水合物形成动力学具有如下的工程意义：

（1）寻找抑制水合物形成的方法，即找到高效的防止因水合物形成而堵塞油气输送管道的方法。

（2）寻找促进水合物形成的方法，以满足水合物储天然气、水合物储氢、水合物二氧化碳埋存以及快速高效合成水合物及沉积物的需求。

（3）将气体水合物形成应用于空调蓄冷技术和水合物成藏评估等。

一、纯水合物的形成

合成水合物一般有两种方法：一种是将气体（气态或液态）与水混合，调节温度和压力至水合物形成；另一种是将冰的粉末与气体反应。两种方法各有优缺点：前者满足在有充足气源条件下水合物的形成条件，不能反映气体完全溶解于水中的形成条件；后者可以使水合物快速形成，但不能反映水合物形成的实际情况。

二、沉积物中水合物的形成

沉积物中水合物的形成与纯水合物形成的主要区别在于沉积物骨架的存在，沉积物的孔隙尺度、沉积物颗粒表面的物理化学性质、颗粒级配、形状、渗透性等因素会对水合物的相平衡条件产生较大的影响。

尽管近年来对纯水合物开展了广泛的研究，但是有关沉积物中水合物的形成机制还需要研究[4]。其中第一个问题是低可溶性气体与水结合形成水合物的机制。理论上讲，水合物可以完全由溶解于水中的气体形成而不需要气相存在，但是这种情况在实验室中很难实现，这对分析海底沉积物中天然气水合物的形成非常重要。第二个问题是孔隙尺度和沉积物颗粒表面的物理化学性质等因素对水合物的形成、增长和分布的影响。沉积物中水合物的稳定性主要取决于压力、温度、气体的组成和孔隙水的盐度，同时深海沉积物的物理性质和表面化学性质也影响水合物的热动力状态、增长动力学、空间分布、增长形式等。

综上所述，纯水合物的形成主要取决于温度、压力、气体组成和孔隙水盐度等因素，沉积物中水合物的形成除了纯水合物形成因素之外，还要考虑沉积物孔隙尺度、颗粒表面的物理化学性质、颗粒级配、形状、渗透性等因素对水合物的热动力状态、增长动力学、空间分布、增长形式等的影响。

第二节　高温高压高含H_2S或CO_2气井水合物实验

国内外对于含CO_2或H_2S体系中气体水合物相平衡条件研究较少，仅有的一些实验也只是在比较窄的温度和压力范围内开展的，并且酸性气体浓度也很低[5, 6]。1954年，Noaker和Katz测试了含甲烷和硫化氢混合物中水合物的生成条件，H_2S的最大含量为22%，温度的变化范围3.3～18.9℃，压力范围1.03～6.8MPa；1967年，Robinson和Hutton测试了甲烷、硫化氢、二氧化碳三组分混合物中水合物生成情况，实验压力15.9MPa，实验温度24.4℃，硫化氢的含量为5%～15%；Adisasmito和Sloan（1992）测定了CO_2和烃类混合物中水合物的相平衡条件；Carroll和Masher（1991）评价了现有H_2S—CO_2体系中水合物生成条件；Dholabhai和Bishnoi（1994）测定了CH_4和CO_2水合物在电解质水溶液中的平衡条件；四川石油管理局的王丽等对高含硫气体水合物形成机理开展了实验研究，实验气样中硫化氢的含量为1.73%～16.05%；中国石油大学（北京）黄强等测定了$CH_4+CO_2+H_2S$三元酸性天然气在纯水条件下水合物的生成条件数据，实验温度范围为274.2～299.7K，压力范围为0.58～8.68MPa，实验用气样中H_2S和CO_2的浓度分别为4.95%～26.62%和6.81%～10.77%。

一、实验目的及设备

实验目的是分析高酸性气体、醇类和电解质对气体水合物形成的影响。实验所用的测试高酸性气体水合物装置最大工作压力为70MPa，最低工作温度达到了-50℃，能用于测试高酸性气体水合物生成条件以及其他一系列高温高压流体相态实验测试。

二、实验结果

1. H_2S气体的影响

H_2S气体对水合物形成的影响见表8-1和图8-2，并由此可以得出以下认识：

表8-1 不同H_2S气体水合物形成温度

压力，MPa	不同H_2S含量下水合物形成温度，K				
	0.00	11.80%	20.00%	28.80%	40.00%
16.00	294.2	299.0	301.4	302.9	303.4
15.00	293.7	298.7	301.3	302.8	303.4
14.00	293.3	298.5	301.1	302.8	303.4
13.00	293.0	298.2	300.9	302.7	303.4
12.00	292.6	297.8	300.7	302.5	303.4
11.00	293.0	297.4	300.4	302.4	303.4
10.00	291.8	295.9	300.1	303.0	303.4
9.00	291.3	295.5	299.6	301.8	303.3
8.00	290.6	295.7	299.1	301.4	303.0
7.00	289.9	295.0	298.4	300.8	302.5
6.00	288.9	293.9	297.5	300.0	301.9
5.00	287.7	292.6	296.2	298.9	300.9
4.00	286.1	290.9	294.6	297.3	299.5
3.00	283.9	288.4	292.3	295.1	297.4

（1）H_2S含量越高，水合物的形成温度越高。当H_2S含量大于10%时，水合物形成温度比不含H_2S时的形成温度可能高出10℃以上；

（2）H_2S含量超过30%条件下与纯H_2S条件下水合物生成温度基本相同；

（3）在低压下水合物形成温度随压力的增大，增加趋势较大，而在高压下增加的趋势相对平缓，这就是说，压力越低，水合物形成温度对压力的变化越敏感。

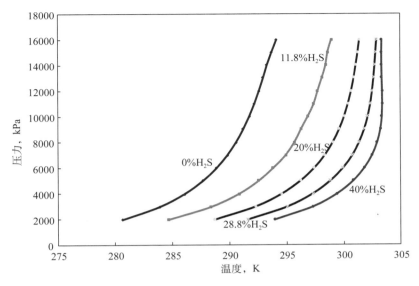

图8-2 H₂S含量对气体水合物形成的影响

2. 醇类的影响

为了对比研究甲醇与乙二醇的抑制效果，本次实验进行了20%（质量分数）甲醇、20%（质量分数）乙二醇体系水合物实验，实验结果见表8-2和图8-3。

表8-2 醇类水合物形成温度测定结果

实验压力，MPa	水合物形成温度，K			
	纯水	20%①甲醇	20%①乙二醇	10%①甲醇+10%①乙二醇
5	282.9	274.3	278.5	276.3
10	288.0	279.1	283.7	281.4
15	290.6	281.5	286.2	284.0
20	292.4	283.2	287.8	285.7
25	293.7	284.3	289.1	287.1

①质量分数。

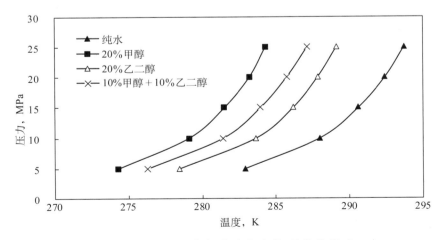

图8-3 不同种类醇对水合物形成的影响

可以看出，醇类对水合物的形成有很大的抑制作用，且甲醇的效果优于乙二醇。在相同压力下，20%甲醇比20%乙二醇体系水合物形成温度低5℃左右。10%甲醇＋10%乙二醇抑制效果介于20%甲醇与20%乙二醇的中间。

3. 电解质的影响

为了对比研究NaCl与CaCl₂的抑制效果，本次进行了10%NaCl，10%CaCl₂和20%NaCl体系的水合物实验，具体结果见表8-3、图8-4。

表8-3　10%NaCl，10%CaCl₂和20%NaCl水合物温度测定结果

实验压力，MPa	水合物形成温度，K			
	纯水	10%NaCl	10%CaCl₂	20%NaCl
5	282.9	278.2	278.7	270.7
10	288.0	283.5	284.0	275.8
15	290.6	286.1	286.6	278.3
20	292.4	287.7	288.3	279.9
25	293.7	289.0	289.6	281.2

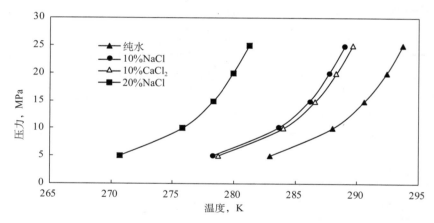

图8-4　10%NaCl，10%CaCl₂和20%NaCl水合物形成温度对比

由图表可以看出，相同浓度NaCl的抑制效果比CaCl₂好，但是相差不大。当NaCl浓度从10%增加到20%时，水合物形成温度大大降低，20%NaCl产生的温度降大约是10%NaCl的2.8倍。

第三节　水合物预测模型

一、水合物预测方法简介

现在已经有多种方法可以用来预测天然气水合物生成的压力和温度。主要可分为经验图解法、经验公式法、平衡常数法和气体水合物相平衡热力学模型法4类：

（1）经验图解法。主要是根据天然气不同密度做出天然气水合物形成温度和压力的关系曲线，来预测气体水合物生成条件的方法。如果已知天然气的相对密度，则可以通过查图查出天然气形成水合物的温度压力条件，如果天然气相对密度在两条曲线之间，可以采用内插法近似计算。这种方法简单、方便，但不适合于计算机计算，且精确度较差，只能用来大致预测水合物的形成条件。

（2）经验公式法。通过对大量现场资料或者实验所得曲线进行分析，得到水合物生成的温度与压力的经验公式，依照这样的公式来实现对水合物生成的温度和压力的预测，比较常见的有波诺马列夫方法等。

（3）平衡常数法。1941年Katz等将固态水合物与溶液做了类比，提出了平衡常数法。把水合物看做是气体溶解于固体中而形成的溶液，以气—固平衡常数来达到对水合物生成条件预测的目的。这种预测水合物的方法得到广泛使用。平衡常数法计算简单，考虑的情况也简略，所以预测结果误差也较大。

（4）气体水合物相平衡热力学模型法。20世纪50年代早期确定了水合物的晶体结构后，在微观性质的基础上建立描述宏观性质的水合物理论，即通过统计热力学来描述客体分子占据孔穴的分布。这种方法也被认为是将统计热力学成功应用于实际体系的范例。最初的水合物热力学模型由Barrer和Stuart提出，Vander Waals和Platteuw将其精度改进提高，建立了具有统计热力学基础的理论模型，即Vander Waals–Platteuw模型，因此他们被看做水合物热力学理论的创始人。现有大部分预测水合物生成条件的热力学模型都是以Vander Waals–Platteeuw模型为基础。由于相平衡热力学模型推导严密，计算准确，因此在水合物预测方面得到了广泛的应用。热力学模型法计算比较复杂，需要利用计算机求解。

二、高酸性相平衡热力学模型

目前大部分用于预测水合物生成的热力学模型都是vdW–P模型。该模型把水合物考虑成理想的固体溶液，并忽略了体积变化对水合物化学势的影响，预测天然气水合物生成压力误差在15%左右，预测凝析气水合物生成压力误差在30%左右。所以在vdW–P模型的基础上进行改进，引入活度系数来表征体积变化对水合物生成条件的影响，针对酸性气体建立适用于含电解质和极性抑制剂体系水合物相与水相中的逸度计算模型，并以此为基础建立高酸性气体水合物热力学平衡模型[7, 8]。

1. 水合物相化学势改进

理想溶液中各种分子之间的相互作用力均相同，所以当几种纯物质混合构成理想溶液时，没有热效应产生，也就不会带来体积改变。原始的vdW–P模型把水合物考虑成理想固体溶液，忽略了主体分子的伸展以及分子的运动，这将增加水分子与客体分子的化学势，因此，该模型预测得到的水合物分解压力偏高。后来人们通过调整势能函数的参数来减弱主客体分子的相互作用，得出的Langmuir常数有所减小，水合物分解压力预测与实验值比较接近，但是这一方法始终缺乏理论依据。近年来研究表明，在100MPa时，水合物晶格体积发生0.5%的改变，会造成分解压力值发生15%的偏移。这一现象说明水合物晶格体积变化对水合物的预测结果有着重要影响。可见高压体系水合物相平衡问题中必须考虑水合物晶格体积变形对结果的影响。

1）水合物晶格变形

vdW–P模型假设水合物为理想固体溶液，水合物是在定容过程中生成的，即客体分子进入空水合物空腔前后水合物摩尔体积保持不变，水合物形成过程中自由能的变化仅仅是由于气体小分子进入水合物空腔引起的，而与气体分子的大小和组成无关，如图8—5所示。

图8—5 客体分子对水合物体积无影响（$v_\beta = v_H$）

水在水合物中的化学势可以表示为每个客体分子在每个空腔占有率的函数：

$$\mu_H = g_{w\beta} + RT\sum_m v_m \ln\left(1 - \sum_i \theta_{im}\right) \tag{8-1}$$

式中 μ_H——完全填充的水合物晶格中水的化学位；

v_m——m型空腔的百分数；

θ_{im}——组成i在孔穴m的占有率；

R——气体常数；

$g_{w\beta}$——水合物空腔的自由能。

在式（8—1）中，假设水合物空腔的自由能$g_{w\beta}$在给定温度、体积下为已知，空的水合物晶格体积与平衡时的水合物体积相等，化学势的变化仅由客体分子的进入引起。

Sloan等在表征水合物的非理想性时在模型中引入了水的活度系数这一概念，用来反映由于体积改变对自由能变化的影响，如图8—6所示，气体分子进入空腔形成水合物的过程可以分解为两步：第一步保持晶格体积不变，体系能量的改变只取决于分子进入空腔，可以用vdW—P统计模型来描述；第二步仅仅是晶格体积发生改变，这一过程可以用活度系数来描述。

用于计算水合物的化学势的公式为：

$$\mu_H = g_{w\beta} + RT\sum_m v_m \ln\left(1 - \sum_i \theta_{im}\right) + RT\ln\gamma_{wH} \tag{8-2}$$

与式（8—1）相比，式（8—2）右端引入了活度系数相$\ln\gamma_{wH}$。模型还将活度系数与体积变化相关联，假定活度系数是体积变化的函数，并且活度系数必须满足下面的条件：

$$\Delta v_H \longrightarrow 0, \qquad \gamma_{wH} \longrightarrow 1 \tag{8-3}$$

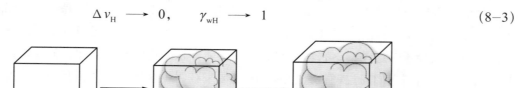

图8—6 水合物形成过程晶格体积的变化（$v_\beta \neq v_H$）

活度定义为溶液中组分的逸度与该组分在标准态下的逸度之比，以表示真实溶液对理想溶液的偏离。在处理非理想溶液时，引入活度概念有助于我们对真实浓度进行校正。活度与摩尔分数之比称为活度系数。从严格的意义说，活度系数能够描述由于体积改变而引起的能量变化，具体表现为标准晶格吉布斯自由能的变化。

$$\mu_{wH} = g_{w\beta} + \Delta g_{w\beta} + RT\sum_m v_m \ln\left(1 - \sum_i \theta_{im}\right) \tag{8-4}$$

其中

$$\Delta g_{w\beta} = \frac{\Delta g_{W_0\beta}}{RT_0} - \int_{T_0}^{T} \frac{\Delta h_{w\beta}}{RT^2}dT + \int_{p_0}^{p} \frac{\Delta v_H}{RT}dp \tag{8-5}$$

由此得到的活度系数表达式为：

$$\ln \gamma_{wH} = \frac{\Delta g_{W_0\beta}}{RT_0} + \frac{\Delta h_{w\beta}}{RT^2}\left(\frac{1}{T} - \frac{1}{T_0}\right) + \int_{p_0}^{p} \frac{\Delta v_H}{RT}dp \tag{8-6}$$

为了满足式（8-3）的条件，特作如下假设：

$$\Delta g_{W\beta} = a\Delta v_{H_0} \tag{8-7a}$$

$$\Delta h_{W\beta} = b\Delta v_{H_0} \tag{8-7b}$$

式中 a，b——与结构有关的常数。

水合物的摩尔体积由式（8-8）表示：

$$v_H(T, p, \overline{x}) = v_0 \exp\left[\alpha_1(T-T_0) + \alpha_2(T-T_0)^2 + \alpha_3(T-T_0)^3 - \kappa(p-p_0)\right] \tag{8-8}$$

式（8-8）中，热膨胀系数 α_1，α_2 和 α_3 仅为水合物结构的函数；压缩系数 κ 为水合物结构及组成的函数。

2）水相活度的计算

建立含抑制剂体系的水合物热力学预测模型的关键，在于采用合适的活度系数模型准确描述抑制剂对水溶液相中水的活度的影响，而对水合物相，vdW-P模型依然成立。

活度定义为溶液中组分的逸度 f_{wAq} 与该组分标准态下的逸度 f_i^0 之比。对于水组分，其活度计算式为：

$$a_w = \frac{f_{wAq}}{f_i^0} \tag{8-9}$$

式中 f_{wAq}——溶液中水的逸度；

f_i^0——水在系统温度和压力下的逸度。

根据逸度与逸度系数的关系，式（8-9）可以写为：

$$a_w = x_w \frac{\phi_w}{\phi_w^0} \tag{8-10}$$

式中 ϕ_w——实际水溶液中水的逸度系数；

x_w——水溶液中水的摩尔分数；

ϕ_w^0——水在相同条件下的逸度系数。

2. 水—气—电解质-醇类体系的相平衡计算

水—气体系和水—气—盐—醇体系中气液相平衡的热力学模型研究一直是一个难点。这是因为水是一种强极性分子，与非极性或弱极性的烃类分子如甲烷、乙烷等有着很大的差异，导致水—气体系的高度不对称性，其气—液相平衡难以采用热力学模型处理。随着状态方程的发展，研究者越来越倾向于采用状态方程解决流体相平衡问题。

早期建立的状态方程（例如PR方程，RK方程，PT方程等）如果改进混合规则，就能定量预测含极性物质体系的相平衡，在这方面PT方程明显优于其他方程，目前利用改进的状态方程主要计算气体溶解度、电解质体系及醇类体系单独对水合物生成的影响，还不能计算电解质与醇类的混合物对水合物生成的影响。基于前人的研究，采用改进的PT状态方程——VPT状态方程计算流体相逸度，采用NDD混合规则计算极性—非极性和极性—极性分子之间的相互作用。

1）改进的PT方程

Valderrama改进得到的VPT状态方程为：

$$p = \frac{RT}{V-b} - \frac{a(T)}{V^2 + (b+c)V - bc} \tag{8-11}$$

其中

$$a = a_c \alpha(T_r)$$

式中　a，b，c——状态方程参数；

　　　V——理想气体的体积；

　　　T——理想气体的热力学温度；

　　　R——理想气体常数。

Avlonitis等给出了如下公式来关联甲醇与水的$\alpha(T_r)$：

$$\alpha(T_r) = \left[1 + m\left(1 - T_r^{\psi}\right)\right]^2 \tag{8-12}$$

对于甲醇：$m = 0.76757$，$\Psi = 0.67933$；对于水：$m = 0.72318$，$\Psi = 0.52084$。

在所采用的混合规则中，引力项参数a被分成了两部分：传统混合规则部分（a^C）和不对称贡献部分（a^A），即：

$$a = a^C + a^A \tag{8-13}$$

$$a^C = \sum_i \sum_j x_i x_j \left(a_i a_j\right)^{0.5} \left(1 - k_{ij}\right) \tag{8-14}$$

$$a^A = \sum_p x_p^2 \sum_i x_i a_{pi} l_{pi} \tag{8-15}$$

$$a_{pi} = \sqrt{a_p a_i} \tag{8-16}$$

式中　k_{ij}——二元交互系数，可以在相关文献查到；

　　　下标p——极性组分；

　　　l_{pi}——极性组分与其他组分之间的二元交互系数，它是温度的函数。

$$l_{pi} = l_{pi}^0 - l_{pi}^1 (T - T_0) \tag{8-17}$$

式中　l_{pi}^0，l_{pi}^1——二元交互系数，可从相关文献查得；

　　　T_0——冰点，K。

有一点需要注意，在传统混合规则中，对于非极性—非极性的组合二元交互系数k_{ij}和k_{ji}具有相同的数值。然而，上述系数在非极性—极性组合中却并不一定相等。状态方程的参数b和c由传统混合规则计算：

$$b = \sum_i x_i b_i \tag{8-18}$$

$$c = \sum_i x_i c_i \tag{8-19}$$

式中 x_i——组分i的摩尔分数。

VPT方程的立方形式为：

$$Z^3 + (C-1)Z^2 + [A-C-B(B+2C+1)]Z + B(BC+C-A) = 0 \tag{8-20}$$

式中 Z——混合气体的偏差因子。

A，B和C的计算式为：

$$A = \frac{ap}{(RT)^2} \tag{8-21}$$

$$B = \frac{bp}{RT} \tag{8-22}$$

$$C = \frac{cp}{RT} \tag{8-23}$$

逸度系数表达式为：

$$
\begin{aligned}
\ln \phi_i = &-\ln(Z-B) + \frac{B_i}{Z-B} - \frac{\ln\left(\frac{Q+D}{Q-D}\right)}{D}\sum_j y_j A_{ij}(1-k_{ij}) + \frac{A(B_i+C_i)}{2(Q^2-D^2)} + \\
&\frac{A}{8D^3}\left[\ln\left(\frac{Q+D}{Q-D}\right) - \left(\frac{2QD}{Q^2-D^2}\right)\right]\left[C_i(3B+C) + B_i(3C+B)\right] - \\
&\frac{\ln\left(\frac{Q+D}{Q-D}\right)}{D}\left(y_i\sum_j y_i A_{ij}l_{ij} + \frac{1}{2}\sum_j y_i^2 A_{ij}l_{ij} - \frac{1}{2}\sum_p\sum_j y_p^2 y_j A_{pj}l_{pj}\right)
\end{aligned}
\tag{8-24}
$$

其中

$$A_{ij} = \sqrt{a_i a_j}\,p/(RT)^2 \tag{8-25}$$

$$Q = Z + \frac{(B+C)^2}{4} \tag{8-26}$$

$$D = \sqrt{BC + \frac{(B+C)^2}{4}} \tag{8-27}$$

当没有极性分子组分存在时，式（8-24）中最后一项为零。

2）电解质拟组分化

将盐类组分视为拟组分，它的临界参数可以通过实验数据拟合优化得到，临界参数及交互作用系数采用Rahim的拟合结果。采用上节给出的VPT状态方程对盐进行模拟。对于NaCl和KCl，假定

Ω_{ac}=0.06276来对VPT状态方程中的参数a进行求解，其他盐类可以通过对NaCl的等效系数来求得所需参数。

3. 含抑制剂体系冰点的确定

水合物的平衡条件是水在水合物相的化学势与其在共存相的化学势相等，共存相有可能是富水相或冰相。不同的共存相有不同的化学势表达式，因此，计算的第一步是判定与水合物共存相的相态。目前无论在纯水体系还是抑制剂体系，均把273.15K作为冰相与水相的分界线，这造成了错误的水合物的热力学基础数据的选择，这是造成目前低温水合物预测误差较大的原因。改进的办法是采用Nielsen等的冰点下降值与抑制剂浓度关系的二元线性回归方程，来确定冰相与水相的分界线。

4. 改进后的水合物预测模型

基于前面的改进，建立了基于状态方程的水合物综合模型：

$$\frac{\Delta\mu_w^0}{RT_0} - \frac{\Delta C_{pw}^0 T_0 - \Delta h_w^0 - 2/bT_0^2}{R}\left(\frac{1}{T} - \frac{1}{T_0}\right) - \frac{\Delta C_{pw}^0 - bT_0}{R}\ln\frac{T}{T_0} -$$
$$\frac{b}{2R}(T - T_0) + \frac{\Delta V_w}{RT}(p - p_0) - \ln\frac{x_w\phi_w}{\phi_w^0} = \sum_m v_m \ln(1 - \sum_i \theta_{im}) + \ln\gamma_{wH} \tag{8-28}$$

式中　$\Delta\mu_w^0$——W相基准化学位；

ΔC_{pw}^0——T_0时（一般取T_0=273.15K）β相与纯水相的比热容差；

Δh_w^0——T_0时（一般取T_0=273.15K）β相与纯水相的焓差；

ΔV_w——β相和W相（富水相）间的体积差；

b——表示比热容的温度系数；

ϕ——实际水溶液中水的逸度系数；

x_w——在无电解质以及无溶解气的情况下醇水溶液中水的摩尔分数；

ϕ_w^0——纯水在相同条件下的逸度系数；

θ_{im}——组成i在孔穴m的占有率；

γ_{wH}——活度系数。

T_0和p_0分别是参考温度和压力，可取T_0=273.15K，p_0=1atm(1atm=101325Pa)。

与常规模型相比，本模型具有以下优点：

（1）对气相中各组分的逸度系数和水相中水的活度，采用统一的热力学模型计算，增强了热力学一致性；

（2）将电解质视为拟组分，简化了所需的参数，形式结构更加简洁；

（3）修正水合物理想溶液假设条件，将水合物体积考虑为温度、组分、压力的函数，水合物能量综合考虑了气体分子填充与体积变化双重影响；

（4）引入气体溶解度修正，考虑了高酸性气体溶解对水合物形成条件的影响；

（5）改进模型实现了电解质、醇类模型的统一，可同时预测含电解质、含醇类及含其混合物的水合物的生成条件。

第四节　防止水合物堵塞的方法

从天然气水合物生成的热力学条件可以看出，通过除去天然气中的水分（脱水）、升温或降压均可阻止天然气水合物生成。脱水在长输天然气管线中是一种经济、有效的方法。升温在比较温暖的地区、井内或短距离集输中是一种常用的方法。降压会影响正常作业，仅在解除天然气水合物堵塞时可以使用，但不安全，天然气水合物解堵瞬间压差突变易使管线变形或折断[9]。

用抑制剂防止天然气水合物堵塞已获得广泛应用[10]。天然气水合物抑制剂可分为热力学抑制剂（The Thermodynamic Hydrate Inhibitor）、动力学抑制剂（Kinetic Hydrate Inhibitor，简称KHI）和防聚剂（Anti-Agglomerant，简称AA）三大类。动力学抑制剂和防聚剂的用量（0.1%~1%）远低于热力学抑制剂的用量（10%~50%），所以又叫做低用量水合物抑制剂（Low Dosage Hydrate Inhibitor，简称LDHI）。

一、热力学抑制剂

热力学化学剂抑制法是目前用于水合物控制的最常用方法。这些热力学抑制剂能够通过降低水分子的活性，使水合物平衡曲线向较高压力和较低温度移位，从而使操作运行条件位于水合物稳定区域之外。实际上它是一种防冻液。

热力学抑制剂是一些水溶性的有机物或无机物，通过降低水合物生成温度起防止水合物生成的作用。1939年，Hamme-rschmidt给出天然气水合物生成温度下降ΔT与抑制剂水溶液质量分数W的经验关系式：

$$\Delta T = \frac{KW}{M(100-W)} \tag{8-29}$$

式中　M——阻止剂的摩尔质量，kg/mol；

　　　K——与抑制剂种类有关的经验常数，醇类为1228。

1955年，Pieroen根据热力学推导，给出了非电解质抑制剂使气体水合物生成温度下降ΔT与抑制剂水溶液摩尔分数x的理论关系式：

$$\Delta T = \frac{nRT_0^2}{\lambda} x \tag{8-30}$$

式中　n——气体水合物中水分子数目；

　　　R——气体常数，取1.987 J/(mol·K)；

　　　λ——在T_0时含n mol水的1mol气体水合物的生成热量，J/mol；

　　　T_0——无抑制剂时气体水合物的生成温度，K。

1982年，贺承祖根据热力学推导，给出了气体水合物生成温度下降值ΔT与抑制剂水溶液冰点下降值$\Delta T'$之间的理论关系式：

$$\Delta T = \frac{n\lambda'}{\lambda} \left(\frac{T_0}{T_0'} \right)^2 \Delta T' \tag{8-31}$$

式中　n——气体水合物中水分子数目，天然气为18；

T_0，T'_0——无抑制剂时气体水合物的生成温度和水的冰点；

λ，λ'——气体水合物的生成热和冰的融化热。

将天然气水合物的有关常数：$n=18$，$\lambda=-41kcal/mol$，$\lambda'=-1.44kcal/mol$，$T_0=289K$，$T'_0=273.2K$代入式（8-31），得到：

$$\Delta T=0.666\Delta T' \qquad (8-32)$$

热力学抑制剂主要为醇和无机盐类，醇类中以甲醇和乙二醇应用最广。甲醇水溶性好，黏度低，作用迅速，容易回收；缺点是挥发性强，压力较低时，75%进入气相而不起作用。不过，由于水合物生成温度随压力的降低而升高，所以压力降低时甲醇进入气相并无大碍。乙二醇挥发性低，蒸发损失小，无毒，但降低天然气水合物生成温度效果偏低。无机盐中以氯化钙较为理想，其价格低廉，且降低天然气水合物生成温度效果比甲醇要好。一般认为氯化钙等电解质会增加水的腐蚀性，但实验表明，在无氧环境中氯化钙不会增加水的腐蚀性。

表8-4为3种抑制剂水溶液，冰点下降$\Delta T'$和天然气水合物生成温度下降ΔT。

表8-4　3种抑制剂水溶液冰点下降$\Delta T'$和天然气水合物生成温度下降ΔT　　单位：℃

抑制剂（$W=30\%$）	$\Delta T'$	ΔT
甲醇	25.9	17.2
乙二醇	14.6	9.7
氯化钙	41.0	27.3

二、动力学抑制剂

动力学抑制剂是一些高分子聚合物，它们通过吸附于水合物笼形晶格表面，阻止气体分子进入孔隙，延迟水合物成核和晶核生长时间，使其在管输期间不生成水合物。聚乙烯基吡咯烷酮（PVP）是最早开发的动力学抑制剂，被称为第一代动力学抑制剂，现已开发出3种第二代动力学抑制剂：含七元内酰胺环的N-乙烯基内酰胺聚合物（PVCap）、N-乙烯基吡咯烷酮/N-乙烯基内酰胺二元共聚物和N-乙烯基吡咯烷酮/N-乙烯基内酰胺/N，N-二甲胺基乙基异丁烯酸酯三元共聚物。聚氧乙烯本身不具有动力学抑制剂的性质，但少量聚氧乙烯可明显提高动力学抑制剂的性能，值得进一步研究。

近年来Exxon，BP，Shell和Arco等公司在各自的海上输气管线上进行了现场试验，在加量为0.3%~0.5%时可耐10℃左右的过冷度，水合物生成的延迟时间取决于水合物形成的过冷度、动力学抑制剂的性能和加量。目前动力学物抑制剂能承受的过冷度最高值为10~12℃。

三、防聚剂

1991年，Behar等发现在水油体系中加入一定量的表面活性剂，能使体系形成稳定的油包水型乳状液，从而开始了防聚剂的研究。防聚剂（AA）主要是一些表面活性剂和低分子聚合物，通过分散作用防止水合物晶体的聚集，使水合物呈微小颗粒悬浮于油相中，随生产流体一起呈浆状输送，不发生沉积或堵塞。防聚剂最大的优点是不受过冷度的影响，虽然比动力学抑制剂开发得晚，但发展迅速。

迄今文献中报道的比较典型的防聚剂有：溴化物的季铵盐（QAB）、烷基芳香族磺酸盐（Dobanax系列）及烷基聚苷（Dohanol）等。防聚剂的性能与油相组成、含水量和水的含盐量有关。一般防聚剂较昂贵，分散性能有限，并与油气体系有很大的关联性，所以目前在油气行业中应用较少。但是防聚剂可以促进动力学抑制剂的抑制能力；此外，液态和非挥发性防聚剂也可作为动力学抑制剂的溶剂。防聚剂和其他抑制剂或几种防聚剂复合使用的研究开发也是其发展方向之一。

四、各种水合物抑制剂的应用和前景

热力学抑制剂具有悠久的历史，至今仍然被广泛应用。它的优点是可用于−40℃以下的高寒地区，不受过冷度的限制，不会因停输而失去作用，不受作用时间的限制。缺点是加量大，特别是过冷度较高时尤为突出。不过，像甲醇这样的水合物抑制剂容易回收，循环使用，从而降低使用成本。

动力学抑制剂是近代发展起来的一类新的水合物抑制剂，并已在多个海上输气管线上进行过成功试验。它的优点是用量低，缺点是能承受的过冷度有限（最高值为10~12℃），难以在高寒地区使用。防聚剂也是近代发展起来的一类新的水合物抑制剂，尚处于实验室研究阶段。它的优点是不受过冷度和作用时间的限制，缺点是仅适用于凝析气井和油井，在凝析油含量较低的气流或水含量较高的油流中，欲使少量的凝析油将水合物包裹，并悬浮于其中并非易事，由于研究不多，可能还有很多问题未暴露出来。

油气田水合物抑制剂研究的发展方向：（1）利用激光、Raman衍射、核磁共振、计算机分子模拟等新技术从微观角度分析水合物分解及形成；（2）在抑制剂的研究中引入人工智能等新兴科学；（3）在可靠机理模型的指导下，开发和筛选成本更低廉、性能更优良的新型抑制剂，并使其产业化；（4）分析现有抑制剂的不同机理及优缺点，趋利避害，研究不同抑制剂复合使用的浓度比例、配伍性、生产成本，协同增效以达到最佳实用效果；（5）加大对抑制剂性能、回收利用等问题的研究，以减少对环境的危害，降低后续工艺操作费用。

参 考 文 献

[1] Mohammadi A H，Samieyan V，Tohidi B. Estimation of Water Content in Sour Gases [J] .SPE 94133，2005.

[2] Zuluaga E，Muñoz N I，Obando G A. An Experimental Study to Evaluate Water Vaporisation and Formation Damage Caused by Dry Gas Flow through Porous Media [C] .SPE 68335，2001.

[3] Zuluaga E，Monsalve J C. Water Vaporization in Gas Reservoirs [J] .SPE 84829，2003.

[4] George J Moridis，et al. Toward Production From Gas Hydrates：Current Status，Assesssment of Resources，and Simulation−Based Evaluation of Technology and Potential [J] .SPE 114163，2008.

[5] 刘妮，等. 温度扰动促进CO_2水合物生成特性的实验研究 [J] .中国电机工程学报，2006，30(17)：41−44.

[6] 张莉，柳立.浅析H_2S和CO_2对特高含硫天然气水化物形成温度的影响 [J] .天然气与石油，2006，24(4)：24−27.

[7] 惠健，刘建仪，叶长青，等. 高含CO_2水合物生成条件模拟与预测研究 [J] .西南石油大学学报，2007，29(2):14−16.

[8] 刘云，卢渊，等.天然气水合物预测模型及其影响因素 [J] .岩性油藏，2010，22(3)：

124-127.

　　[9] 陈科，刘建仪，张烈辉，等.管输天然气清管时水合物堵塞机理和工况预测研究 [J] .天然气工业，2005，25(4):134-136.

　　[10] 何志刚，赵波，等.防止天然气水合物堵塞的方法 [J] .新疆石油天然气，2009，5(1):81-87.

第九章　酸性气井腐蚀

金属和它所处的环境介质之间发生化学或电化学作用而引起金属的变质或损坏称为金属的腐蚀。酸性气井中除了金属油套管，金属井口和采气树，金属井下工具地面站场设备腐蚀外，还有各式橡胶部件和固井水泥也会被硫化氢、二氧化碳腐蚀。腐蚀造成密封失效、油套管破裂，由此导致不应发生或无控制的井下流体窜流，层间窜流，甚至窜流到地面。硫化氢为剧毒性气体，大量硫化氢气体泄漏可能会造成人身伤害和环境污染问题。因此腐蚀是酸性气田开发和井筒完整性的重要影响因素之一。

第一节　酸性气井腐蚀环境

一、常见的腐蚀介质

油气井的腐蚀环境包括压力、温度、流态及流场。这些因素又引起系统相态变化，变化过程伴有气体溶解、逸出、气泡破裂等，在流道壁面产生剪切及气蚀，机械力与电化学腐蚀协同作用加剧了腐蚀。流道直径变化、流向改变都会引起压力、温度、流态及流场变化，加剧腐蚀。在油气井开采过程中，腐蚀性组分含量常常是变化的。特别是随开采期的延长，地层水含量往往呈增加趋势，有时也会出现H_2S含量随开采期延长而增加的现象。不同材料接触或连接会有电位差，有的地层或井段会与套管形成电位差，电位差是油气井的腐蚀环境的重要组成部分。构件（油管、套管、采油树等）的应力状态和应力水平也是重要的腐蚀环境。

油气井的腐蚀介质主要包括：

（1）动态产出物的腐蚀性组分。

①CO_2；

②H_2S、元素硫及有机硫等含硫组分；

③氯离子浓度较高的地层水或注水开采过程中的注入水；

④建井和井下作业中引入的氧或其他酸性材料（如酸化作业）；

⑤硫酸盐及硫酸盐还原菌、碳酸盐类。

（2）注入的腐蚀性组分。

①注入水；

②增产措施：酸化作业时的残酸、注聚合物提高采收率时注入的聚合物、回注CO_2强化采油工艺时注入的CO_2等；

③凝析气藏干气回注时回注气体中CO_2或未除净的H_2S；

（3）非产层地层中含腐蚀性组分。

①酸性气体：H_2S，CO_2，H^+；

②溶解氧气：O_2；

③盐类负粒子：HCO_3^-，SO_4^{2-}，Cl^-，OH^-；

④细菌：如硫酸盐还原菌、嗜氧菌；

⑤注水泥质量差或井下作业欠妥造成的层间窜流，产层流体窜到非产层段。

二、酸性腐蚀环境

1. ISO 15156对酸性环境的定义

2003年版NACE MR 0175[1]统一到ISO标准后，制定了酸性环境材料使用标准NACE MR0175/ISO 15156[2]。NACE MR 0175/ISO 15156由ISO/TC 67"石油和天然气工业用材料、设备和近海筑物"技术委员会制定，其主标题是：石油天然气工业—石油和天然气生产中用于含硫化氢环境材料，包括NACE MR 0175/ISO 15156-1，NACE MR 0175/ISO 15156-2和NACE MR 0175/ISO 15156-3三部分，主要讨论石油和天然气工业—油气开采中用于含有H_2S环境的材料。NACE MR 0175/ISO 15156-1主题是：选择抗裂纹材料的一般原则；NACE MR 0175/ISO 15156-2主题是：抗开裂碳钢和低合金钢以及铸铁的使用；NACE MR 0175/ISO 15156-3主题是：抗开裂耐蚀合金（CRAs）和其他合金。

上述标准是从钢材或合金在湿硫化氢环境下的环境敏感开裂划分酸性环境，它不涉及一般性电化学腐蚀。

ISO 15156-2《石油和天然气工业 在含有硫化氢的环境下油气生产使用的材料 第2部分：金属和低合金钢》也对酸性环境进行了定义，见图9-1。

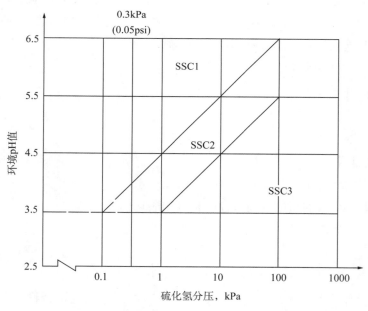

0区—极低硫化氢环境；　　　SSC 1区—轻度酸性环境；

SSC 2区—中度酸性环境；　　　SSC 3区—重度酸性环境

图9-1　ISO 15156酸性环境的定义

根据腐蚀环境的硫化氢分压和pH值，ISO 15156-2标准把腐蚀环境划分为4个区域。

1) 0区

极低硫化氢环境，属于"非酸性"范畴。在此范围内，暴露于这些条件下的材料，并不需要特别的限制。

ISO 15156标准的0区涵盖了所有p_{H_2S}＜0.03kPa（0.05psi）的环境。在这个环境中仍然要注意以下问题：

（1）对硫化物应力开裂（SSC）高灵敏度的钢有可能发生破裂；

（2）钢的物理和冶金性能影响材料的抗硫化物应力开裂（SSC）性能；

（3）屈服强度超过965MPa（140ksi）的钢可以要求特别的程序来确定其抗硫化物应力开裂（SSC）性能；

（4）应力集中会增加开裂的风险，应避免；

（5）低硫化氢边界表示的有关硫化氢分压测定的某些不确定性。

2) SSC 1区

轻度酸性环境，是硫化物应力开裂（SSC）很可能出现的场合，在此范围内，暴露于这些条件下的材料也不需要特别的限制。

3) SSC 2区

中度酸性环境，是一个过渡区，在此范围内对材料应用的重要性必须进行评价。在某些情况下，并不是所有合格材料都可使用。它们应满足适用性目标的准则。如果没有应用实例或者很充足的实验数据时，应把SSC 2区看成是SSC 3区的一个组成部分。

4) SSC 3区

重度酸性环境，是敏感材料中可能出现硫化物应力开裂（SSC）的区域。暴露于此范围内的材料，需要慎重考虑。

在ISO 15156-3《石油和天然气工业 油气开采中用于含H_2S环境的材料 第3部分：抗开裂耐蚀钢》中提供了一系列的表格，在这些表格中列出不同等级的耐蚀钢可接受的腐蚀环境。影响耐蚀钢氢脆的因素主要包括：温度、硫化氢分压、氯离子浓度、pH值以及元素硫。使用者选择材料时还必须考虑其他一些环境因素的影响，包括井下酸化引起的低pH值、高氯离子含量等。

2. API 6A标准对酸性环境的定义

API 6A 井口和采油树设备规范（Specification for Wellhead and Christmas Tree Equipment，2011版）对采气树工作环境进行了较为详细的分类，见表9-1。为选择采气树所需要的合理材料等级，应考虑列在表中的各种环境因素和生产变量。一般腐蚀、应力腐蚀裂纹（SCC）、侵蚀和硫化物应力裂纹（SCC）全都受到环境因素和生产变量互相作用的影响。

表9-1 API 6A对酸性环境的定义

材料类别	工况特性	p_{CO_2}，MPa	p_{H_2S}，MPa
AA——一般环境	无腐蚀性	＜0.05	＜0.00034
BB——一般环境	轻微腐蚀	0.05～0.21	＜0.00034
CC——一般环境	中等程度到高程度腐蚀	＞0.21	＜0.00034
DD—酸性工况	无腐蚀性	＜0.05	＜0.00034

材料类别	工况特性	p_{CO_2}，MPa	p_{H_2S}，MPa
EE—酸性工况	轻微腐蚀	0.05～0.21	≥0.00034
FF—酸性工况	中等程度到高程度腐蚀	>0.21	≥0.00034
HH—酸性工况	严重腐蚀	>0.21	≥0.00034

表9-1中硫化氢分压0.00034MPa引自前节ISO 15156-2标准对酸性环境的定义，它也是开裂或不开裂的界限制，没有考虑一般性电化学腐蚀。因此在API 6A中规定凡是酸性环境都应首先考虑抗硫化氢环境开裂的材料，同时引入CO_2分压，以考虑一般性电化学腐蚀。由此CO_2分压可就作为腐蚀严重度细分级的依据，这是因为含CO_2加剧了电化学腐蚀。

其他环境因素或生产变量包括：

（1）温度。如果温度刚好处在CO_2腐蚀严重温度段（60～100℃），那么会出现严重的局部腐蚀。

（2）H_2S分压。

（3）pH。

（4）氯化物浓度，氯离子浓度高，腐蚀会更严重。

（5）产量或流速、地层出砂。

（6）地层水及其矿物成分。

（7）生成碳氢化合物类型和相对含量。

（8）酸化及返排残酸腐蚀。

金属和它所处的环境介质之间发生化学或者电化学作用而引起金属的变质或者损坏称为金属的腐蚀。

根据腐蚀后的形貌差异，可以将腐蚀分为均匀腐蚀、局部腐蚀等。均匀腐蚀是指在接触腐蚀介质的全表面或大部分表面均匀发生的腐蚀。均匀腐蚀是最常见的腐蚀形态，其过程通常是电化学腐蚀。均匀腐蚀也称全面腐蚀或失重腐蚀，其结果是使金属变薄，最后的破坏是使结构穿孔或发生类似于超载引起的破坏。均匀腐蚀时金属的腐蚀损耗最为严重，但其技术与安全管理的难度最小，因为可以方便地估计寿命、测厚，可以避免安全事故。局部腐蚀又称不均匀腐蚀，是指在金属表面的特定部位的腐蚀，如晶间腐蚀、表面下腐蚀、孔蚀、膜孔型腐蚀等。

根据腐蚀环境、机理的差异，可以将腐蚀分为：化学腐蚀、电化学腐蚀、流动腐蚀以及环境敏感断裂等。

（1）化学腐蚀。

化学腐蚀是指在电解质存在的环境中，在金属表面发生氧化还原反应，使金属变质或者损坏。在油气井中，化学腐蚀这一概念或者类别只是一种研究方法的分类，实际上不存在纯粹的化学腐蚀。在油气田开发中，金属腐蚀基本都是电化学性质的。

化学腐蚀多发生在非电解质溶液中或干燥气体中，腐蚀过程中无电流产生，腐蚀产物直接生成在腐蚀性介质接触的金属表面。例如，电气、机械设备的金属与绝缘油、润滑油、液压油以及干燥空气中的O_2，H_2S，SO_2和Cl_2等物质接触时，在金属表面生成相应的氧化物、硫化物、氯化物等。

影响化学腐蚀的因素：金属的本性、腐蚀介质的浓度、温度。例如，钢材在常温空气中不腐蚀，而在高温下就容易被氧化，生成一层氧化皮（由FeO，Fe₂O₃和Fe₃O₄组成），同时还会发生脱碳现象。这是由于钢铁中的渗碳体（Fe₃C）被气体介质氧化的结果。有关的反应方程如下：

$$Fe_3C+O_2 = 3Fe+CO_2$$

$$Fe_3C+CO_2 = 3Fe+2CO$$

$$Fe_3C+H_2O = 3Fe+CO+H_2$$

反应生成的气体离开金属表面，而碳便从邻近的尚未反应的金属内部逐渐扩散到这一反应区，于是金属层中含碳量逐渐减小，形成了脱碳层。钢铁表面由于脱碳致使硬度减小和疲劳极限降低。

再如，原油中多种形式的有机硫化物，如二硫化碳、噻吩、硫醇等也会与金属材料作用而引起输油管容器和其他设备的化学腐蚀。

化学介质在应力的协同作用下，会导致金属材料的一些特殊腐蚀破坏现象。应力作用下的腐蚀一般可分为应力腐蚀、腐蚀疲劳、冲击腐蚀（又称湍流腐蚀）和空泡腐蚀。

（2）电化学腐蚀。

电化学腐蚀是指金属与电解质溶液接触时，由电化学作用而引起的腐蚀。金属和外部介质发生了电化学反应，在反应过程中，有分离的阴极区和阳极区，电子由阴极区流向阳极区。

当金属与腐蚀性介质接触时，金属在空气中生成的氧化膜溶解在电解质溶液中。当白金属露出后，金属作为电的良导体与溶液作为离子的良导体组成了一个回路。带正电荷的铁离子趋向于溶解在电解质溶液中，生成铁盐。电子趋向于聚集在金属端，形成一定的电位差，电子流向溶液。这是一个氧化反应过程，称为阳极反应，金属端称为阳极区。另外，进入溶液中的电子被氢离子结合，生成分子氢，这是一个还原反应过程，称为阴极反应，溶液端称为阴极区。在氧环境中，生成氢氧根离子。

图9-2表示金属电化学反应过程。

阴极可能发生以下反应。

①H₂S和CO₂作用：

$$2H^++2e \longrightarrow H_2$$

②氧作用：

$$2H_2O+O_2+4e \longrightarrow 4OH^-$$

③阳极（氧、H₂S和CO₂等作用）：

$$Fe \longrightarrow Fe^{2+}+2e$$

铁原子以铁离子形式进入溶液，并以Fe₂₃·H₂O$_x$，FeS$_x$和Fe₂CO₃等形式存在。腐蚀产物可能在金属表面沉积，形成保护膜，保护膜的稳定性受多种因素控制。

（3）流动腐蚀。

流动腐蚀又称流体动力学腐蚀，主要包括流场诱导电化学腐蚀、流场诱导空泡腐蚀、流场诱导冲刷腐蚀和相变诱导电化学腐蚀等。流动腐蚀是流动、电化学与机械力协同作用加速腐蚀的现象。流动诱导腐蚀和冲刷腐蚀是彼此关联的，但又有所区别。油管内流动和经控制管汇的流动引起腐蚀或冲蚀是油气井防腐设计的重要组成部分，流动诱导腐蚀和冲刷

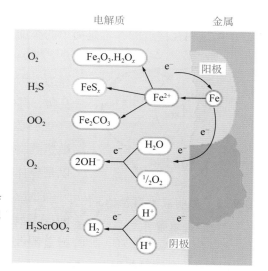

图9-2　金属电化学腐蚀示意图

腐蚀在很大程度上是可以通过合理设计而得到控制的。

①冲刷腐蚀。粗略地说，冲刷腐蚀可以包含在流动腐蚀类型中。但是在更严格的概念意义上，冲刷腐蚀主要指流动的机械力破坏金属的保护膜。金属的保护膜被腐蚀介质溶解，或保护膜与金属基体附着力差，再加上流动的机械力冲刷，二者协同作用就会加剧腐蚀。油、水、气的多相体系及固体颗粒会形成若干类型的冲刷腐蚀。

流场发生变化时会产生涡流，并伴随有气泡在管道表面迅速生成和破灭，这种条件下发生的磨蚀称为空泡腐蚀（空蚀），又称气泡腐蚀（气蚀）。当金属与液体的相对运动速度增大时，金属表面的某些局部液体压力下降到常温液体蒸气压以下时，发生"沸腾"而产生气泡，当气泡破裂时产生的冲击力使材料呈蜂窝状损伤，这种破坏叫气蚀。这气泡破裂时产生的冲击波压力可高达400MPa，可使金属保护膜破坏，并能引起塑性形变，甚至可将金属粒子撕裂。

②流动诱导腐蚀。流体流过壁面时，在近壁处形成湍流边界层，在边界层内涡流的形成和演变造成对壁面的冲击和剪切。上述过程加速腐蚀介质向金属表面移动，而腐蚀产物加速离开原位置，从而加速腐蚀。流动诱导腐蚀是否发生及其严重程度决定于以下因素：

a. 多相流流态。多相流流态是流动诱导腐蚀的主要决定因素，其中有水相存在，并且水相可润湿管壁。除了腐蚀性组分含量外，多相体系中油、水和气的比例及相态变化也影响腐蚀的严重程度。

b. 扰流。流道截面变化、管壁面瘤和弯管等都会造成流场变化，导致扰流。扰流导致多相流边界层平衡被打破，使传质系数增大，由此在扰流区加速腐蚀。

（4）环境敏感断裂/应力腐蚀。

金属材料在应力和化学介质（电化学腐蚀）的协同作用下，导致滞后开裂或低应力脆性断裂的现象称为环境敏感断裂。环境敏感断裂是一种脆性断裂，带有突发性，它是所有工业结构设计要优先考虑的问题。

环境敏感断裂效应相当于"1+1＞2"的后果，即仅有电化学腐蚀，没有应力，腐蚀不会那么快；同样，如果没有电化学腐蚀，材料也不会在应力低于屈服强度下断裂。在应力腐蚀系统中，应力和腐蚀的作用是相互促进的，不是简单的叠加。

图9-3　影响应力腐蚀的3个
基本条件

图9-3表示了产生应力腐蚀的3个基本条件（材料因素、环境因素和力学因素）之间的关系，即H_2S应力腐蚀开裂是上述3个基本条件的交集，其特征是：

①必须有应力，如果构件的应力没有达到一定的水平，即使有敏感的材料和特定的介质配合，同样不会出现应力腐蚀。这种应力可以是整体的，也可以是局部的，同时包括由外载引起的应力和内应力（残余应力）。压缩应力在某些情况下也可以产生应力腐蚀，拉应力的危害最大。断裂时的拉应力值会低于材料屈服强度。断裂前不会有显著塑性变形，应力越大，发生断裂的时间越短。

②特定的介质是指对某一敏感合金而言，必须有一个或一些特定介质与它相匹配，才能产生应力腐蚀。如表9-2所示，既没有对任何介质都敏感的钢材，也没有能引起任何钢材均产生应力腐蚀破裂的介质。是否发生应力腐蚀断裂，主要取决于腐蚀介质、金属材质和温度、pH值之间的选择性组合。例如含氯离子腐蚀介质则会导致13Cr，SUPER 13Cr，22Cr及25Cr材质的油管和输送管突发应力腐蚀

断裂，但一般不会造成低合金钢（如J55，N80和P110材质的油管和套管）应力腐蚀断裂。常见材料的应力腐蚀和腐蚀环境为：高强度钢与氢环境，不锈钢与高氯离子含量和高温溶液环境，高强度钢和不锈钢与CO_2+CO+H_2O或$CO_2+HCO_3^-+H_2O$湿环境。

表9-2　常见应力腐蚀材料——介质体系

材料	腐蚀介质
低碳钢	H_2S水溶液、NaOH溶液、硝酸及硝酸盐溶液、$CO—CO_2—H_2O$溶液
高强度低合金钢	H_2S水溶液、含氯离子溶液
奥氏体不锈钢	H_2S水溶液、含氯离子溶液、连多硫酸、氢氧化物、高温高压水
不锈钢	H_2S水溶液、含氯离子溶液、连多硫酸、氢氧化物
铝合金	潮湿空气、含氯离子溶液、海水
铜合金	含NH_4^+溶液、汞盐溶液、SO_2气体
钛合金	含氯离子溶液、甲醇、固体氯化物（温度高于290℃）、发烟硝酸

③敏感的合金是指有一定的化学成分和组织结构的钢材，在一些介质中对应力腐蚀敏感。理论上讲，纯净的金属不可能产生应力腐蚀，因为它在腐蚀介质中不能形成引起电化学腐蚀的微电池。但是，金属中只要含有微量的杂质，就足以引起应力腐蚀破裂。

应力腐蚀：受应力的材料在特定环境下滞后开裂的现象称为应力腐蚀。不存在应力时，腐蚀非常轻微；当应力超过某一临界值后，金属会在腐蚀并不严重的情况下发生脆断。

腐蚀疲劳：腐蚀介质与交变应力协同作用引起材料破坏的现象，称为腐蚀疲劳。腐蚀疲劳可以看作是应力腐蚀的特殊形式（应力是交变的），也可看成是特殊环境（应力腐蚀介质）下的疲劳，其中，在H_2中的疲劳也称为腐蚀疲劳。

在油气开发过程中，根据现场腐蚀环境，可以将环境敏感断裂分为以下几种类型：

①氢脆和应力腐蚀开裂。H_2S导致的环境断裂现象及概念均与氢渗入和材料变脆有关，因此又俗称氢脆。在含硫气井设计中氢脆和应力腐蚀开裂有明确和严格的标准或技术法规，即ISO 15156和ISO 11960等。

②卤化盐应力腐蚀开裂。卤族元素的盐类（氯化钠、氯化钙、溴化锌、溴化钙等）具有较高密度、成本低，被用作储层保护完井液、油套环空保护液或提高压裂液密度。

上述化学剂对高强度油套管及附件，奥氏体耐蚀钢（例如316）、马氏体耐蚀钢（例如SU-PER 13Cr）和双相耐蚀钢（例如22Cr）有应力腐蚀开裂倾向。高温和长时间接触或交变应力会加剧开裂倾向。

高氯离子含量和高温溶液中的不锈钢，CO_2+CO+H_2O或$CO_2+HCO_3^-+H_2O$湿环境下高强度钢和不锈钢也存在应力腐蚀开裂。

卤化盐应力腐蚀开裂尚无标准可依，设计及井下作业人员应采取措施防止发生卤化盐应力腐蚀开裂。

③电偶诱发氢应力开裂。两种电位能级差异较大的异种金属连接，一种金属作为阴极和另一种活跃腐蚀的金属成为阳极形成电偶。在服役环境有氢生成，或材料中隐含有氢，同时材料处于拉应力或材料中有残余应力，或冶金缺陷，受电偶激发产生氢应力开裂或脆断。

在油套管中常有耐蚀合金管件与碳钢的螺纹连接，螺纹电镀铜或处于析氢环境，可能存在电偶诱发氢应力开裂风险。

④液体金属脆化（如汞脆）——另类环境断裂。井下产出的天然气中偶尔会含有汞。汞蒸汽会在装置中冷凝成液态汞。在焊缝或隐蔽裂纹尖端，汞将促进位错发射，最终发展到开裂。天然气中微量的汞会造成铝合金分离器和交换器设施发生汞脆，导致重大事故的发生。1975年阿尔及利亚的斯基克达天然气田首次发生铝合金交换器管汞脆导致的爆炸事故，随后世界各国报道了多起由于汞脆导致的天然气爆炸和起火的事故。

并不是所有的金属材料都会发生汞脆，只有特定的材料或经过特殊的处理，如冷加工和焊接后才会发生汞脆。

汞致环境断裂机理和评价方法研究得很少，我国含H_2S的气井未发现含汞。但是一些不含H_2S的高产气井却检测到含汞。例如塔里木库车山前的一些气井天然气含汞，给安全和环保造成若干复杂问题。有的专家将高压分离器爆炸归咎于汞致环境断裂。汞是否会对低碳合金钢或奥氏体耐蚀钢与低碳合金钢焊接界面诱发开裂，尚在研究中。

由于环境敏感断裂涉及内容较多，将以单独章节形式阐述。

第二节　酸性气井的电化学腐蚀

一、H_2S腐蚀机理

1. H_2S物性

含H_2S的井又称为酸性油气井，其相应的腐蚀称为酸性腐蚀（Sour Corrosion）。H_2S的主要来源是含硫天然气井、油井的原油及其伴生气中可能含有元素硫、H_2S、硫醇、硫醚、二硫化物、噻吩类化合物及更复杂的硫化物。地层中硫酸盐及硫酸盐还原菌分解生成H_2S，或含磺酸盐类油气井工作液在高温下分解生成H_2S。

2. H_2S溶解度

H_2S的临界温度是100.4℃，临界压力为9.008MPa。表9-3是实验测得的H_2S在不同温度时的溶解度，实验压力为0.1MPa。从表中H_2S在不同温度时的溶解度数据可以看出，H_2S在水中的溶解度随着温度的升高而降低，温度较低时，溶解度随温度升高降低的值较大，降低速度很快；温度较高时，H_2S的溶解度随温度降低的值较小，降低速率小。

表9-3　H_2S在不同温度时的溶解度

温度，℃	10	20	30	40	60	80	100
H_2S溶解度，mg/L	5160	3925	3090	2520	1810	1394	1230

H_2S在水中的溶解度随压力和温度的关系如图9-4所示，H_2S在水中的溶解度随压力增加而增大，随温度的升高而减小。当温度在50℃附近，溶解度随H_2S的分压变化很大。当温度到达其临界温度

100.4℃时，溶解度变化很小，压力越大，对H₂S在水中的溶解度影响越大。

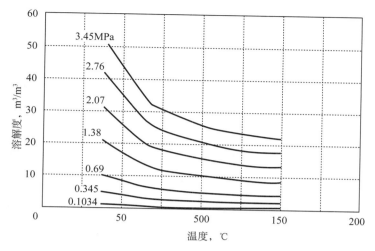

图9—4　H₂S在水中的溶解度

H₂S极易溶解在水中形成弱酸，在0.1MPa、30℃时其溶解度约为3000mg/L，此时溶液pH值约为4.0。H₂S对金属和非金属物质都有很强的腐蚀性，对金属的腐蚀形式有电化学失重腐蚀、氢脆、硫化物应力腐蚀开裂等。H₂S对非金属也有很强的腐蚀性，如橡胶、水泥等。

游离水和H₂S同时存在的情况称为湿硫化氢，只有湿硫化氢才会引起腐蚀。在设计或评估含H₂S油气井的腐蚀时应注意H₂S含量和分压是动态变化的，一般情况下，随着开采期地层压力的降低，H₂S体积分数会增加。

H₂S环境中主要的腐蚀类型及破坏特征见表9—4。

表9—4　H₂S环境中主要的腐蚀类型及破坏特征

类型	破坏特征
硫化物应力开裂（SSC）	（1）材料受外载拉伸应力作用，或存在制造残余应力。环境中H₂S分压高于0.0003MPa； （2）破坏形式是材料脆性断裂； （3）低应力下破裂、无先兆、周期短、裂纹扩展速度快； （4）主裂纹垂直于受力方向，呈沿晶和穿晶形式、有分支； （5）裂纹发生在应力集中部位或者马氏体组织部位； （6）一般断裂处材料硬度高； （7）对低碳低合金钢，发生在低于80℃的工作温度
氢致开裂（HIC）、应力定向氢致裂纹（SOHIC）	（1）环境中H₂S分压高于0.002MPa； （2）材料未受外应力（氢致开裂）或者受拉伸应力（SOHIC）； （3）裂纹发生在金属内部带状珠光体内，为台阶状、平行于金属轧制方向，裂纹连通后造成失效； （4）裂纹扩展速率慢，在外力作用下促使扩展（SOHIC）； （5）常发生在低强钢，S和P含量高，夹杂物多的钢中； （6）表面常伴有氢鼓泡； （7）常温下发生
电化学腐蚀	（1）表面有黑色腐蚀膜、多为FeS，FeS₂，Fe₉S₈等； （2）金属表面均匀减薄及局部坑点腐蚀，严重的呈溃疡状； （3）腐蚀速度受H₂S浓度、溶液pH值、温度、腐蚀膜的形态、结构等影响； （4）腐蚀体系中CO₂、氯离子的存在会加速腐蚀； （5）管内积液、管道低注、弯头段、气体流速低，气带液冲蚀段加速腐蚀

3. H_2S电化学腐蚀过程

与CO_2对金属的腐蚀相比，H_2S很少在生产设备中引起严重的失重腐蚀（均匀腐蚀）。这是因为在开始时，硫在钢表面形成了一层保护膜。但是，这个薄膜并不完好，或者说是有损伤和缺陷的。接着就在FeS（腐蚀产生的锈皮）和裸露的金属之间形成了腐蚀性电池。其结果是加速了裸露金属的点蚀。形成保护膜后才发生点蚀的真实机理还不十分清楚，因此，预测H_2S环境金属的腐蚀速度是十分困难的。

H_2S易溶于水，其溶解度与分压和温度有关。溶解的H_2S很快电离，其离解反应为：

$$H_2S \longrightarrow HS^- + H^+$$

$$HS^- \longrightarrow S^{2-} + H^+$$

反应平衡式向左或者向右移动取决于溶液的pH值，在中性和碱性介质中含HS^-最多，在酸性介质中含H_2S最多。H_2S在溶液中的饱和度随温度的升高而降低，随压力增大而增加。pH值决定H_2S存在状态的平衡。

氢离子是强去极化剂，它在钢铁表面夺取电子后还原成氢原子，这一过程称为阴极反应。失去电子的铁与硫离子反应生成硫化铁，这一过程称为阳极反应，铁作为阳极加速溶解反应而导致腐蚀。上述电化学反应常表示为：

阳极反应

$$Fe \longrightarrow Fe^{2+} + 2e^-$$

阴极反应

$$2H^+ + 2e^- \longrightarrow 2H$$

阳极产物

$$Fe^{2+} + S^{2-} \longrightarrow FeS$$

总反应

$$Fe + H_2S\ (+H_2O) \longrightarrow FeS + 2H^+$$

上述反应造成的严重后果是：氢原子向金属缺陷处渗透和富集，过量氢原子形成氢压，导致钢铁氢脆。图9-5为氢在金属内的聚集示意图。金属材料微观组织的夹杂物、晶间析出、局部塑性区都是氢易聚集处。H_2S分压越高，H^+浓度也越高，溶液pH值越低，由此加剧金属的腐蚀。

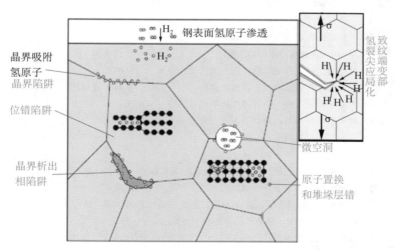

图9-5　氢在金属内的聚集示意图

此外，阳极产物还有其他的硫化铁，如FeS_2，FeS_4和FeS_{1-x}等。阳极产物FeS或FeS_2是比较致密保护膜，它将阻止腐蚀的持续进行，这使得其形成后的一段时间内金属腐蚀速度减慢。遗憾的是由于腐蚀环境的差异，阳极产物还有其他结构形式的硫化铁，如Fe_3S_4和Fe_9S_8等。它们的结构有缺陷，对金属附着力差，甚至作为阴极端而与钢表面形成电位差，产生电偶腐蚀。在CO_2、氯离子、氧共存环境中，硫化铁膜可能被破坏，从而加快电化学腐蚀。

少量H_2S可促使生成稳定的硫化铁保护膜，降低腐蚀速率。其保护作用决定于所生成的硫化铁类型、氯离子含量、温度、流速和H_2S/CO_2比。另一方面，硫化铁膜相对于碳钢的电化学电位高，如果保护膜损伤，电位腐蚀会引起严重点蚀或坑蚀。CO_2阻碍生成致密硫化铁膜，加剧腐蚀。

4. 元素硫的影响

高含H_2S天然气藏常常伴有元素硫存在。元素硫可能在近井地带析出和堵塞，造成储层伤害，使产量降低。在油管内或地面管汇中析出和堵塞，给气井生产造成极大麻烦。此外元素硫的沉积造成管道系统的腐蚀。对元素硫析出及堵塞的腐蚀机理及规律研究尚不充分，目前还没有可靠的预测模型可供应用。元素硫是分子晶体，很松脆，不溶于水，其导电性很差。它有几种同分异构体，天然硫是黄色固体，俗称斜方硫。斜方硫和单斜硫的分子都是由8个硫原子组成的，具有环状结构。

如果腐蚀介质中含有元素硫，将会加重环境的应力腐蚀开裂、点蚀以及均匀电化学失重腐蚀。

温度为88～93℃时，H_2S与元素硫反应，生成聚H_2S。在高含H_2S气井中，随着井筒温度、压力的降低，聚硫发生分解，生成元素硫。其反应过程为：

$$H_2S_x \longrightarrow H_2S + S_{(x-1)}$$

这个反应是一个动态的化学平衡反应，高压使反应向左进行，低压使反应向右进行。在井眼上部、流道截面变化，特别是节流阀后方，不流动区域，压力降低及流场变化会使反应向右进行，即硫析出和沉积。含元素硫气井正常生产时，无元素硫沉积堵塞问题，但关井后再开井常出现硫沉积堵塞。

元素硫对金属的腐蚀并不严重，但是，元素硫可能加速阳极反应过程，从而增大腐蚀。元素硫、高含氯离子环境中，可能导致垢下腐蚀或者降低缓蚀剂的效率。元素硫对油套管的电化学腐蚀不是一个主要的问题，主要问题是：

（1）保护性硫化物钝化膜（在金属表面）的稳定性降低。同时，增加了腐蚀速度和应力开裂的风险。元素硫对某些合金材料产生应力开裂，例如13Cr和22Cr产生应力开裂。

（2）对金属的直接腐蚀（它与氧腐蚀机理十分相似）。

元素硫和钢表面间的直接接触；或者存在的硫化物锈皮必定会引起腐蚀。元素硫引起的腐蚀特点是有一个诱导期。在诱导期内，通过加入氯离子、可溶性硫化物，可以缩短甚至消除诱导期，加之它们也会减小元素硫颗粒的尺寸，因此，氯离子的存在将大大增强元素硫的腐蚀性。

（3）元素硫沉积造成油管或者地面站场设备堵塞。在含元素硫的H_2S气井中，元素硫沉积造成的堵塞是一个非常麻烦的问题。用化学或者加热的办法防止或者接触元素硫的堵塞的代价甚高。产生元素硫堵塞的条件十分复杂，目前尚未找到分析与计算模型。根据国外元素硫沉积的研究，可能油管或流道中流速是主要的控制因素，产量较低，流道内流速偏低可能是造成流道内元素硫沉积的主要因素。此外，经过节流阀后，由于流场和相态的变化，会加剧硫的析出和沉积，并堵塞管道。

对于碳钢和低合金钢与元素硫体系中，未见元素硫导致应力开裂的报道。可能的原因是氢被还原反应消耗掉，因此不会增加氢压及随后的硫化物应力开裂和氢致开裂。但是，元素硫在金属表面沉积，在接触处元素硫可能加速阳极反应过程。主要的腐蚀机理可能是金属表面保护性硫化物钝化膜的稳定性降低，增加了腐蚀速度。如果气井产干气，同时产地层水，水中氯离子含量大于$5000mL/m^3$时，氯离子的存在将大大增强元素硫的腐蚀性，元素硫点蚀穿孔可能会很严重。壳牌加拿大公司曾报道元素硫点蚀穿孔速度达30mm/a。另一方面，含凝析油的气井，凝析油促使元素硫呈溶解态，阻止其析出，由此减缓与元素硫有关的腐蚀。

元素硫可使某些耐蚀合金产生环境断裂，因此在ISO 15156-3标准中特别注明了具体的合金是否抗元素硫腐蚀开裂。

电化学腐蚀既涉及金属材料本身、周围的腐蚀环境，更与腐蚀金属电极与周围环境构成的界面密切相关。电化学腐蚀的反应过程同时又是氧化（阳极反应）、还原（阴极反应）过程。特点：（1）电化学腐蚀形成了原电池反应；（2）在研究金属的化学腐蚀中，把发生氧化的部分叫做阳极（相当于原电池的负极），发生还原的部分叫做阴极（相当于原电池的正极）。

电化学腐蚀主要呈现均匀腐蚀、腐蚀穿孔等现象。

（1）均匀电化学腐蚀。

如果电化学腐蚀发生在整个金属表面，顾名思义，就称为均匀腐蚀。油套管一般同时存在均匀腐蚀和局部腐蚀。均匀腐蚀较容易预测和预防，例如加大壁厚、留有腐蚀裕量。外加电场的阴极防护也主要是针对均匀腐蚀的。目前的腐蚀预测软件也主要是针对均匀腐蚀开发的。可以看出，均匀腐蚀不属严重的腐蚀工况。

均匀腐蚀分布在整个金属表面上，均匀腐蚀的危险性相对较小，因为如果知道了腐蚀的速度，即可推知材料的使用寿命，并在设计时将此因素考虑在内。

（2）局部腐蚀。

有两类边界条件会引起或者加速电化学腐蚀：

①电位能级差较大的两种金属间有电解质溶液或者直接接触并浸没在电解质溶液会产生电位差腐蚀，或者称电偶腐蚀。

②金属内部缺陷或者缝隙暴露在电解质溶液中会引起局部电化学腐蚀。

上述边界条件衍生的电化学腐蚀会引起局部腐蚀穿孔或者断裂，是造成腐蚀失效的主要形式。

油井管及设备的金属是良导电体，油气井产物所含的水溶解有多种盐类或者CO_2、H_2S等腐蚀性组分。

二、CO_2腐蚀机理

CO_2不仅会引起钢铁的均匀腐蚀，还可能引起钢铁的局部腐蚀。CO_2腐蚀最典型的特征是呈现局部的点蚀、轮癣状腐蚀和台面状坑蚀。其中，台面状坑蚀是腐蚀过程最严重的一种情况。这种腐蚀的穿透率很高，通常腐蚀速率可达3~7mm/a，在厌氧条件下腐蚀速率可高达20mm/a，从而使油气井的生产寿命下降至18个月，甚至只有6个月，给油田生产造成巨大的经济损失，在油气井生产过程中，如不及时采取检修、更换管串等有效措施，将导致油气井停产甚至报废。CO_2蚀坑常为半球形深坑，且边缘呈陡角。产生台面状腐蚀的原因为：在腐蚀反应进行的同时，也存在着腐蚀产物$FeCO_3$和Fe_3O_4等在金属表面形成腐蚀产物膜的过程。因膜生成的不均匀或破损，则常常出现局部的（无膜）台面状腐蚀。

　　CO_2腐蚀主要以电化学腐蚀为主，包括均匀腐蚀、腐蚀穿孔等现象，其腐蚀过程较为复杂。

　　（1）管壁没有腐蚀产物膜时，CO_2腐蚀过程。

　　流速较高时，腐蚀产物膜的生成与被冲蚀处于动态平衡状态，管壁没有稳定的腐蚀产物膜。整个腐蚀过程可以分为4步（图9—6）：

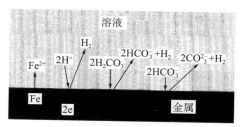

图9—6　管壁无腐蚀产物膜时，
腐蚀示意图

　　第一步，CO_2在水溶液中溶解并形成不同的活性物质（这些活性物质可以参与腐蚀反应）；

　　第二步，这些活性物质通过流体边界层传递到管壁；

　　第三步，在阴极和阳极分别发生电化学反应；

　　第四步，腐蚀产物向溶液中传递。

上述4个步骤发生的物理化学反应如下：

①生成反应产物（溶液中的化学离子）。

CO_2在溶液中溶解

$$CO_2+H_2O \rightleftharpoons H_2CO_3$$

H_2CO_3分两步水解：

第一步水解

$$H_2CO_3 \rightleftharpoons HCO_3^-+H^+$$

第二步水解

$$HCO_3^- \rightleftharpoons CO_3^{2-}+H^+$$

②反应物质的扩散（从流体边界层传递到管壁）。

$$H_2CO_3（溶液）\rightleftharpoons H_2CO_3 \quad （金属表面吸附）$$

$$HCO_3^-（溶液）\rightleftharpoons HCO_3^- \quad （金属表面吸附）$$

$$H^+（溶液）\rightleftharpoons H^+ \quad （金属表面吸附）$$

③金属表面的电化学反应。

阴极反应

$$2H_2CO_3+2e^- \rightleftharpoons H_2+2HCO_3^-$$

$$2HCO_3^-+2e^- \rightleftharpoons H_2+2CO_3^{2-}$$

$$2H^++2e^- \rightleftharpoons H_2$$

阳极反应

$$Fe \rightleftharpoons Fe^{2+}+2e^-$$

④腐蚀产物的扩散（金属表面到溶液）。

$$Fe^{2+}（表面）\rightleftharpoons Fe^{2+} \quad （溶液）$$

$$CO_3^{2-}（表面）\rightleftharpoons CO_3^{2-} \quad （溶液）$$

　　（2）管壁有腐蚀产物膜时，CO_2腐蚀过程。

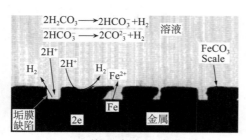

图9—7　管壁有腐蚀产物膜时
腐蚀示意图

管壁有腐蚀产物膜时，腐蚀性组分通过疏松的垢膜或者垢膜缺陷处到达金属表面。在这种情况下，腐蚀速率还受腐蚀性组分的传质过程影响，见图9—7。

①生成反应产物（溶液中的化学离子）。

$$CO_2+H_2O \longrightarrow H_2CO_3$$

$$H_2CO_3 \longrightarrow H^++HCO_3^-$$

$$HCO_3^- \longrightarrow H^++CO_3^{2-}$$

②反应物质的扩散（从溶液传递到垢表面）。

$$H_2CO_3（溶液）\rightleftharpoons H_2CO_3 \quad （垢表面）$$

$$HCO_3^-（溶液）\rightleftharpoons HCO_3^- \quad （垢表面）$$

$$H^+（溶液）\rightleftharpoons H^+ \quad （垢表面）$$

③反应物质的扩散（从垢表面传递到管壁）。

$$H_2CO_3（垢表面）\rightleftharpoons H_2CO_3 \quad （金属表面）$$

$$HCO_3^-（垢表面）\rightleftharpoons HCO_3^- \quad （金属表面）$$

$$H^+（垢表面）\rightleftharpoons H^+ \quad （金属表面）$$

④垢表面的电化学反应。

$$2H_2CO_3+2e^- \rightleftharpoons H_2+2HCO_3^-$$

$$2HCO_3^-+2e^- \rightleftharpoons H_2+2CO_3^{2-}$$

$$2H^++2e^- \rightleftharpoons H_2$$

⑤金属表面的电化学反应。

阴极反应

$$2H_2CO_3+2e^- \rightleftharpoons H_2+2HCO_3^-$$

$$2HCO_3^-+2e^- \rightleftharpoons H_2+2CO_3^{2-}$$

$$2H^++2e^- \rightleftharpoons H_2$$

阳极反应

$$Fe \rightleftharpoons Fe^{2+}+2e^-$$

⑥腐蚀产物的扩散（金属表面到垢表面）。

$$Fe^{2+}（金属表面）\rightleftharpoons Fe^{2+} \quad （垢表面）$$

$$CO_3^{2-}（金属表面）\rightleftharpoons CO_3^{2-} \quad （垢表面）$$

⑦腐蚀产物的扩散（垢表面到溶液）。

$$Fe^{2+}（垢表面）\rightleftharpoons Fe^{2+} \quad （溶液）$$

$$CO_3^{2-}（垢表面）\rightleftharpoons CO_3^{2-} \quad （溶液）$$

三、细菌腐蚀

由细菌的生命活动引起或促进材料的腐蚀破坏称为细菌腐蚀。关于细菌参与金属构件腐蚀的严重性，早在1939年Hadley就指出了硫酸盐还原菌的腐蚀作用。Minchin报道，荷兰70%的井下腐蚀由细菌引起；在英国，据Butlin和Vemen报告，受严重腐蚀的管线70%是由细菌引起。美国的Kulman调查指出，81%的严重腐蚀与细菌作用有关。

地层水中含有大量的硫酸盐还原菌（简称SRB）、铁细菌、硫细菌等菌种，这些菌潜伏在地层水和岩石中。油田最常见的微生物腐蚀是硫酸盐还原菌的腐蚀。

1. 硫酸盐还原菌腐蚀

硫酸盐还原菌含有一种氢化酶。硫酸盐还原菌的腐蚀主要是由于氢化酶的作用，它能使硫酸盐还原菌利用在阴极区产生的氢将硫酸盐还原成H_2S，从而在厌氧气电化学腐蚀过程中起到了阴极去极化剂的作用，加速金属的腐蚀。硫酸盐还原菌的代谢产物H_2S对金属的腐蚀特别严重，生成的硫化铁又是造成管道堵塞的物质。其次是铁细菌以及能够产生黏液的腐生菌，这些菌的数量超过一定值后也能产生氧浓差电池，致使注水井腐蚀和堵塞，注水量降低等。

在无氧气中性反应的环境中，钢铁的腐蚀是极微弱的，因为这种环境一般对阴极去极化不利，金属腐蚀就倾向于停止。但是在硫酸盐还原菌存在的条件下，腐蚀就较为严重了，因为硫酸盐还原菌起了阴极去极化的作用，加速了腐蚀过程，腐蚀过程如下：

阴极反应

$$4Fe \longrightarrow 4Fe^{2+}+8e$$

水的电离

$$8H_2O \longrightarrow 8H^++8OH^-$$

吸附于铁表面，阴极反应

$$8H^++8e \longrightarrow 8H$$

细菌阴极去极化

$$SO_4^{2-}+8H \xrightarrow{SRB} S^{2-}+4H_2O$$

腐蚀产物

$$Fe^{2+}+S^{2-} \longrightarrow FeS$$

腐蚀产物

$$3Fe^{2+}+6OH^- \longrightarrow 3Fe(OH)_2$$

腐蚀产物

$$4Fe(OH)_2+O_2+2H_2O \longrightarrow 4Fe(OH)_3$$

总反应

$$16Fe+4SO_4^{2-}+22H_2O+3O_2 \longrightarrow 4FeS+8OH^-+12Fe(OH)_3$$

有些细菌中的氢化酶可以把氢直接氧化成水，而硫酸盐还原菌的氢化酶可在管壁的阴极部位把硫酸根离子生物催化成硫离子和氧，氧使吸附于阴极表面的氢去极化而生成水。

2. 铁细菌的腐蚀

铁细菌是能从氧化二价铁中得到能量的一群细菌，氧化产物氢氧化铁可在细菌膜鞘的内部或外部储存。它是一种好气异养菌，也有兼性异养和严格自养的，在含氧气量小于0.5mg/L的系统中也能生长。

铁细菌是在与水接触的结瘤腐蚀中最常见的一种菌。虽然不直接参加腐蚀反应，但是能造成石油管的腐蚀和堵塞。通过氢氧化铁层下的硫酸盐还原菌的活动，或者由于形成氧浓差电池也能引起腐蚀。铁细菌沉淀出的大量的氢氧化铁，会造成更加严重的堵塞和腐蚀问题。

腐蚀反应如下：

阳极过程

$$2Fe \longrightarrow 2Fe^{2+}+4e$$

去极化

$$O_2+H_2O+4e^- \longrightarrow 4OH^-$$

$$2Fe^{2+}+4OH^- \longrightarrow 2Fe(OH)_2$$

腐蚀产物

$$2Fe(OH)_2 + \frac{1}{2}O_2 + H_2O \rightarrow 2Fe(OH)_3$$

总反应式

$$4Fe+3O_2+6H_2O \longrightarrow 4Fe(OH)_3$$

3. 腐生菌的腐蚀

腐生菌（简称TGB）是异养型的细菌。在一定条件下，它们从有机物中得到能量，产生黏性物质，与某些代谢产物积累可造成腐蚀和堵塞。腐生菌既能在咸水中生存，也能在淡水中生存；既能生存于有氧气系统中，也能生存于厌氧气系统中。许多油田水都能够提供腐生菌生长的物理条件和相应的营养物质，因此腐生菌在油田水系统中极其普遍。腐生菌产生的黏液与铁细菌、藻类原生动物等一起附着在管线和设备上，形成生物垢，堵塞注水井和过滤器，同时也产生氧浓差电池而引起腐蚀。同时引起硫酸盐还原菌的生长和繁殖。

第三节　酸性气井中材料的局部腐蚀

一、局部腐蚀的特征及类型

1. 特征

局部腐蚀又称不均匀腐蚀（Local Corrosion），如晶间腐蚀、表面下腐蚀、孔蚀、膜孔型腐蚀等。特点：从金属表面开始，腐蚀过程仅局限在或集中于很小的特定部位，向材料内部发展，由此而发生的破坏现象。局部腐蚀是相对于全面腐蚀而言的。在局部腐蚀电池中可明确区分阳极区和阴极区，并识别其位置。

在局部腐蚀过程中，阴极区域和阳极区域是分开的，通常阴极区面积相对较大，阳极区面积很小，结果使腐蚀高度集中在局部位置上。由于阳极溶解反应局限在非常小的面积，从而促使阳极溶解的腐蚀速率很大，虽然金属失重不是很大，但产生的危害极大。例如，点腐蚀能导致容器穿孔，应力腐蚀则导致构件断裂。在化工设备的腐蚀损害中，70%是局部腐蚀造成的。局部腐蚀电池的阳极反应和阴极反应一般在不同位置发生，而次生腐蚀产物又可在第三位置处形成。

导致局部腐蚀的宏观电池包括：异金属接触产生的电偶电池；由金属自身组织结构差异、成分不均匀性或受力状态差异而形成的腐蚀电池；由介质不均匀性引起的氧浓差电池、pH差异电池、盐浓差电池和温差电池等；由于表面膜形成、溶解和断裂而形成的活化—钝化电池；以及由于生物因素和物理因素形成的各种电化学电池等。

均匀腐蚀的电化学特点是，从宏观上看，整个金属表面是均匀的，与金属表面接触的腐蚀介质溶液是均匀的，即整个金属/电解质界面的电化学性质是均匀的，表面各部分都遵循同一阳极溶解动力学方程；从微观上看，金属表面各点随时间有能量起伏，能量高时（处）为阳极，能量低时（处）为阴极，腐蚀原电池的阴、阳极面积非常小，而且这些微阴极和微阳极的位置随时间变换不定，因而整个金属表面都遭到近似同等的腐蚀。

表9—5为均匀腐蚀与局部腐蚀的比较。

表9—5 均匀腐蚀与局部腐蚀的比较

对比项目	均匀腐蚀	局部腐蚀
腐蚀形貌	腐蚀遍布整个金属表面	腐蚀集中在一定的区域，其他部分腐蚀轻微
腐蚀电池	微阴极和微阳极区在表面上随时间变化不定，不可辨别	阴极和阳极区相对固定，可以分辨
电极面积	阳极区面积约等于阴极区面积	通常阳极区面积远小于阴极面积
电势	阳极极化电势=阴极极化电势=腐蚀电势	阳极极化电势<阴极极化电势
腐蚀产物	可能对金属有保护作用	无保护作用
质量损失	大	小
失效事故率	低	高
可预测性	容易预测	难以预测
评价方法	失重法、平均深度法、电流密度法	局部腐蚀倾向性、局部最大腐蚀深度法或强度损失法等

2. 类型

由于局部腐蚀的破坏形态、形成条件、作用机理各不相同，存在着不同的分类方法。通常按腐蚀形态可简单分类为：点蚀、缝隙腐蚀、晶间腐蚀、电偶腐蚀等。

在油管串下部结构、油管管体和接箍、井口装置都普遍存在着各种零件的连接。各零部件往往是不同种金属，不同零部件，之间的连接部位存在缝隙，此处产生的腐蚀称为缝隙腐蚀。

如果不同金属零部件的连接处处于某一种电解质中，由于金属的电位差就会产生电偶腐蚀。

如果在上述有间隙腐蚀和电偶腐蚀的部位同时又存在内应力或者是残余应力，那么就会导致严重的应力腐蚀。

上述3类效应同时存在时，会加剧腐蚀。从事油气田开发和管串、井口装置设计的人员在设计早期意识到上述问题的存在，正确的做好选型和设计，对防止或减缓腐蚀至关重要。

二、点蚀

点蚀是一种腐蚀集中于金属表面很小范围、深入金属内部迅速发展的小孔状腐蚀形态，又称孔蚀。通常蚀孔深度比孔径大得多。这是一种隐蔽性强、破坏性大的局部腐蚀。蚀孔的最大深度与金属平均腐蚀深度的比值称为点蚀系数，点蚀系数越大表示点腐蚀越严重，点蚀系数为1则为均匀腐蚀。点腐蚀多发生于表面形成钝化膜或具有阴极性镀层的金属上，含特种阴离子溶液中易于发生点腐蚀，钝性材料高于其临界点蚀电位将发生点腐蚀。

在点或孔穴类的小面积上的腐蚀叫点蚀。这是一种高度局部的腐蚀形态，孔有大有小，一般孔表面直径等于或小于它的深度，小而深的孔可能使金属板穿孔；孔蚀通常发生于表面有钝化膜或有保护膜的金属（如不锈钢、钛等）。

点蚀过程一般包括点蚀孔形核和点蚀孔生长两个阶段（图9-8）。

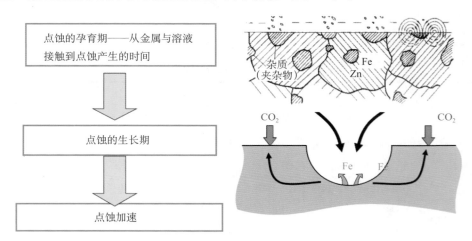

图9-8 点蚀的形成过程

目前被公认的点蚀孔形核原因主要有两种学说：钝化膜破坏理论和吸附理论。在金属表面的某种敏感位置首先孕育出点蚀形核。从金属接触溶液介质至产生点蚀孔形核，一般都要经过一段或长或短的点蚀形核过程，此即点蚀孕育期。一旦点蚀孔形核，则其生长的发展速度一般是很快的。点蚀孔发展模型也有多种学说。目前比较公认的是点蚀孔生长遵循自催化机理。

在金属表面的局部区域，出现向深处发展的腐蚀小孔，其余区域不腐蚀或腐蚀很轻微。这种腐蚀形态称为腐蚀穿孔（简称：孔蚀或点蚀）。

点蚀有大有小，多数情况下，点蚀小而深，一般孔径只有数十微米，深度等于或大于孔径。蚀孔分散或密集分布在金属表面上。孔口多数有腐蚀产物覆盖，少数呈开放式（无腐蚀产物覆盖）。蚀孔通常沿着重力方向或横向发展，蚀孔一旦形成，具有"深挖"的动力，即向深处自动加速进行的作用。

点蚀通常发生在表面有钝化膜或有腐蚀产物膜的金属上。碳钢在表面的氧化皮或锈层有孔隙的情况下，在含氯离子的水中亦会出现孔蚀现象。

点蚀是一种最常见的局部腐蚀形态。它常常引起突然发生的严重破坏事故，是一种破坏性大而又相当难以被及时发现的腐蚀形态。

三、缝隙腐蚀

金属部件在电解质中，由于金属与金属或金属与非金属之间形成特别小的缝隙，使缝隙内的介质处于滞流状态，引起缝隙内金属的加速腐蚀，这种局部腐蚀称为缝隙腐蚀。

螺纹或铆接连接、金属对金属密封面、橡胶垫与金属密封面、管子与金属支承架之间的接触面、管子表面与各种附加物（例如金属镀层、腐蚀产物膜、砂泥、积垢等）结合面会形成缝隙，给缝隙腐蚀创造了条件。但引起腐蚀的缝隙并非是一般肉眼可以明辨的缝隙，而是指能使缝内介质停滞的特小缝隙。

缝隙腐蚀是一种比孔蚀更为普遍的局部腐蚀。遭受缝隙腐蚀的金属，在缝内呈现深浅不一的蚀坑或深孔，其形态为沟缝状。缝隙腐蚀是氧浓差电池与闭塞电池自催化效应共同作用的结果。

缝隙腐蚀和点蚀的形成过程并不相同，前者是由介质的浓度差引起的，后者一般是由钝化态的局部破坏引起的。而一旦这两种腐蚀形成之后，在腐蚀继续发展的机理上却非常相似，即它们都形成闭塞电池。如图9-9为缝隙腐蚀的示意图。

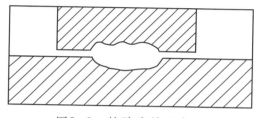

图9-9　缝隙腐蚀示意图

四、电偶腐蚀

电偶腐蚀，也叫异种金属的接触腐蚀（Bimetallic Contact Corrosion），亦称为双金属腐蚀，是指两种具有不同电位能级的材料在与周围环境介质构成回路的同时，也构成了电偶对；由于腐蚀电位不相等有电偶电流流动，使电位较低的金属溶解速度增加，而电位较高的金属，溶解速度反而减少的现象称为电偶腐蚀。造成电偶腐蚀的原因是：两种材料之间存在着较大的电位差，存在的电解质溶液构成电子和离子的传导体，由此形成了腐蚀原电池。

电偶腐蚀严重程度与下述因素有关：

（1）两接触金属的化学稳定性差异。金属的化学稳定性用电极电位表示，当电极电位差异较大的金属连接在一起时，会加剧电偶腐蚀。在油套管中，不同钢级的低碳合金钢连接，电极电位差较小，电偶腐蚀程度为不严重。但是当低碳合金钢与不锈钢或镍基合金连接时，电极电位差较大，电偶腐蚀程度为严重，低碳合金钢会加剧腐蚀。

（2）浸没或表面附着溶液的电导率。H_2S、CO_2、无机盐类溶于水都会电离成带电离子，由此产生不同的溶液电导率。电导率越高，电偶腐蚀越严重。

（3）接触构件横截面积的相对大小，接触横截面小的一侧，腐蚀电流密度大，腐蚀相对较严重。当低合金钢管端为外螺纹与不锈钢管端内螺纹连接时，外螺纹截面积比内螺纹的小，即"小阳极大阴极"，外螺纹腐蚀形成最严重的腐蚀连接。在设计时应尽量作成"大阳极小阴极"，即低合金钢管端为内外螺纹，不锈钢管端外螺纹。

五、晶间腐蚀

晶间腐蚀是一种常见的局部腐蚀。腐蚀沿着金属或合金的晶粒边界或它的邻近区域发展，晶粒本身腐蚀很轻微，这种腐蚀便称为晶间腐蚀。金属材料发生晶间腐蚀时，金属外形尺寸几乎不变，表面仍保持金属光泽，但是，用显微镜观察时，可见晶粒周界受腐蚀，甚至晶粒脱落，腐蚀沿晶界发展。这种腐蚀使晶粒间的结合力大大削弱，严重时可使机械强度完全丧失。遇有外力时，金属表面会出现裂纹。

第四节　湿硫化氢中的环境断裂行为

以下所述的H_2S导致的环境断裂现象及概念均与氢渗入和使材料变脆有关，因此又俗称氢脆。

（1）氢致开裂（Hydrogen–Induced Cracking，简称HIC）。

当原子氢扩散进钢铁中并在缺陷处结合成氢分子（氢气）时，出现在碳钢和低合金钢中的平面裂纹。裂纹是由于氢的聚集点压力增大而产生的，氢致开裂的产生不需要施加外部的应力。能够引起HIC的聚集点常常发生在钢中杂质水平较高的地方，通常称为陷阱。由于杂质偏析，在钢中形成的具有较高密度的平面型夹渣和（或）具有异常微观组织（如带状组织）的区域。富集在陷阱中的氢原子一旦结合成氢分子，积累的氢气压力很高（有研究报导，该压力可能高达300MPa），促使金属脆化，局部区域发生塑性变形，萌生裂纹导致局部开裂。

图9–10所示为氢致开裂，裂纹形态为：内部裂纹呈台阶状扩展。裂纹的台阶部分平行于管材的轧制方向，与主裂纹垂直。这种裂纹主要是氢渗入材料后，聚集在沿轧制方向伸长的非金属夹杂物与基体之间的界面分离或材料本身存在的缺陷中，并形成沿材料轧制方向的微裂纹。

图9–10　氢致开裂的裂纹

（2）硫化物应力开裂（Sulfide Stress Cracking，简称SSC）。

在有水和H_2S存在的情况下，与腐蚀和拉应力（残余应力和（或）工作应力）有关的一种金属开裂。SSC是氢应力开裂（HSC）的一种形式，它与金属表面的因酸性腐蚀所产生的原子氢引起的金属脆性有关。在硫化物存在时，会加速氢的吸收。原子氢能扩散进金属，降低金属的韧性，增加裂纹的敏感性。高强度金属材料和较硬的焊缝区域易于发生SSC。

（3）氢应力开裂（Hydrogen Stress Cracking，简称HSC）。

金属在有氢和拉应力（残余应力和（或）工作应力）存在情况下出现的一种开裂。HSC描述对SSC不敏感的金属中的一种开裂现象，这种金属作为阴极和另一种易被腐蚀的金属作为阳极形成电偶，在有氢时，金属就可能变脆。电偶诱发的氢应力开裂（GHSC）就是这种机理的开裂。HSC用于描述不锈钢或合金与碳钢或低合金钢连接时，受电偶激发，不锈钢或合金中的组织缺陷聚集氢和变脆的现象。

（4）应力导向氢致开裂（Stress–Oriented Hydrogen–Induced Cracking，简称SOHIC）。

应力导向氢致开裂产生与主应力（残余应力和（或）工作应力）方向垂直的一些交错小裂纹，形态像梯子一样，将已有HIC连接起来的一种裂纹簇。这种开裂是由外应力和氢致开裂周围的局部应变引起的SSC。在直焊缝钢管的母材和压力容器焊缝的热影响区都可观察到SOHIC。SOHIC并不是一种常见的现象，其通常与低强度铁素体钢管和压力容器用钢有关。

应力导向氢致开裂易发生在材料的高应力部位（例如高残余应力和应力集中部位）。氢在应力梯度下通过应力诱导扩散，将向高应力区聚集。在缺口或裂纹尖端存在着应力集中现象，故氢将通过应力诱导扩散富集在裂纹前端。在实际应用中，由于阳极溶解型裂纹和氢致开裂型裂纹产生的机理不同，其产生和发展随钢材所处的环境也会互相转化，条件适合时可以同时产生。

（5）电偶诱发的氢应力开裂（Galvanically–Induced Hydrogen Stress–Cracking，简称GHSC）。

不锈钢或合金与碳钢或低合金钢接触，浸没在腐蚀介质中形成电偶，受电偶激发，不锈钢或合金中的组织缺陷聚集氢和变脆的现象和机理。镍基合金管与碳钢或低合金钢管接触可能产生电偶诱发的氢应力开裂（GHSC）。

（6）软区裂纹（Soft Zone Cracking，简称SZC）。

SZC是SSC的一种形式，当钢中含有屈服强度较低的局部"软区"时，可能会产生SZC。在操作的载荷作用下，软区会屈服，并且局部塑性应变扩展，这一过程加剧了非SSC材料对SSC的敏感性。这种软区与碳钢的焊接有密切关系。

（7）应力腐蚀开裂（Stress Corrosion Cracking，简称SCC）。

在有水和H_2S存在的情况下，与局部腐蚀的阳极过程和拉应力（残余应力和（或）工作应力）相关的一种金属开裂。氯化物和（或）氧化剂和高温能增加金属产生应力腐蚀开裂的敏感性。

（8）氢致鼓泡（Hydrogen–Induced Blister，简称HIB）。

当介质pH值呈酸性时，由于阴离子的大量存在，FeS保护膜被溶解，材料表面处于活性溶解状态，有利于反应过程中产生的氢原子向管材内部渗透。这些氢原子渗入金属管材内部后，在金属材料的薄弱部位（例如孔穴、非金属夹杂物处）聚集，结合成氢分子。随着聚集过程的进行，在某些部位，氢气压力可达上百兆帕。此外，氢原子还能与材料中夹杂的Fe_3C反应生成CH_4，同样产生气体并聚集。气体所产生的压力，在材料中形成很高的内应力，以致使材料较薄弱面发生塑性变形，造成钢夹层鼓起，即为"鼓泡"。"鼓泡"也是一种"开裂"，是应力腐蚀析氢所引起的断裂。"鼓泡"可以在无外部载荷下发生（图9–11）。

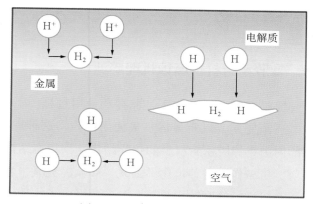

图9–11　氢致鼓泡示意图

第五节 橡胶密封材料腐蚀

橡胶密封材料是石油工业所用的一种主要的工程材料，特别是作为密封制品，是其他材料无法代替的。然而，随着石油工业的发展，石油和天然气井开采深度的增加，井下条件日益恶劣，高温、高压、高含CO_2和H_2S等腐蚀性组分的油气田不断投入开发，因此对橡胶密封材料的性能和使用范围提出了更高的要求。

橡胶密封材料的耐腐蚀性能主要是指其抵抗酸、碱、盐等腐蚀性介质破坏的能力。当橡胶密封材料和介质相接触时，由于它们的氧化作用而引起橡胶密封材料和添加剂的分解，有些介质还能引起橡胶密封材料的溶胀，使橡胶密封材料分子产生断裂、溶解以及添加剂的分解、溶解、溶出等现象。

应用在油田环境中的橡胶密封材料经受着严重的应力，像高压和机械力、大幅度的温度变化，以及大范围内不同的化学作用，特别是在长期暴露的环境下，将导致橡胶密封材料的老化。橡胶密封材料在恶劣环境下必须能抵抗芳香烃和环烷烃、腐蚀剂、酸和其他介质如钻井液、海水、CO_2等，甚至是H_2S的作用。在正常情况下，原油和天然气中H_2S的浓度较低，但是在有些地区（如川东北高含硫气田），所含H_2S的浓度可以高达16%或者更高。

由于H_2S对橡胶密封材料的物理和化学作用（如高膨胀性和化学变质）而被人们所了解，例如，经常应用在油田作业中的碳氟橡胶密封材料（FPM，FKM）。因此，研究应用在封隔器、防喷器、采油树、地面井口设备、井下安全阀等密封系统中的橡胶密封材料抵抗含硫天然气的能力是至关重要的。这样的密封元件主要通过丁腈橡胶密封材料（NBR）、氢化丁腈橡胶密封材料（HNBR）和碳氟橡胶密封材料（FPM，FKM）的适当配方生产出来。有时，也应用特种弹性四氟乙烯—丙烯橡胶密封材料类（TFE/P）和次碳氟橡胶密封材料（FFKM）来生产。丁腈橡胶密封材料作为密封件，受到了严重的限制。石油工业中高含硫油气田的出现，不仅对金属，也对橡胶密封材料提出了耐H_2S的性能要求。

丁腈橡胶密封材料（NBR）可以应用在温度高达100℃的地方，它对含硫天然气有一定的抵抗力。与丁腈橡胶密封材料比较，氢化丁腈橡胶密封材料（HNBR）主要是在含硫天然气环境下有很好的稳定性，耐温高达150℃。当温度上升到200℃时，如果采用恰当的配方，碳氟橡胶密封材料被认为是抵抗含硫天然气最适合的材料。

橡胶密封材料品种繁多，性能各异，只要充分掌握其性能特点，慎重选材，油气田面临的橡胶腐蚀问题是可以解决的。这就要求对橡胶密封材料在各种介质中的腐蚀规律和耐蚀能力问题进行比较系统的分析和研究。

一、橡胶密封材料腐蚀机理

橡胶密封材料在加工、储存和使用过程中，由于内外因素的综合作用，其物理化学性能和机械性能逐渐变差，以至最后丧失使用价值，这种现象称为橡胶密封材料的腐蚀，通常称之为老化。这里的内因指橡胶密封材料的化学结构、聚集态结构及配方条件等；外因指物理因素，如光、热、高能辐射、机械作用力等；化学因素，如氧、臭氧、水、酸、碱等；生物因素，如微生物、海洋生物等。橡胶密封材料的腐蚀比较复杂，主要是由于物理、化学和生物等作用引起的，有化学裂解、溶胀和溶解、银纹和开裂以及渗透破坏等形式。

　　橡胶密封材料与金属材料的一个重大区别是：金属是导体，腐蚀时多是以金属离子溶解进入电解液的形式发生，因此在大多数情况下可以用电化学原理来解释，而橡胶密封材料导电性很小或者完全不导电（石墨除外），也不以离子形式溶解，所以橡胶密封材料在电解质溶液中也不会发生电化学腐蚀，因此其腐蚀规律也很难用电化学原理来说明。

　　其次，一般金属腐蚀多在其表面上开始发生，然后逐步向深处发展；而橡胶密封材料的腐蚀，一方面腐蚀介质会向材料内部进行扩散渗透，渗入的介质与橡胶密封材料相互作用，引起材料的化学腐蚀（化学反应）和物理腐蚀（溶胀、溶解、银纹、龟裂），结果导致材料的变质、破坏；另一方面，材料中的某些组分（如橡胶密封材料中的增塑剂和稳定剂等）也会从材料内部向外扩散迁移，最后溶解在介质中，也会引起材料变质和破坏。这两种扩散是橡胶密封材料腐蚀中的重要环节。介质的浓度、温度、液体流动情况以及应力的大小和作用周期等都会影响橡胶密封材料的腐蚀速度。因此在研究橡胶密封材料的腐蚀时，首先应研究介质的渗入，然后研究渗入的介质与材料间的相互作用和材料组分的溶出问题。

　　此外，金属的物理腐蚀只在极少数的环境中发生，而橡胶密封材料的腐蚀，很多是由于物理作用引起的。另外，橡胶密封材料通常由几种物质组成。在腐蚀环境中，有一种或者几种成分有选择性地溶出或者变质，势必造成整个材料的破坏。总之，橡胶密封材料的腐蚀和金属腐蚀有着本质上的差别。但目前关于橡胶密封材料腐蚀机理的研究还远不如金属材料腐蚀机理的研究详尽。

　　橡胶腐蚀主要表现在：

　　（1）外观的变化，出现污渍、斑点、银纹、裂缝、粉化及光泽、颜色的变化；

　　（2）物理性能的变化，包括溶解性、溶胀性、流变性能，以及耐寒、耐热、透水、透气等性能的变化；

　　（3）力学性能的变化，如抗张强度、弯曲强度、抗冲击强度等的变化；

　　（4）电性能的变化，如绝缘电阻、电击穿强度、介电常数等的变化。

　　从本质上讲，橡胶密封材料的腐蚀可分为化学腐蚀与物理腐蚀两类。化学腐蚀是指化学介质或者化学介质与其他因素（如力、光、热等）共同作用下所发生的橡胶密封材料被破坏的现象，主要发生主键的断裂，有时次价键的破坏也属化学腐蚀。因此，化学腐蚀又可分为化学过程和物理过程引起的两种腐蚀形式。

　　化学过程发生了化学反应，所导致的主键断裂是不可逆的，主要发生了大分子的降解和交联作用。降解是橡胶密封材料的化学键受到光、热、机械作用力、化学介质等因素的影响，分子链发生断裂，从而引发的自由基链式反应。降解和交联对橡胶密封材料的性能都有很大的影响。降解使橡胶密封材料的分子质量下降，材料变软发黏，抗张强度和模量下降；交联使材料变硬、变脆、伸长率下降。

　　物理过程引起的化学腐蚀主要有溶胀与溶解、环境应力开裂、渗透破坏等。溶胀和溶解是指溶剂分子渗入材料内部，破坏大分子间的次价键，与大分子发生溶剂化作用，引起的橡胶密封材料的溶胀和溶解；环境应力开裂指在应力与介质（如表面活性物质）共同作用下，橡胶密封材料出现银纹，并进一步生长成裂缝，直至发生脆性断裂；渗透破坏指橡胶密封材料用作衬里，当介质渗透穿过衬里层而接触到被保护的基体（如金属）时，所引起的基体材料的被破坏。

　　橡胶密封材料的物理腐蚀仅指由于物理作用而发生的可逆性的变化，不涉及分子结构的改变。

　　橡胶密封材料的腐蚀过程如图9-12所示。

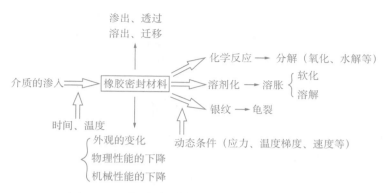

图9-12　橡胶密封材料的腐蚀过程示意图

1. 物理腐蚀

物理腐蚀是由于腐蚀介质经渗透扩散作用进入橡胶密封材料内部，导致材料发生溶胀和溶解。溶胀和溶解对于橡胶密封材料的力学性能和机械性能都有很强的破坏作用。

介质的渗透与扩散对橡胶密封材料的腐蚀影响较大。一般说来，腐蚀介质的分子属于小分子，而橡胶密封材料的分子属于大分子。当腐蚀介质的小分子与橡胶密封材料的大分子作用时，由于大分子及腐蚀产物进行热运动较困难，不易向周围环境扩散，而腐蚀介质小分子则较容易通过渗透扩散作用进入橡胶密封材料内部进行反应。即使橡胶密封材料具有活性基团，能与介质分子很快发生反应，但由于它们很难扩散，其反应速度也取决于介质分子向材料内部的扩散速度。

渗透是指物质分子从浓度高的一边向浓度低的一边的迁移，是一个由浓度差而引起的扩散运动过程。介质的渗透能力常用渗透率表示。所谓渗透率，就是单位时间内通过单位面积渗透到材料内部的介质质量。一般情况是介质对材料的渗透率越大，材料就越容易破坏。

2. 溶胀和溶解

橡胶密封材料的溶解过程比较复杂。一般分为溶胀和溶解两个阶段，溶解和溶胀与橡胶密封材料的聚集态结构是非晶态还是晶态结构有关，也与高分子是线形还是网状、橡胶密封材料的分子质量大小及温度等因素密切相关。

非晶态橡胶密封材料的结构比较松散，分子间隙大，分子间的相互作用力较弱。小分子的介质渗入材料内部后，发生溶剂化作用，大分子被溶剂分子包围、使链段间的作用力削弱，间距增大；但是由于橡胶密封材料的分子很大，又相互缠结，尽管被溶剂化了，大分子向溶剂中的扩散仍然很困难。因此虽有相当数量的介质小分子渗入橡胶密封材料内部。也只能引起橡胶密封材料宏观上的体积和质量的增加，这种现象称为溶胀。大多数橡胶密封材料在溶剂的作用下都会发生不同程度的溶胀。如果大分子间无交联键，是线性结构，溶胀可以一直进行下去，大分子充分溶剂化后会缓慢地向溶剂中扩散，形成均匀溶液，完成溶解过程。橡胶密封材料在溶剂中的溶解性能基本上也遵循极性相似原则，即极性大的溶质易溶于极性大的溶剂；极性小的溶质易溶于极性小的溶剂。例如非极性的天然橡胶密封材料，很容易溶解在汽油、苯和甲苯等非极性溶剂中；极性橡胶密封材料如聚醚、聚酰胺、聚乙烯醇等，不溶或者难溶于烷烃、苯、甲苯等非极性溶剂中，但可分别溶解于水、醇、酚等强极性溶剂；中等极性的橡胶密封材料如聚氯乙烯、环氧树脂、不饱和聚醋树脂、聚氨基甲酸醋、氯丁橡胶密封材料等，对于溶剂有选择性的适应能力，但大多不耐醋、酮、卤代烃等中等极性溶剂。聚四氟乙烯虽然也是非极性的，但对于任何极性或者非极性的溶剂都不会使其溶解，这可能与它的表面高度惰性有关。如果是网状结构的橡胶密封材料只能溶胀，不能溶解。结晶态橡胶密封材料因结构紧密，很难发生溶胀和溶解。

橡胶密封材料的溶解过程与小分子化合物的溶解过程不同。小分子固体的溶解过程，是通过溶剂化作用将固体的分子均匀地溶入溶剂，从而形成均匀的溶液；而橡胶密封材料的溶解过程却比较复杂，一般分为溶胀和溶解两个阶段，而且溶胀和溶解与高分子是线型结构还是交联后形成的网状结构有关，也与橡胶密封材料的聚集态结构是无定型（非晶态）结构还是晶态结构等密切相关。

3. 化学腐蚀（氧化与水解）

橡胶密封材料的大分子中总含有一些具有一定活性的官能团，它们与特定的介质发生化学反应，导致了橡胶密封材料性能的改变，从而造成材料的老化或者腐蚀破坏。这种由于橡胶密封材料和介质间的化学反应而引起的腐蚀，通常称为橡胶密封材料的化学腐蚀。

橡胶密封材料中的大分子，如果含有易与环境介质作用的官能团时，就会发生氧化、水解、取代、卤化以及交联等化学反应。橡胶密封材料的腐蚀过程是典型的多相反应，其反应速度的大小取决于扩散速度。与介质的小分子相比，大分子的扩散速度很慢，因此，反应速度实际上是由介质的小分子在橡胶密封材料内部的扩散速度所决定。空气中的氧和液相介质中的水分子，具有很高的渗透能力和反应活性，因此，氧化与水解是橡胶密封材料受到腐蚀破坏的两种最主要的化学反应。

4. 应力腐蚀

应力腐蚀是橡胶密封材料在有应力存在下所发生的物理或者化学腐蚀破坏的一种重要形式。某些橡胶密封材料在应力和特定腐蚀介质的共同作用下使材料力学性能下降，产生银纹、裂纹与断裂。银纹与裂纹的产生使塑料的力学性能下降，使用寿命变短，而断裂则使塑料结构完全破坏。

橡胶密封材料处于环境介质中时，介质首先从表面开始逐步向材料内部渗透，介质的渗入首先使材料表面被增塑，使其屈服极限降低。橡胶密封材料的开裂首先从银纹开始。所谓银纹就是在应力与介质的共同作用下，材料表面层就会引起塑性变形，并出现众多发亮的条纹。银纹是由橡胶密封材料细丝和贯穿其中的空洞所组成。在银纹内，大分子链沿应力方向高度取向，所以银纹具有一定的力学强度和密度。裂纹和银纹相似。但裂纹是在更大的应力作用下，使一部分大分子与另一部分大分子完全断开，即裂纹全由穴隙组成。

银纹与裂纹的区别在于：银纹是由具有纤维状结构的空穴并由具有一定质量的物质所组成；而裂纹则是在更大应力的作用下，部分大分子与另一部分大分子完全割断了联系，即完全由空隙组成，如图9-13所示。

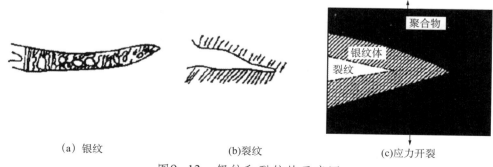

| (a) 银纹 | (b)裂纹 | (c)应力开裂 |

图9-13 银纹和裂纹的示意图

在应力与某些活性介质的共同作用下，腐蚀介质容易渗入材料内部，随着应力的增大，材料耐蚀性急剧下降，不少橡胶密封材料可能出现银纹。银纹的生成和生长，使得在塑料表面形成了大量的空穴，加剧了介质的渗透，并成为应力集中点，所以银纹的生成是玻璃态聚合物发生脆性断裂的前提条件。银纹进而发展成裂纹，直至发生脆性断裂，而裂纹的产生则是脆性断裂已经开始进行的表现（图9—13）。应力腐蚀可分为银纹、裂纹和应力开裂。

银纹和裂纹的出现有利于介质向材料内部的渗透和扩散，银纹是材料发生脆性断裂的前提条件，裂纹表示脆性断裂已经开始。裂缝的不断发展，可能导致材料的脆性破坏，使长期强度大大降低。

二、橡胶密封材料的性能要求

橡胶密封材料的耐腐蚀性能主要指其抵抗酸、碱、盐等腐蚀性介质破坏的能力。当橡胶密封材料和介质相接触时，由于它们的氧化作用而引起橡胶和配合剂的分解，有些介质还能引起橡胶的溶胀，使橡胶分子产生断裂、溶解以及配合剂的分解、溶解、溶出等现象。

橡胶密封材料耐腐蚀性能涉及橡胶材料本身和所用配合剂。橡胶材料的耐腐蚀性能主要取决于橡胶分子结构的饱和性及取代基团的性质，因为介质对橡胶的破坏作用首先是向橡胶渗透、扩散，然后与橡胶中活泼基团反应，进而引起橡胶大分子中化学键和次价键的破坏，即橡胶分子与腐蚀物质作用，经过加成、取代以及裂解和结构化等一系列变化，使橡胶分子结构发生分解而失去弹性。所以，要使橡胶对化学腐蚀性物质有较好的稳定性，首先是其分子结构要有高度的饱和性，且不存在活泼的取代基团，或者在某些取代基团的存在下，橡胶分子结构中的活泼部分（如双键、α氢原子等）被稳定。其次，如分子间作用力强，分子空间排列紧密，都会提高对化学腐蚀的稳定性。

弹性密封的性质在很大程度上受基体聚合物、填充剂、添加剂、硫化系统等配料成分的影响，同时还受配制过程的影响。因此，对于选择密封件，重要的是规定密封应具备的行为特性，而不是在弹性件类型的基础上进行选择。

弹性密封应当满足3个基本要求：

（1）材料对于它将要接触的环境来说应当是化学稳定的；

（2）材料必须能够承受它工作时和存放时的温度；

（3）材料必须能够承受机械载荷，比如压力、应力或者磨耗。

这些要求不是相互独立的，一个因素的修正会限制该密封件在特定场合的应用。

第六节　酸性气井腐蚀环境模拟

通过科学和先进的模拟井下工况进行腐蚀评价，可以更科学地预测基于井下外载荷的油套管服役寿命。在尽可能模拟接近井下工况和投产后的不同阶段参数时，常常要用到一些组分含量的计算或转换。

一、天然气组分的相关换算

1. 天然气组分常用描述方法

（1）气体的质量浓度：标准状态（20℃和101.3kPa）下每立方米容积所含的某种气体的质量，g/m^3。

（2）气体的体积分数，用%表示。

（3）气体分压：在气体混合物中，每个组分假定在同一温度下单独存在于混合物占据的总体积中，所呈现的压力。每个组分的分压等于绝对总压乘以它在混合物中的摩尔分数。对于理想气体，其摩尔分数等于该组分的体积分数。

2. 不同表示方式之间的换算关系

（1）质量浓度与体积分数之间的换算。

$$X = \frac{GV}{M \times 10} \tag{9-1}$$

式中　X——体积分数，%；

　　　G——某种气体的质量浓度，g/m^3；

　　　M——某种气体的摩尔质量，g/mol；

　　　V——1mol该种气体在标准状态（20℃和101.3kPa）下的体积，L/mol。

例1　硫化氢气体浓度的换算，由气体的质量浓度换算成体积分数。

1molH_2S气体在标准状态（20℃和101.3kPa）下的体积：$V=23.76L/mol$；

H_2S气体摩尔质量：$M=34.08g/mol$。

$$X_{H_2S} = \frac{G \times 23.76}{34.08 \times 10} = 0.0697G \tag{9-2}$$

对于质量浓度为75mg/m^3的H_2S来说，其体积分数为：

$$X_{H_2S}（\%）=0.0697 \times 75 \times 10^{-3}=52 \times 10^{-4}（\%）$$

对于理想气体，摩尔分数等于体积分数。

例2　CO_2气体浓度的换算。

CO_2气体在标准状态（20℃和101.3kPa）下的体积：$V=23.89L/mol$；

CO_2气体摩尔质量：$M=44.00g/mol$。

$$X_{CO_2} = \frac{G \times 23.89}{44.00 \times 10} = 0.054G \tag{9-3}$$

（2）浓度与分压之间的换算。

①具有气相时，气体分压的计算。

气体分压的计算：

$$分压 = 系统压力 \times 摩尔分数$$

或用式（9-4）表示：

$$p_x = p_t \times \frac{X}{100} \tag{9-4}$$

式中　p_x——H_2S（或 CO_2）分压，MPa 或 atm；

　　　p_t——系统总的绝对压力，MPa或atm；

　　　X——H_2S（或CO_2）在气体中的摩尔分数，%。

例如，气体总压为70MPa，气体中H_2S摩尔分数为10%，那么H_2S分压为7MPa。如果系统中的总压和H_2S的浓度是已知的，H_2S分压就可用图9-14进行计算。

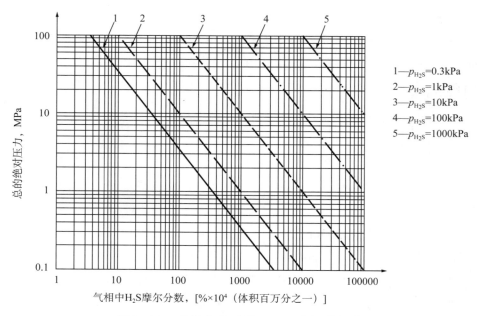

图9-14   酸性气体系统：H$_2$S分压等压线

②无气相液体系统中，H$_2$S气体分压的计算。

对于无气相液态系统，有效的H$_2$S热力学活度可以通过H$_2$S真实分压计算，其方法如下：

a. 用适当的方法测量某一温度下液体的泡点压力（p_B）。在分离器下游的充满液体管线中，泡点压力可以近似取为最后一个分离器的总压。

b. 在泡点条件下，测定气相中H$_2$S的摩尔分数。

c. 由式（9-5）计算泡点状态下天然气中H$_2$S分压：

$$p_{H_2S} = p_B \times \frac{X_{H_2S}}{100} \tag{9-5}$$

式中 p_{H_2S}——H$_2$S分压，MPa；

p_B——泡点压力，MPa；

X_{H_2S}——H$_2$S在气体中的摩尔分数，%。

③用此方法测定液态系统中的H$_2$S分压。可用此值判断系统是否符合ISO 15156-2规定的酸性环境系统，也可直接用图9-14判断。

二、气体在溶液中溶解度计算

气体在水中的溶解大致可归纳为以下几种情况：（1）当温度T一定时，溶解度随压力增大而增大，但随着压力增大，溶解度增加的幅度越来越小；（2）当压力p一定时，在某一温度值，溶解度有一极小值；（3）在盐溶液中，气体的溶解度比在纯水中低；（4）溶解度与气体的性质有密切关系。

气体在水中溶解可由式（9-6）进行计算：

$$R_{SW} = R_{SC_1}f_{C_1} + R_{SC_2}f_{C_2} + R_{SCO_2}f_{CO_2} \tag{9-6}$$

式中 R_{SW}——气体在水中溶解度，m^3/m^3；

f——体积系数；

下标C_1，C_2，CO_2，H_2S——分别表示甲烷、乙烷、二氧化碳、硫化氢。

1. 烃类在水中溶解度

其中

$$R_{SHC} = 0.1778 \cdot \left[A + BT + C\left(32 + \frac{9}{5}T\right)^2 \right] \times 盐度校正系数$$

(9-7)

$$A = 5.5601 + 1.23p - 6.4 \times 10^{-3}p^2$$

$$B = -0.03484 - 0.058p$$

$$C = 6.0 \times 10^{-5} + 2.19 \times 10^{-3}p$$

$$盐度校正系数 = e^{\left\{\left[\left(-0.06 + 6.69 \times 10^{-5} \times \left(32 + \frac{9}{5}T\right)\right)\right] \times (\%固相含量)\right\}}$$

式中　R_{SHC}——烷烃在水中溶解度，m^3/m^3；

　　　p——压力，MPa；

　　　T——温度，℃。

甲烷在纯水中的溶解度与温度、压力的关系，如图9-15所示。从图中可以看出，甲烷在水中的溶解度很小，在69MPa的高压下，温度为60℃时，甲烷在纯水中的溶解度仅为5.68m^3/m^3，即1m^3的水中最多只能溶解在标准状态下5.68m^3的甲烷。甲烷在水中的溶解度随温度、压力的变化幅度不大。所以，在通常的井控动态模拟中，往往忽略甲烷在水中的溶解度。甲烷在地层水中的溶解度等于甲烷在纯水中的溶解度乘以一个甲烷在地层水中溶解度修正系数。

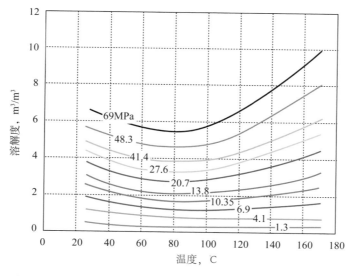

图9-15　甲烷在纯水中的溶解度与温度、压力的关系

甲烷在地层水中溶解度修正系数如图9-16所示，与地层水的总的矿化度有关，地层水矿化度越大，甲烷在地层水中的溶解度就越小，地层水的矿化度降低了甲烷在地层水中的溶解度。

2. 二氧化碳在水中溶解度

$$R_{SCO_2} = 0.1778 \cdot \left[A + 145.038\left(Bp + Cp^2 + Dp^3\right) \right] \times 盐度校正系数$$

(9-8)

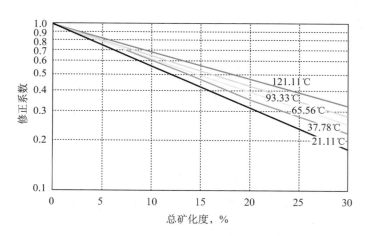

图9-16 甲烷在地层水中溶解度修正系数

其中

$$A=59.99-1.41T+7.39\times10^{-3}T^2$$

$$B=0.145-7.183\times10^{-4}T+8.1\times10^{-7}T^2$$

$$C=-2.79\times10^{-5}-9.7\times10^{-8}T+1.66\times10^{-9}T^2$$

$$D=1.58\times10^{-9}+1.06\times10^{-11}T-1.17\times10^{-13}T^2$$

$$盐度校正系数=0.92-0.0229\times（含盐量\%)$$

式中　R_{SCO_2}——二氧化碳在水中溶解度，m^3/m^3；

　　　p——压力，MPa；

　　　T——温度，℃。

二氧化碳在纯水中的溶解度与温度、压力的关系，如图9-17所示。从图中可以看出，二氧化碳在纯水中的溶解度比甲烷大，同样在压力为69MPa，温度为60℃时，二氧化碳在纯水中的溶解度为40m^3/m^3，即1m^3的水中只能溶解标准状态下40m^3的二氧化碳，是相同条件下甲烷溶解度的近8倍。

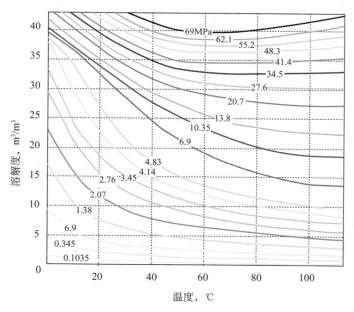

图9-17 二氧化碳在纯水中的溶解度与温度、压力的关系

3. 硫化氢在水中溶解度

API发表了80~150℃温度范围内3个温度和0.2~1.4MPa压力范围内的硫化氢在水中溶解度数据；R.L.Garrett测定了10~180℃温度范围内10个温度、压力至6.6MPa的气液平衡数据，但是测定的数据并未发表；国内也测定了37.8~104.3℃内7个温度、压力1.7MPa时硫化氢在水中的溶解度数据。将温度由377.15K提高到433.15K，对硫化氢在水中的Henry常数与温度的关联式作了修正，即：

$$H=\exp\left[-23.4929-\frac{1861.98}{(T-273.15)}+781744\ln(T-273.15)-0.0278888(T-273.15)\right] \tag{9-9}$$

然后，针对温度高于373.15K、压力大于1.3MPa的条件，引入与温度和压力有关的2个常数α和β：

$$R_{SH_2S}=\frac{p-p_2^0}{H-p_2^0}+\alpha+\beta \tag{9-10}$$

$$\alpha=-6.9\times10^{-11}\ (T-273.15)^3 \tag{9-11}$$

$$\beta=-\left[4.5\times10^{-4}\ln\left(\frac{p}{3.2}\right)+5.0\times10^{-6}p^3\right]+\frac{4.3}{p^3} \tag{9-12}$$

式中　H——硫化氢在水中的Henry系数，MPa；

x_1——硫化氢在水中的溶解度；

p——总压，MPa；

T——热力学温度，K；

p_2^0——水的饱和蒸汽压，MPa。

最后考虑分压，利用修正后的Henry常数修正公式，计算硫化氢的溶解度曲线（图9-18）。从图中可以看出，高浓度的硫化氢的溶解度比甲烷大得多。

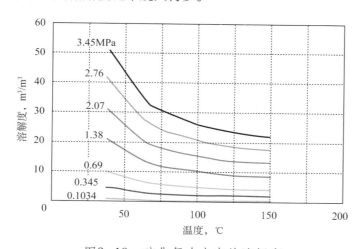

图9-18　硫化氢在水中的溶解度

从以上溶解度计算结果分析可知，在其他条件相同的情况下，甲烷的溶解度最小，二氧化碳次之，硫化氢最大。

三、地面pH值与原位pH值之间的换算

pH值是影响腐蚀的关键因素，现场腐蚀状况的诊断分析或者防腐设计经常要涉及pH值。pH值受组分的溶解、逸出和温度、压力、相变等因素的影响，因此，油管外环空及油管内不同井深的pH值均有差异。pH值也是定量描述腐蚀严重程度和材料评选的基本依据之一。因此，pH值测定与计算非常重要。通常从分离器后取出的无压水样中测量的pH值，不能代表井下某一点实际的pH值。因此把取样点的pH值用到其他环境时要作必要的转换，以下为简要的确定方法。

以下各图引自最新版本的ISO 15156-2《石油天然气工业 油气开采中用于含硫化氢环境的材料 第2部分：抗开裂碳钢、低合金钢和铸铁》，为了阅读方便，做了必要的技术处理。

图9-19～图9-23给出了不同条件下确定水相pH值近似值的一般方法，如果不能确切计算或者测量pH值，那么可用本节推荐的方法来进行计算，可能的误差范围为±0.5pH值。图9-19～图9-23，纵坐标为"原位pH值"。图9-19～图9-23没有考虑原位pH值可能受有机酸存在的影响，例如乙酸、丙酸（和它们的盐）等。为了修正考察点计算的pH值，有必要对可能存在的有机酸进行分析。

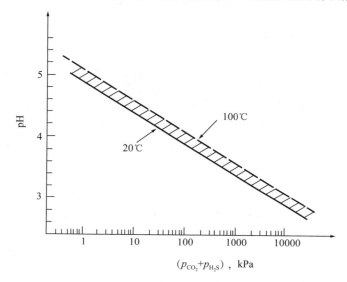

图9-19 CO_2和H_2S分压对凝析水中pH值的影响

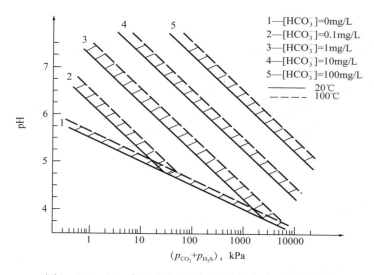

图9-20 CO_2和H_2S分压对凝析水或含有碳酸氢盐

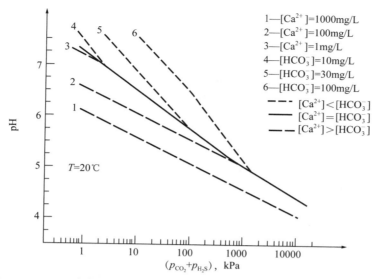

图9-21 20℃时在CO_2和H_2S分压下的（过）饱和$CaCO_3$地层水的pH值

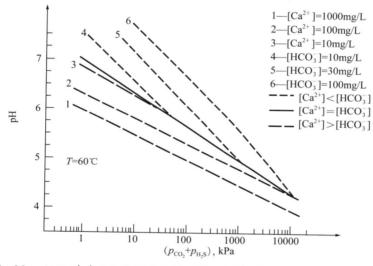

图9-22 60℃时在CO_2和H_2S分压下的（过）饱和$CaCO_3$地层水的pH值

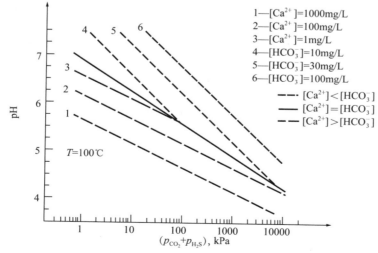

图9-23 100℃时在CO_2和H_2S分压下的（过）饱和$CaCO_3$地层水的pH值

产出流体的pH值受组分及相态变化的影响，下列组合可供pH值计算时的参考：

（1）CO_2含量对pH值有显著的影响，但是仅仅依靠CO_2含量计算pH值有较大的误差，因为体系中含有某些酸式碳酸盐。由图9-19～图9-23可以看出，酸式碳酸盐的含量对系统的pH值影响显著。在分析井下腐蚀状况时，需要同时考虑油气组分的影响。

（2）同时含有H_2S和CO_2时，必须考虑两者溶于水时pH值的降低。但是，这一物理化学变化过程极其复杂，因为在不同压力和温度下，H_2S在溶液中的溶解度差异甚大。

（3）温度对系统pH值的影响不如压力的影响大。

四、井筒流动形态

1. 相态软件模拟井筒相态变化过程

相变对腐蚀有影响，气井中水溶解于气、气溶解于水等物理过程将会影响腐蚀。温度、压力降低后，溶解于气中的水析出，凝析水对腐蚀的影响起着决定性的作用。通过对水和烃相之间的传质问题的研究发现，当气相与水相共存时，气相中的CO_2、H_2S和甲烷等组分会溶解于水相，导致气相的组成发生变化，气相的某些特性（如：饱和压力、气油比和体积系数）也发生变化，从而引起管壁腐蚀状态发生变化。在气井正常生产过程中，受井筒温度、压力的影响，流体将可能发生相态的变化。如果水的露点线处于凝析相包络线以内，则不会有凝析水析出，此时管壁的腐蚀较轻；当水的露点线处于凝析相包络线以外，则有凝析水析出，此时管壁的腐蚀较重，见图9-24。

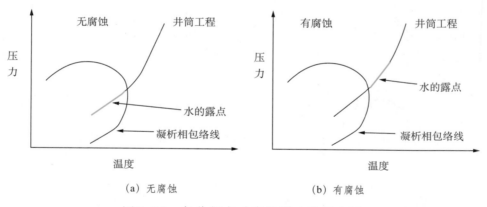

（a）无腐蚀　　　　　　　　（b）有腐蚀

图9-24　气井相态对腐蚀影响的示意图

关于气井相态计算，可以参考有关相态理论，借助相态计算软件可以预测井筒流体中析出的凝析水量，同时运用计算流体软件（CFD软件）可以预测管壁上是否有凝析水膜出现以及凝析水膜的厚度及其分布，结合热动力学、电化学有关理论，便可以预测凝析气井管壁的腐蚀程度。

2. 井筒油气水相态模拟

根据生产指标预测数据，可以预测井筒温度场、压力场及流动形态[3]，计算结果见图9-25～图9-27。从图中可以看出，产量对井筒温度场影响较大，在油管柱力学设计、环空带压管理等方面需要关注温度的影响。

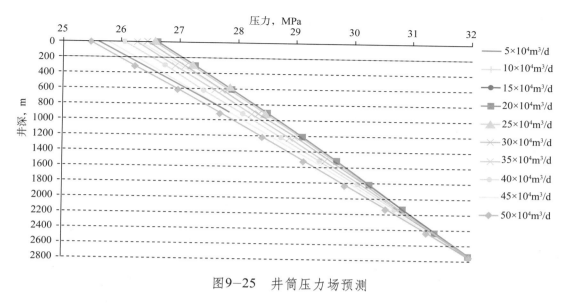

图9-25 井筒压力场预测

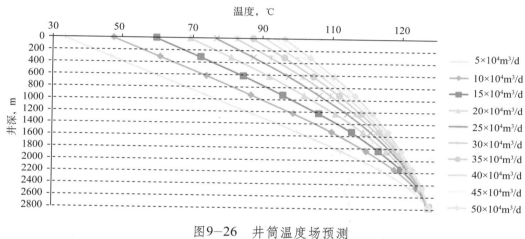

图9-26 井筒温度场预测

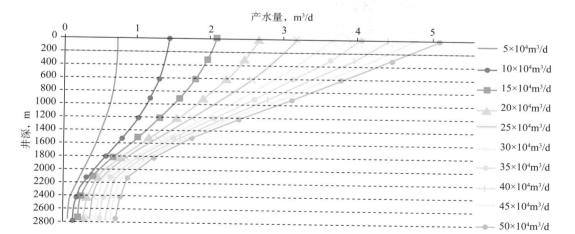

图9-27 凝析水析出量累计曲线

图9-28、图9-29分别是井筒内气体流速和气—液两相流的流动形态及腐蚀示意图，根据相态模拟计算，DF1-1-13井沿全井筒均处于环雾流状态。根据Orkiszewski流型判断方法：不管采用直井、定

向井或者水平井，采用 ϕ 73mm（内径62mm）油管或 ϕ 88.9mm（内径76mm）油管，沿全井筒均处于环雾流状态。

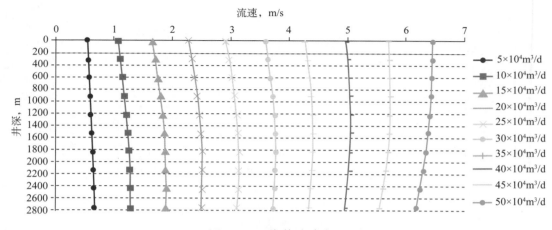

图9-28　井筒速度场预测

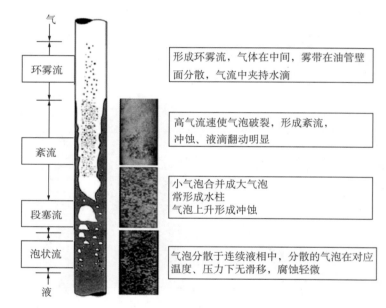

图9-29　气—液两相流的流动形态及腐蚀

五、腐蚀测试中实验环境设计

1. 模拟元素硫的腐蚀环境设计

对元素硫的腐蚀存在不同认识，模拟元素硫腐蚀也比较困难。过分高估了元素硫的腐蚀会造成在硫化氢酸性环境中根本就不能使用碳钢和低合金钢的结论。

元素硫从天然气气相中析出后附着于管壁会造成严重的局部腐蚀。附着于管壁的元素硫与金属之间存在缝隙腐蚀、电偶腐蚀等几种腐蚀机理。在接触处元素硫可能加速阳极反应过程，主要的腐蚀机理可能是金属表面保护性硫化物钝化膜的稳定性降低，增加了腐蚀速度。未见到元素硫增加氢压及随后的硫化物应力开裂的报导，这可能是因为氢被还原反应消耗掉会造成严重的局部腐蚀。

模拟元素硫腐蚀应该注意元素硫的赋存状态。在高温高压和高含硫化氢条件下，元素硫在硫化氢中的饱和溶解度高。温度为88～93℃时，硫化氢与元素硫反应，生成聚硫化氢H_2S_x。元素硫是分子晶体，松脆，不溶于水，导电性差。它有几种同分异构体，天然硫是黄色固体，俗称斜方硫。斜方硫和单斜硫的分子都是由8个硫原子组成的，具有环状结构。

温度为88～93℃时，硫化氢与元素硫反应，生成聚硫化氢。随着温度、压力的降低，聚硫发生分解，生成元素硫。反应式为：

$$H_2S_x \longrightarrow H_2S + S_{(x-1)}$$

这个反应是一个动态的化学平衡反应，高压使反应向左进行，低压则使反应向右进行。在井眼上部、流道截面变化，特别是节流阀后方，不流动区域，压力降低及流场变化会使反应向右进行，即硫析出和沉积。含元素硫气井正常生产时，元素硫沉积堵塞并不突出，但关井后再开井常出现水合物和硫沉积堵塞。

只有元素硫析出，而且附着于管壁才会造成严重的局部腐蚀。模拟元素硫腐蚀时，应力图准确计算井下状况的元素硫饱和度。过量加入元素硫的腐蚀评价会造成严重腐蚀状况。高温高压和高含硫化氢或二氧化碳条件下，硫化氢或二氧化碳会进入趋临界态，元素硫作为第三相被卒取，降低了局部腐蚀。

在适用性评价中，需要精确计算井下元素硫的含量和饱和度。在缺乏井底取样的情况下，对于普光、大湾这样的高含硫气田，假设井底天然气组分中元素硫处于饱和状态，然后在实验室重现井下腐蚀状况。

（1）某探井天然气中元素硫的饱和度。

从某探井的一级分离器气取样，加硫粉测元素硫饱和度曲线。气藏温度396.6K，地层压力55.2MPa。由气相色谱测定天然气组分为：H_2S 13.79%，N_2 0.52%，CO_2 9.01%，CH_4 76.64%，C_2H_6 0.03%，He0.01%。图9—30为文献中元素硫在高含H_2S天然气中的溶解度曲线。

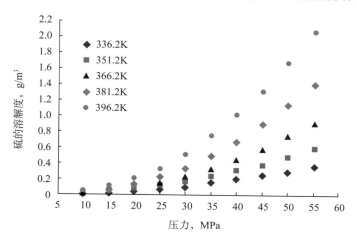

图9—30　元素硫在高含H_2S天然气中的溶解度曲线

（2）模型计算元素硫在高含H_2S天然气中的溶解度。

1996年，Roberts在Chrastil提出的经验关联模型的基础上，结合Burunner和Woll等发表的实验数据，回归拟合出了估计硫在高含硫气体混合物中溶解度的公式：

$$c = \rho^4 \exp\left(\frac{-4666}{T} - 4.5711\right) \qquad (9-13)$$

式中 c——元素硫溶质在高含硫天然气体中的饱和度，g/m^3；

       ρ——高含硫气体的密度，g/m^3，密度计算可在相关文献中查到；

       T——体系的温度，K。

根据现场气样实测相对密度0.76，当井底压力为60MPa，温度为120℃，H_2S 13.79%以及 CO_2 9.01%时，计算得元素硫饱和度为1.82g/m^3。这就是实验评价中元素硫加量。

2. 地层水的腐蚀与模拟实验

模拟地层水的腐蚀应分为凝析水采气期腐蚀，携水采气期腐蚀和积水腐蚀3种状态。积水采气期腐蚀是最严重的腐蚀工况，现场采气制度应尽力控制和延长凝析水采气期。在不可避免的出水时，应减小油管直径，通过提高流速来增大携水率，延长携水采气期。

1）凝析水采气期腐蚀

地层水是一个统称，人们常常把井内产出的水统称为地层水。在腐蚀的分析研究中，地层水专指可自由流动，或呈连续相的水。另一种水是在一定温度和压力及不同气、油和水比例下，水呈分散相溶解于气或油中。这种状态的腐蚀称为凝析水腐蚀。在低于露点的温度压力条件下，溶解的水逸出，称为凝析水。有的气田开发早期气井产出水是凝析水，只有满足以下条件才有严重的局部腐蚀问题：

（1）在低于露点的温度和压力时，析出的凝析水才有腐蚀性。在流道直径突变、弯头、焊缝等处的紊流，可有凝析水析出，分离出来的水也可造成局部腐蚀。对于井下碳钢或低合金钢API圆螺纹油管，接箍中部的流道变化处会有凝析水析出，造成局部腐蚀。

（2）硫化氢和二氧化碳溶于凝析水，因缺乏无机盐类，pH值会非常低。当凝析水附着于管壁时造成局部腐蚀。

（3）附着条件。在管内流速较高时，凝析水不能附着在管壁上，腐蚀也不会严重。

（4）氯离子含量。氯离子的存在将大大增强元素硫的腐蚀性，元素硫点蚀穿孔可能会很严重。因此模拟元素硫腐蚀应该充分评估产出水中的氯离子含量。

2）凝析水饱和度计算

诸林提出的凝析水饱和度计算适用于温度−37～200℃，压力0.1～100MPa。天然气中水含水饱和度模型为：

$$W_{H_2O} = \frac{A}{p} + B \qquad (9-14)$$

其中

$$A = A_1 + A_2 T + A_3 T^2 + A_4 T^3 + A_5 T^4 + A_6 T^5 + A_7 T^6 + A_8 T^7$$

$$B = B_1 + B_2 T + B_3 T^2 + B_4 T^3 + B_5 T^4 + B_6 T^5 + B_7 T^6 + B_8 T^7$$

式中 W_{H_2O}——天然气中水含量，g/cm^3；

       T——天然气中水露点温度，℃；

       p——天然气体系压力，atm；

       A，B——系数，见表9-6。

表9-6　天然气中水含水饱和度模型系数A和B值

系数	1	2	3	4	5	6	7	8
A	4.65	0.33	1.116×10^{-2}	2.04×10^{-4}	1.91×10^{-6}	1.56×10^{-8}	1.99×10^{-10}	-1.23×10^{-12}
B	4.51×10^{-2}	5.33×10^{-3}	3.36×10^{-5}	-5.55×10^{-6}	8.5×10^{-8}	2.43×10^{-9}	-5.12×10^{-11}	2.45×10^{-13}

3）凝析水腐蚀环境设计

根据待腐蚀测试的目标气田的测试资料，确定实验压力、实验温度、H_2S和CO_2含量，再根据上述模型确定凝析水和元素硫的加量，最后开展相关的腐蚀测试。

4）携水采气期腐蚀环境设计

地层虽产水，但气产量高，水呈分散相被包裹在天然气连续相中。由于井底无积水和水不能附着在管壁上，这种状态的腐蚀称为携水腐蚀。模拟条件与前述凝析水腐蚀相同，只是将凝析水换成地层水。根据预计的油田开发动态，确定产水量，确定腐蚀测试环境。

5）积水采气期腐蚀环境设计

井底积水表示水为连续相，气溶解或被包裹在水中，腐蚀十分严重。特别在气水交界面存在相变动力学因素，比纯粹电化学腐蚀更严重。由于压力降低后元素硫析出，并附着于试片，造成失重腐蚀和局部腐蚀。对于硫化氢和二氧化碳共存的一些气井，选用硫化氢酸性环境抗开裂的碳钢和低合金钢油套管时，按冲蚀选用大直径的油管设计应让位于按携水选用小直径的油管设计。为了简单起见，可以在投产时就选用小直径油管。产量或生产压差控制也要考虑尽力控制和延长凝析水采气期和可携水采气期。开发地质模拟或凭借经验综合考虑增大产量便于携水，但可能会导致水锥和过早水淹。

参 考 文 献

[1] NACE MR 0175　Sulfide Stress Cracking Resistant Metallic Materials for Oilfield Equipment [S].

[2] ISO 15156:2003　Peroteum and Natural Gas Industries——Materials for Use in H_2S—Containlng Environments in Oil and Gas Production [S].

[3] 郭肖.高含硫气井井筒硫沉积预测与防治 [M].北京：中国地质大学出版社，2014.

第十章 酸性气井腐蚀控制

第一节 酸性气井油套管材料选用与评价

一、酸性气井油套管材料选用原则和标准

正确选用油管、套管及各种井下附件、采油树及地面设备的材料是油气井防腐的最重要环节，选材不当不仅造成浪费，而且隐藏安全风险。本节重点讨论碳钢和低合金钢、不锈钢和耐蚀合金的选用。

根据国内外几十年研究和生产实践的经验，对于腐蚀严重的酸性气田，正确选择所需的材料并进行相关的腐蚀评价、监控，是防止腐蚀最有效的方法。腐蚀工况不同，所选用的材质也不同，那么应该怎样选择？按什么原则和标准来选材呢？以下将首先介绍标准和一些基本原则。

经过各油气田的防腐实践，并吸收国外的经验，我国正在逐步形成自己的防腐技术、标准与规范。

1. 执行标准和设计依据

碳钢和低合金钢是H_2S酸性环境中使用最普遍的钢种，研究比较充分，同时也已积累了较丰富的现场经验。在含H_2S酸性环境防腐设计中，环境断裂是材料选择最重要和优先考虑的因素，其中酸性环境抗开裂的材料选择已有国际公认的标准ISO 15156-2。本节将重点阐述以ISO 15156-2为依据的材料选择的原则和设计方法。

ISO 15156-2只规范碳钢和低合金钢在硫化氢酸性环境中的开裂行为，它不涉及电化学腐蚀问题。选用了抗硫的碳钢和低合金钢后，电化学腐蚀将成为重点考虑的因素。此时设计或油气井管理者会面临电化学腐蚀的防护选择。一般情况下加缓蚀剂的技术可防止或减缓电化学腐蚀。

对于较恶劣的腐蚀环境，例如高含二氧化碳，或同时高含CO_2与H_2S，应优先从材料选用上作防腐蚀设计，即优先考虑采用不锈钢或合金。由于不锈钢或合金价格昂贵，供货周期长，它们对井下环境也有使用限制，因此应有充分时间进行试验评价和进行技术经济分析。ISO 15156-3提供了不锈钢和合金的设计和选用规范。

ISO 15156只涉及材料的选用和评价规范，不涉及尺寸及强度性能规范。因此作设计时读者同时还应参考ISO 11960技术性能规范和ISO 10400强度和设计方法规范。ISO 15156-4还提供了H_2S酸性环境橡酸胶和其他非金属材料密封件或零件的技术规范和评价方法。中国也在逐步更新和等同引用上

述ISO标准。

2. 适用性设计方法

对于某些腐蚀环境，按前述ISO 15156标准选不到合适的材料，NACE方法A和A溶液是一种最苛刻的抗硫化物应力开裂评价方法。大量实践证明，按NACE方法A和A溶液不合格的材料，在现场长期工作并未开裂。因此在货源受限制，或技术经济评价不宜采用更高级的材料时，只要能确切模拟现场环境做评价选材应该是允许的。通常情况下腐蚀性组分、温度是客观存在的，但是优化结构设计使工作应力降低就可为选材提供方便，或提高可靠性。ISO 15156-1提供了适用性设计的一个原则，即可以根据现场经验资料进行材料的判别。但需符合下述条件：

（1）提供的现场经验至少持续两年时间，并且包括现场使用之后全面的检查。

（2）拟使用环境苛刻程度不能超过提供的现场经验所处的环境。

在含硫的高压深井中，已采用了屈服强度125ksi级别的准抗硫油管和套管，其设计方法均为"适用性设计"（Fit for service，Fit for purpose）。在"适用性设计"中几乎不可避免地要用到一门新兴的学料——"环境断裂力学"。前述ISO 11960，ISO 15156和ISO 10400已提出了碳钢和低合金钢的最小环境断裂韧性值及评价方法。

二、酸性气井油套管材料类型及适用范围

1. 材料类型

（1）碳钢和低合金钢。

碳钢（Carbon Steel）是一种铁碳合金，其中含碳小于2%、含锰小于1.65%，和其他微量合金元素。石油工业中所用碳钢的含碳量通常低于0.8%。

低合金钢（Low Alloy Steel）也是一种铁碳合金，其中合金元素总量少于5%（大约），但多于碳钢规定含量的钢铁。

近年来在碳钢和低合金钢系列中，推出了一类称为微合金钢新钢种，或称3Cr钢。在低碳钢中铬的含量增至3%和进行合适的合金设计后，材料表面生成稳定的富铬氧化膜，抗CO_2腐蚀性能显著提高。同时抗H_2S和氯化物腐蚀性能也有显著改善，但是目前3Cr钢还未列入抗硫钢种。

选用碳钢和低合金钢时应执行ISO 11960和ISO 15156-2标准，或与其等同引用的中国标准。

（2）耐蚀合金。

耐蚀合金（Corrosion-Resistant Alloy，简称CRA）是指能够耐油田环境中的一般和局部腐蚀的合金材料，在这种环境中，碳钢和低合金钢会受到腐蚀。ISO 15156-3将不锈钢和合金统称为耐蚀合金，该标准提供了详尽的耐蚀合金油管、套管和耐蚀合金制造的零部件技术规范。耐蚀合金材料有不锈钢（高合金奥氏体不锈钢、马氏体不锈钢、双相不锈钢）以及合金（镍基合金等类别）。

（3）其他材料。

在油气井中还有多种类型橡胶密封件，塑料零件，此外还有固井水泥。这些非金属材料也存在抗腐蚀和合理选用设计问题。

2. 材料选用的相关性

为了便于在宏观上选材，并同时考虑环境断裂和电化学腐蚀，Sumitomo Metals公司推出了油气井腐蚀环境与材料选用图，见图10-1。图中各区域说明如下：

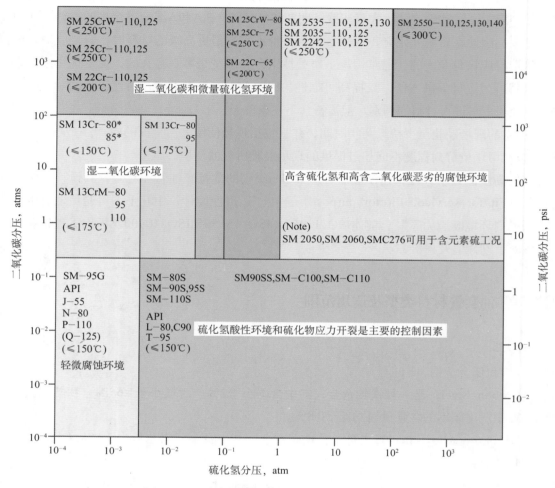

图10-1 油气井腐蚀环境与材料选用指导图

（1）轻微腐蚀环境。

油气井产出物含地层水、凝析水和微量H_2S、CO_2、注水井等属于轻微腐蚀环境，可用符合ISO 11960规定的任何油套管，常用的有J55，N80，P110和Q125等。

（2）H_2S酸性环境和硫化物应力开裂是主要的控制因素。

井下温度、CO_2及地层水含量低。可选用相关表中不同使用温度对应的抗硫化物应力开裂的钢级，例如H40，J55，K55，M65，L80-1，C90（C90 1型和C90 2型），C95及T95（T95 1型和T95 2型）。

（3）湿CO_2环境。

为不同含量CO_2及地层水，以电化学腐蚀为主的井下条件。常用13Cr或SUPER13Cr、22Cr等更高铬含量的马氏体不锈钢。

（4）湿CO_2和微量H_2S环境。

双向不锈钢22Cr可用于含微量H_2S的湿CO_2环境，H_2S和氯离子含量更高时可选25Cr。

（5）高含H_2S和高含CO_2恶劣的腐蚀环境。

在不利的油气井腐蚀介质类型组合及含量、压力、温度等相互作用下，抗硫化物应力开裂的碳钢和低合金钢可能会出现严重失重腐蚀、点蚀或开裂。这是最恶劣的腐蚀环境，总体来说只可选用镍基合金类材料。

三、碳钢和低合金钢环境断裂的评价方法和判据

环境断裂是材料选择最重要和优先考虑的因素，环境断裂的评价方法和判据已在相应的标准中有具体的规定和做法[1—3]。

1. 评价标准和方法

在工程上需要评价某种材料在一定H_2S酸性水溶液环境中不会发生开裂的拉伸应力值，这个应力值称为环境断裂临界应力，它与材料屈服强度的百分比称为临界应力百分比。NACE TM 0177—2005标准提供了试验方法和判别标准。碳钢和低合金钢在室温下对SSC敏感性高，因此通常只做常温常压的抗裂性能试验。对于不锈钢和耐蚀合金，情况比较复杂，不能套用上述标准。NACE TM 0177—2005标准规定了试验使用的试剂、试样和设备、需遵循的试验程序等，该标准包括4种试验方法。

（1）方法A：拉伸试验，又称恒载荷试验，评价材料在单轴向拉伸载荷下的抗环境断裂能力，应用最为普遍，是材料抗硫化物应力开裂性能的基本评价方法。

（2）方法B：弯梁试验，较少应用。

（3）方法C：C形环试验，主要用于评价直焊缝管的焊缝对硫化物应力开裂的敏感性。

（4）方法D：双悬臂梁（DCB）试验，可以定量评价材料在特定腐蚀环境下的临界环境断裂韧性。

除了上述方法外，还有一种称为慢拉件应变（Slow Strain Rate，简称SSR）的试验法。试件在极缓慢的拉伸（应变速率低到$10^{-7} \sim 10^{-4}s^{-1}$）状态下，在数小时至几天将发生断裂。这是一种快速评价材料抗环境断裂性能的方法，特别适用于耐蚀合金类材料评选。

2. 碳钢和低合金钢在H_2S酸性环境中开裂严重度判据

在酸性环境碳钢和低合金钢性能的诸多影响因素中，最关键的是H_2S的分压和pH值，因此ISO 15156以这两个参数为开裂严重度判据。在材料选用实际设计中，最好能得到井下取样pH数据，但是H_2S井下取样比较困难。材料选用时，参考本书第九章第一节图9-1"ISO 15156酸性环境的定义"，该图为碳钢和低合金钢在H_2S酸性环境中开裂严重度判据图，图中分为4个区间。

3. 常用抗H_2S应力开裂碳钢和低合金钢油管及套管材料

由于套管的使用条件比较恶劣，对钢的质量要求很严，必须按专门标准或技术条件生产和检验。ISO 11960和API Spec 5CT标准认定的套管执行统一的材料标准，API 5C3和ISO 10400已根据ISO 11960的材料和具体技术条款作了强度计算。国际统一标准钢级由字母及其后的数码组成，数码则代表套管材料的最小抗拉屈服强度，数码值乘以1000psi（6894.757kPa）就是最小抗拉屈服强度。以N80套管为例，钢级为N80，代表最小屈服强度为80000psi（551.6MPa）。

ISO 11960（原API 5CT等同于ISO 11960，2001年版）标准中规定J55，K55，M65，L80-1，C90

（C90 1型和C90 2型），C95以及T95（T95 1型和T95 2型）为H₂S环境用钢。但应注意，只有L80 1型、C90 1型、T95 1型可用于温度低于65℃的H₂S环境； C95和 C90 2型、T95 2型只能用在温度高于65℃的H₂S环境。上述带"1型"的钢级对有害元素含量控制、合金元素的含量及匹配、硬度和硬度偏差范围都比"2型"更严格。设计、选用和订货都应注意这些差别。

此外，很多钢管公司推出屈服强度为110ksi的抗H₂S应力开裂油管和套管，但这是用户和厂家自行认可的标准。目前ISO、API和NACE尚未将110ksi抗硫钢列入标准。

4. 影响碳钢和低合金钢开裂的主要因素

在含H₂S环境中，性能多种因素及其相互作用的影响，这些参数包括：

（1）化学成分、制造方法、成形方式、强度、材料的硬度和局部变化、冷加工量、热处理条件、材料微观结构、微观结构的均匀性、晶粒大小和材料的纯净度；

（2）H₂S分压或在水相中的当量浓度；

（3）水相中的氯离子含量；

（4）水相酸度值（pH值）；

（5）是否存在元素硫或其他氧化剂；

（6）非产层流体侵入或与非产层流体接触；

（7）温度；

（8）应力状态及总拉伸应力（外加应力加残余应力）；

（9）暴露时间。

以下将从设计和选用的需要讨论影响碳钢和低合金钢开裂的主要因素。

（1）硬度。

屈服强度和硬度是材料抗硫化物应力开裂的重要性能参数。强度和硬度太高和太低都会导致开裂，适当低的强度和硬度是确定碳钢和低合金钢抗环境开裂的重要指标。通过限制强度等级可以避免硫化物应力开裂。因为硬度与强度有关，硬度能用非破坏性的和较简便的方法确定，因此硬度在酸性环境材料的选择和质量控制的规范中广泛使用。表10-1为ISO 11960规定的常用抗硫钢材硬度值。

表10-1 ISO 11960规定的常用抗硫钢材的硬度值

项目	J55, K55	L80 1型	C90 1型	T95 1型
硬度最大值	22.0HRC	23.0 HRC	25.4 HRC	25.4 HRC
硬度平均值	22.0 HRC	22.0 HRC	25.0 HRC	25.0 HRC

注：1型指基于最大屈服强度1036MPa（150ksi），Cr—Mo钢，Q&T处理。

（2）酸性环境不同钢级套管和油管适用的温度条件。

H₂S对碳钢和低合金钢应力腐蚀开裂的影响因素中，温度是一个关键的参数。一般来说，硫化物应力开裂的敏感温度是室温至65℃，因此前述开裂试验标准都设置在24℃。表10-2列出了按ISO 11960钢级标准套管和油管适用的温度条件。在温度高于65℃的井段可以采用较高强度的非抗硫油套管。利用高温下硫化物应力开裂的敏感降低，在深井段采用非抗硫管仍存在风险。高温井段硫化物应力开裂虽然不易发生，但是随着井温的增加，电化学腐蚀加剧。因此，在高含H₂S、CO₂或地层水井中，油套管的设计应综合考虑。

表10-2　酸性环境套管和油管适用的温度条件（ISO 11960）

适用于所有温度	≥65℃（150℉）	≥80℃（175℉）	≥107℃（225℉）
H40 J55 K55 M65 L80 1型 C90 1型 T95 1型	N80　Q型 C95	N80 P110	Q125
	最大屈服强度小于等于760MPa（110ksi）专用Q&T钢	最大屈服强度不大于965MPa（140ksi）专用Q&T级	1型是基于最大屈服强度1036MPa（150ksi），化学成分为Cr—Mo的Q&T级的。不可采用碳锰钢

四、耐蚀合金材料油套管

耐蚀合金包括不锈钢、合金两大类。在一般意义上，似乎耐蚀合金具有更高的抗腐蚀性能。但实际上，某些耐蚀合金对腐蚀环境引起的点蚀和应力腐蚀开裂较为敏感。在石油工业使用耐蚀合金的历史中，曾经发生过由于耐蚀合金材料选材欠妥导致油管应力开裂和点蚀穿孔的严重事故。

耐蚀合金的腐蚀失效的主要形式是局部腐蚀和环境断裂。由于耐蚀合金品种多、价格高、价格差异大，对使用环境的适应性差异大，在油气井中尚缺乏使用经验，因此选用耐蚀合金的决策需要有充分依据，应尽可能模拟使用环境，进行实验室评价，吸取类似油气田开发的经验教训均十分重要。

1.气井油管、套管耐蚀合金类型及基本成分

耐蚀合金中Cr，Ni和Mo是最重要的基本合金成分，它们的含量百分比及制造方法构成了不同类型的耐蚀合金。上述元素对构件表面形成的保护性腐蚀产物膜的稳定性起关键作用，腐蚀都是从保护性腐蚀产物膜破坏开始的。

表10-3列出了油套管用耐蚀合金的主要成分。奥氏体不锈钢类型用于制造零部件，不用于制造油套管，因此表中未列出。

表10-3　油套管用耐蚀合金的主要成分

类型	UNS	关键性合金含量，%			
		Cr	Ni	Mo	其他
马氏体不锈钢					
ISO 11960 L80，13Cr		12～14	0.5		Si 1， Mn 0.25～1，Cu 0.25
13CrS	S41426	11.5～13.5	4.5～6.5	1.5～3	Ti 0.01～0.5，V 0.5
S/W 13Cr	S41425	12～15	4～7	1.5～2	Cu 0.3
双相不锈钢					
22Cr	S31803	21.0～23.0	4.5～6.5	2.5～3.5	Mn，Si等

续表

类型	UNS	关键性合金含量，%			
		Cr	Ni	Mo	其他
25Cr	S32550	24.0～27.0	4.5～6.5	2.0～4.0	Mn，Si等
	S32750	24.0～26.0	6.0～8.0	3.0～4.0	
	S32760	24.0～26.0	6.0～8.0	3.0～4.0	
合金					
Alloy C—276	N10276	14.5～16.5	rem.	15～17	W3.0～4.5，Co2.5
Alloy 625	N06625	20.0～23.0	rem.	8.0～10	Nb3.15～4.15
Alloy 718	N07718	17.0～21.0	50.0～55.0	2.8～3.3	Nb4.75～5.50
Alloy 825	N08825	19.5～23.5	38.0～46.0	2.5～3.5	Ti0.6～1.2
G—3	N06985	21.0～23.5	rem.	6.0～8.0	W5.0，Co1.5
028	NO8028	26.0～28.0	29～32.5	3.0～4.0	Cu0.6～1.4
2550	NO06255	23.0～26.0	47～52.0	6.0～9.0	W3.0，Cu1.2，Ti0.69

注：UNS—统一编号体系（依据 SAE – ASTM，美国金属和合金编号体系）。rem.—余量。

2. 耐蚀合金的腐蚀影响因素

（1）腐蚀现象。

耐蚀合金在实际使用过程中，腐蚀现象主要有点蚀和应力腐蚀开裂。应力腐蚀开裂包括硫化物应力腐蚀开裂、氯化物应力开裂等。

（2）耐蚀合金的点蚀。

耐蚀合金点蚀是一个较为普遍的问题，点蚀坑处应力水平相对较高，可能形成裂纹源。在较高工作应力、氯离子或氧的协同作用下，可能导致环境开裂。为了评价抗点蚀的能力，采用抗点蚀当量数（Pitting Resistance Equivalent Number，简称PREN）来描述。

PREN（F_{PREN}）可以采用相应的公式进行计算。

（3）影响耐蚀合金点蚀及开裂的环境因素。

影响耐蚀合金点蚀及开裂的因素比较复杂，在设计和井下作业中应该考虑的因素有：

①Cl^-或其他卤化物（F^-，Br^-）的浓度。不同浓度Cl^-经常会出现，有的地层水中氯离子含量高，有的井用高浓度盐水或天然卤水压井。F^-和Br^-在油气井完井，井下作业中可能会用到，例如酸化液中含氢氟酸，用溴化物作压井液、储层保护液等。Cl^-或其他卤化物（F^-，Br^-）离子单独或在氧的协同作用下使不锈钢表面钝化膜破坏，导致钢直接吸附氢原子。不锈钢和合金在使用中都有一定Cl^-或其他卤化物（F^-，Br^-）的浓度限制。

如果要在油套环空或井内注入$CaCl_2$，$NaCl$，$ZnCl_2$及$CaCl_2$—$CaBr_2$等溶液，应首先进行模拟井下条件，并与H_2S和CO_2协同作用的耐蚀合金点蚀和环境开裂评价。对于马氏体不锈钢和双向不锈钢，Cl^-或其他卤化物（F^-，Br^-）的上述影响应列入评价要求。

②井下H_2S分压及环境pH对开裂的影响。对于镍基合金，原则上环境pH值不影响材料的环境开裂。但是对马氏体不锈钢和双向不锈钢必须考虑潜在的环境开裂问题。

③元素硫对点蚀和环境开裂的影响。元素硫是某些耐蚀合金环境开裂和点蚀的影响因素。元素硫

对耐蚀合金的影响机理和规律研究得不充分，只有针对具体环境加强评价。

④氧对点蚀和环境开裂的影响。氧与H_2S反应生成连多硫酸，对不锈钢点蚀和应力开裂有一定影响。曾经发现开关井口环空阀门导致环空吸入空气，氧与环空保护液氯化物反应，导致双相不锈钢环境断裂。如果用了不锈钢油管，向井内注入流体应考虑除氧或加入氧抑制剂。

3. 耐蚀合金的使用环境限制

耐蚀合金钢虽能耐蚀，但仍有一定的使用条件限制。设计者应咨询或委托该技术领域单位进行评价和论证，以便针对井下环境选用合适的材料。

第二节　酸性气井非金属材料选用与评价

在井下和井口装置中常用到一些非金属材料作密封件或零件，防腐设计亦需要考虑非金属材料的抗腐蚀性能。当橡胶密封材料和介质相接触时，由于它们的氧化作用而引起橡胶密封材料和添加剂的分解，有些介质还能引起橡胶密封材料的溶胀，使橡胶密封材料分子产生断裂、溶解以及添加剂的分解、溶解、溶出等现象。需要时，可参考ISO 15156-4设计选用非金属材料。

国内外的研究已经认识到了甲烷、H_2S、CO_2和地层水共存或某几项组合对水泥环的腐蚀问题，但是缺乏在高温高压下甲烷、H_2S、CO_2和地层水共存对水泥石长期寿命影响的研究及标准。高温高压下H_2S和CO_2腐蚀水泥环，进而腐蚀套管。需要设计采用抗H_2S和抗CO_2的水泥体系或处理剂。应特别注意高温高压下超临界态CO_2对水泥的侵蚀，国外一些过套管测井发现CO_2腐蚀水泥，产生微环隙。实验室评价发现普通油井水泥在28MPa，90℃超临界态CO_2环境中，不到一个月水泥石严重碳化和开裂。采用胶乳水泥体系可显著降低水泥石渗透性，从而有利于防止或减轻水泥的腐蚀。

第三节　酸性气井的防腐措施

油气田腐蚀与防护工作一直是石油工业的重要课题，也是一项复杂的系统工程，在油气田生产设施及集输管道系统方面，总是把防腐工作纳入生产建设管理轨道，实行同步规划、同步设计、同步建设、同步运行。

一、防止油管的冲蚀、腐蚀

1. 考虑油管冲蚀、腐蚀的平均流速计算

1）冲蚀、腐蚀的平均流速计算

高产气井油管设计中，若对油管冲蚀考虑不够，或受井身结构限制不能下大直径油管，高速气体在管内流动时会发生冲蚀、腐蚀。产生明显冲蚀、腐蚀作用的流速称为冲蚀流速，有的称为临界流速或极限流速。在工程实际中，流速往往是唯一可以控制的力学指标。控制了流速就可以控制管壁的冲蚀、腐蚀引起的管壁减薄。

有利于防止油管失效的气流速度应该是在小于冲蚀流速情况下尽可能高的流速。在这个速度区间不产生机械性的冲蚀。美国石油学会建议的两相流（气、液）管道中冲蚀极限速度（API RP 14E）为：

$$v_e = \frac{C}{\sqrt{\rho_g}}$$（10-1）

$$\rho_g = 3484.4 \frac{\gamma_g p}{ZT}$$

式中　v_e——冲蚀速度，m/s；

　　　ρ_g——气体的密度，kg/m^3；

　　　C——经验常数（若流速在临界速度以内，则可控制腐蚀的速度，对于在有H$_2$S的情况下钢表面形成的硫化亚铁膜，C确定为116；对于在有CO$_2$的情况下钢表面形成的碳酸铁腐蚀膜，C为110；若腐蚀膜是Fe$_3$O$_4$，C为183）；

　　　γ_g——混合气体的相对密度；

　　　p——油（套）管流动压力，MPa；

　　　Z——气体偏差因子；

　　　T——气体绝对温度，K。

若令C=120，则：

$$v_e = 2.0329 \left(\frac{ZT}{\gamma_g p} \right)^{0.5}$$（10-2）

气流从井底流向井口，由于重力及摩阻的影响，井口流动压力要比井底流动压力小，而流动速度却越来越大。因此只要井口处的气流速度能满足不产生明显冲蚀的条件，则井筒中管柱任何断面处的速度也一定能满足该条件。井口处油管的冲蚀流速与气井相应的冲蚀流量和油管内径的关系式可由式（10-3）表示：

$$v_e = 1.4736 \times 10^5 \frac{q_e}{d^2}$$（10-3）

式中　q_e——气井井口处的冲蚀流量，10^{4}m^3/d；

　　　d——油管内径，mm。

整理上面各式得：

$$q_e = 1.3794 \times 10^{-5} \left(\frac{ZT}{\gamma_g p} \right)^{0.5} d^2$$（10-4）

据井口处冲蚀流量与地面标准条件下体积流量的关系式：

$$q_{max} = \frac{Z_{sc} T_{sc}}{p_{sc}} \frac{p}{ZT} q_e$$（10-5）

当地面标准条件为p_{sc}=0.10MPa，T_{sc}=293K，Z_{sc}=1.0，则有：

$$q_{max} = 0.04 \left(\frac{p}{ZT\gamma_g} \right)^{0.5} d^2$$（10-6）

式中　q_{max}——地面标准条件下气井受冲蚀流速约束确定的产气量，10^{4}m^3/d。

实例计算。假设井口油压和和温度分别为5.5MPa和60℃，天然气的相对密度为0.65，压缩因子为0.91。则，对于壁厚5.51mm的2$^7/_8$in油管来说，油管冲蚀流速对应的产气量为：

$$q_{max} = 0.04\left(\frac{5.5}{0.91\times(273+60)\times0.65}\right)^{0.5}\times(73-5.51\times2)^2 = 25.7 \quad (10^4 m^3/d)$$

2）油管内流速对腐蚀影响的复杂性

上述的计算仅是指导性的，实际的冲蚀情况十分复杂。当含CO_2、H_2S和地层盐水时，初始腐蚀产物膜被不断冲掉，腐蚀膜起不到保护作用。CO_2腐蚀物疏松，更容易被冲掉。因此含CO_2气井的油管直径选用和产量控制要特别重视。当需加入缓蚀剂防止油管腐蚀时，若油管内流速太高，管壁缓蚀剂膜将不稳定。严重时不得不缩短注缓蚀剂周期，甚至改为连续注入。

疏松产层或测试、生产压差过大，气流带砂时冲蚀严重，加剧冲蚀腐蚀。

2. 优选螺纹结构防止螺纹冲蚀、腐蚀

油套管柱中，螺纹连接是首先被腐蚀的部位。在很多情况下，油管管体可再下井使用，但因螺纹腐蚀，必须重车螺纹或整体报废。当流体通过油管柱接箍中部时，截面变化，即截面的突然放大和突然缩小，流体流速及流场将发生变化。在该区产生冲蚀腐蚀、应力腐蚀、缝隙腐蚀、电偶腐蚀、流动腐蚀等。

从图10—2中可见外螺纹端被冲蚀腐蚀呈"虫咬"状。

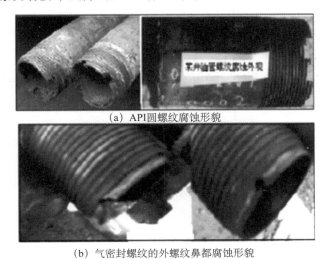

（a）API圆螺纹腐蚀形貌

（b）气密封螺纹的外螺纹鼻都腐蚀形貌

图10—2　油管外螺纹端部腐蚀形貌

在前述电偶腐蚀讨论中已提到应力集中、局部冷作硬化部位将作为电偶对的阳极加速腐蚀。此外接箍与管体用不同材料和不同工艺制造，其间也存在电位差。

腐蚀环境的油气井宜采用气密封螺纹。气密封螺纹流道变化小，有利于防止涡流冲蚀、电偶腐蚀、降低缝隙腐蚀、电位腐蚀。API圆螺纹接箍中部的涡流冲蚀和高的接触应力、应力集中等结构缺陷易导致先期失效。

二、油套环空（油管外壁和套管内壁）防腐

1. 开口环空

油管下部不带封隔器的完井结构称为开口环空。油套环空套管内壁和油管外壁的腐蚀决定于产出

流体和环空油、气、水的相态变化。一些油气田油管外壁比内壁腐蚀严重，可见从外壁向内延伸的局部腐蚀穿孔。CO_2溶于凝析水，可使凝析水pH值降到4.0以下。由于环空无流动，该凝析水可稳定地附着在油管外壁，造成失重腐蚀或点蚀穿孔。

气井底部的油管和套管在气—水界面附近溶解与析出产生的传质动力因素会加剧腐蚀。

2. 闭口环空

油管下部带封隔器的完井结构称为闭口环空。以下只重点讨论闭口环空的环空保护液。环空保护液应具有如下性能：

（1）具有良好的防腐蚀性能。

（2）高温及长期的稳定性。在高温或长期井眼温度下应具有稳定性，包括加入的聚合物材料无分解、加重料无沉降。

（3）具有一定的密度能平衡压力。要求环空保护液具有一定的密度，以平衡油管内的高压和对封隔器施加一定回压。

三、套管外防腐

套管外腐蚀主要发生在未注水泥的自由套管段，水泥环可较好地保护套管免受腐蚀。在注水泥质量差的井段，或井下作业损伤了水泥环的井段，套管也可能受到腐蚀。套管外腐蚀的腐蚀源十分复杂，但是最基本和最普遍的是未封固段地层水发育、地层水处于流动态、地层水含腐蚀性组分。此外还可能有环空滞留钻井液的腐蚀，套管自身钢材的金属学缺陷、操作损伤及局部应力集中。制造残余应力过大或套管钳牙咬伤会加快局部腐蚀。套管接箍及外螺纹螺牙消失段存在应力腐蚀、缝隙腐蚀和电偶腐蚀，这个区域会过早穿孔或断裂。

防止套管外腐蚀的主要措施包括避免裸眼段过长，用水泥封固腐蚀性井段；采用套管外涂层或外缠绕保护膜；提高注水泥质量和采用合适的抗腐蚀水泥。

在具有腐蚀倾向的阳极端喷涂或镀锌、铝或镁可起到局部保护作用。锌、铝或镁电子流向钢，使原来的电偶极性逆转，这也是一种局部牺牲阳极保护技术，该技术应在实验评价有效后方可实施。

四、注缓蚀剂防腐

注缓蚀剂对碳钢和低合金钢油管防腐已有很长的使用历史，它普遍用于新下油管的预防腐蚀，也用于发现腐蚀后的腐蚀控制，是国内外酸性气田广泛采用的防腐方法。

根据缓蚀剂作用机理，缓蚀剂可分为薄膜型和钝化型两大类。薄膜类是在金属表面形成不渗透吸附膜，以阻止腐蚀介质接触金属，薄膜型主要有胺类，如伯胺、聚胺、酰胺类、咪唑啉、鳞化物等。钝化型主要有钒酸盐、铬酸盐等，钝化类主要是在金属表面形成保护性氧化层。

有两类加注缓蚀剂的技术：

第一类，现在普遍采用的环空注入法，根据腐蚀监测情况确定合理注入周期。环空加药既能保护油管（内壁、外壁）又能保护套管（内壁），甚至对地面集输管线还有保护作用。特别值得一提的是，如加入缓蚀阻垢剂，不仅能防腐，还可防止油管和集输管线内壁结垢。

第二类，从油管内投缓蚀棒，缓蚀棒中含有缓蚀剂，在一定条件下逐步释放缓蚀剂，从而起到保护管内壁的作用。

注缓蚀剂应该注意的问题是：

（1）有效性及技术经济评价。由于井下腐蚀的复杂性和缓蚀剂的多样性，有效性评价显得十分重要。此外在很多情况下，注缓蚀剂仅是首次投入低，但长期运行成本较高。有的缓蚀剂只对控制均匀腐蚀有效，对点蚀可能不起作用，甚至加剧点蚀。评价缓蚀剂时，应特别注意有效性及技术经济效益。

（2）在H_2S气井中，不应把注缓蚀剂作为防止环境开裂的措施。注缓蚀剂主要用于解决一般性的电化学腐蚀。这是因为影响注缓蚀剂效果的因素较多，具有不确定性。临时性的井下作业可考虑注缓蚀剂防止环境开裂，例如，下测井钢丝作业时保护钢丝，酸化作业时保护油管等。

（3）油管内流速和局部涡流影响缓蚀剂效果。

缓蚀剂在管壁上形成稳定的保护膜决定于吸附、脱附动力过程。高流速及局部的涡流会破坏膜的稳定性，并可能导致局部腐蚀。高产井采用注缓蚀剂防腐是否有效需要大量的模拟评价研究。

（4）当油管下部装有封隔器时，从环空注缓蚀剂的井下装置过于复杂，可靠性难以保证。

（5）缓蚀剂对环境的不良影响，已日益受到关注，并将成为缓蚀剂评价和选用的考虑因素之一。

参 考 文 献

[1] ISO 15156:2003 Peroteum and Natural Gas Industries——Materials for use in H_2S—Containlng Environments in Oil and Gas Production [S].

[2] ISO 11960 Petroleum and Natural Gas Industries——Steel Pipes for use as Casing or Tubing for Wells [S].

[3] NACE MR 0175 Sulfide Stress Cracking Resistant Metallic Materials for Oilfield Equipment [S].

第十一章 酸性气井井筒完整性管理与环空带压管理

第一节 井筒完整性管理的理念及流程

近年来,国内外在高压高产和高含硫油气田开发方面十分重视油气井的本质安全和公众安全。由于H_2S对人体的毒害问题十分严重,对材料的损伤具有特殊性,因此要重视H_2S气井的本质安全问题。

井筒完整性的实质就是井筒的本质安全,由于国际上通用井筒完整性管理(Wellbore Integrity Management),因此采用了这一名称。近年来,国际上一些大的石油公司提出了"井筒完整性管理(Wellbore Integrity Management)"的理念,但其理论和方法还有待完善。完整性管理的概念说法不统一,一种说法是"不损害工程结构的操作与管理"。挪威石油工业协会NORSOK D-010标准将井筒完整性定义为:采用有效的技术、管理手段来降低开采风险,保证油气井在成功废弃前的整个开采期间的安全[1]。

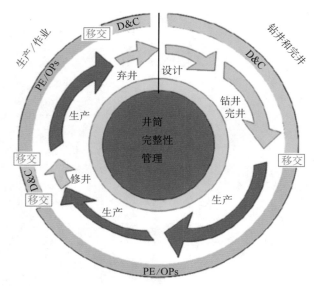

图11-1 井筒完整性管理贯穿于油气井整个生产周期

(设计、钻井、完井、作业、修井和弃井)

建议的井筒完整性管理应包括以下内涵:

(1)井筒应保持物理上和功能上的完整性。所谓"物理上"是指无泄漏、无变形、无材料性能退化、无壁厚减薄;"功能上"是指适应开采或井下作业的腐蚀环境、压力及操作。

(2)井筒油管、套管及安全装置始终处于受控状态。可预测不同使用期间能承受的极限载荷和极限服役环境,操作者应控制施工参数在极限条件之内。当不可控的因素可能导致井筒的某一关键节点失效,可能危及环境与公众安全时,应及时补救或有能力安全地封井废弃井眼。

（3）建立一体化的技术档案及信息收集、交接或传递管理体制。许多套管失效是操作者不知道套管或井下结构的技术数据，井下作业损伤套管或使已损伤的套管演变成事故。

（4）建立具有针对性的失效分析、风险分析机制，将油管、套管、各层环空的完整性管理和设计建立在失效分析、风险分析的基础上。由于完整性管理涉及的外载、套管、水泥环损伤或材料性能退化等很难准确定量计算，因此设计或服役条件要用到风险分析方法。

大量油管、套管失效案例分析表明，几乎所有已失效的油管、套管都符合强度设计标准，说明了仅按API或ISO标准设计的油管、套管不能保证在服役过程中的完整性。

在井筒完整性贯穿于一口井的整个开采周期，涉及的内容较多，如图11-1、图11-2所示。井筒完整性需要考虑油气井整个开采期间的情况，包括潜在的地层情况（地层压力、地层流体的组成与物性参数等）、开采方式以及可能的修井、压裂酸化等后期增产改造作业等。井眼完整性管理包含的内容较多，而油管、套管的完整性是井眼完整性的关键组成部分，因此，在井眼完整性管理中重点研究油管、套管和环空的完整性管理。

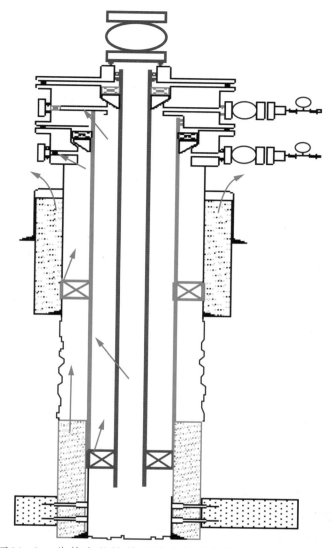

图11-2　井筒完整性管理涉及密封完整性和结构完整性

（红色指针表示可能的泄漏通道）

第二节　酸性气井井口和采气树设备防腐

井筒完整性管理涉及各组件和附件的密封完整性和结构完整性，螺纹、非金属密封元件的密封失效可能导致严重的环空带压。

井口泛指套管头和油管挂系统，井口之上的设备称为采油树，在气井中常称为采气树。

井口和采油树选型应执行ANSI/API 6A标准，对于含硫气井，制造材质应符合NACE MR 0175要求。闸阀符合API 6FC/6FA抗火试验标准；地面控制系统执行API 14C RPC相关标准。

表11-1为井口和采气树材料防腐蚀等级划分。

表11-1　采气树材料防腐蚀等级划分

材料级别	工况	CO_2分压，MPa
AA	一般环境，无腐蚀	≤0.05
BB	一般环境，轻度腐蚀	0.05~0.21
CC	一般环境，中度腐蚀到严重腐蚀	≥0.21
DD	酸性环境，无腐蚀	≤0.05
EE	酸性环境，轻度腐蚀	0.05~0.21
FF	酸性环境，中度腐蚀到严重腐蚀	≥0.21
HH	酸性环境，严重腐蚀	

表中EE级、FF级和HH级所处的酸性环境指H_2S分压值超过0.0003MPa（0.05psi）的腐蚀环境。如果关井井口压力为13.8MPa，H_2S含量为25ppm，这就相当于分压0.0003MPa，按标准就应视为酸性环境。

表中HH级用于高含H_2S和CO_2气井，所有与流体接触的表面一般都堆焊一定厚度的625镍基合金。如果HH级仍不能满足防腐要求，API 6A标准允许厂家与用户协商，生产ZZ级采气树。

CO_2分压可作腐蚀严重度细分级的依据，这是因为含CO_2时，流动诱导腐蚀和冲刷腐蚀加剧了电化学腐蚀。H_2S的主要危害是应力开裂问题，选用了抗开裂的材料后，流动诱导腐蚀，冲刷腐蚀和电化学腐蚀就成了腐蚀和材料选用的控制因素。

如果井口温度刚好处在CO_2腐蚀严重温度段（60~100℃）或氯离子浓度高，那么腐蚀会更严重。

油管挂及套管头密封失效将导致环空带压，如果环空带压介质含硫化氢或二氧化碳，将导致较大井口安全风险，应将此类井列入风险井管理。

对含硫化氢或二氧化碳气井，生产套管应采用悬挂式套管挂和可靠的金属接触密封。卡瓦式套管悬挂方式不宜用于含硫化氢或二氧化碳气井的生产套管，密封可靠性欠佳。

与HH级采气树匹配的悬挂式套管挂常采用718镍基合金制造，其性能应符合NACE 15156-3和ISO 13680要求。对于首次生产井口设备或未知质量信誉的厂家，采购方应要求厂方提供材料金相分析报告。最低要求标准是微观组织中晶界处没有连续的析出相。金属间化合物相、氮化物和碳化物总含量不超过1.0%，σ相不超过0.5%。螺纹镀铜或磷化应防止潜在的氢损伤，厂家应按参照ISO 9587：2007，IDT标准（金属和其他无机覆盖层为减少氢脆危险的钢铁预处理）提供螺纹镀铜、磷化后除氢的报告。

电偶腐蚀和电偶诱发氢应力开裂（GHSC）应作为材料选用匹配考虑的重点。对于含硫化氢气井，常用C110S或T95SS钢级作生产套管，应特别注意在上述718镍基合金与生产套管间的双公短节不可用17-5PH等马氏体不锈钢制造。碳钢与不锈钢间电偶腐蚀和电偶诱发氢应力开裂将会是潜在断裂风险。

采气树四通、弯头内壁腐蚀冲蚀是主要失效形式和潜在风险之一。特别是受投资限制，在少量含硫化氢气井中选用了DD级、EE级、FF级采气树，当采出物中同时含二氧化碳、地层水氯离子含量高、产量高或井口温度大于70℃时，采气树四通、弯头内壁腐蚀冲蚀可能成为潜在风险。

对于制造质量欠佳的产品，密封圈、顶丝均可能成为泄漏点。

第三节　酸性气井井下装置失效分析

一、尾管悬挂器与尾管回接装置

尾管悬挂器是将尾管悬挂在上一层套管柱底部并进行注水泥作业的特殊装置。通过尾管悬挂器实现尾管固井，可以降低注替施工的流动阻力，从而避免注水泥井漏。

尾管回接装置是指从尾管悬挂器顶部的喇叭口处向上回接套管到井口，并完成注水泥作业的固井工具。

潜在的密封失效方式：

（1）尾管/套管环空水泥环气窜。

（2）尾管悬挂器螺纹连接失效，悬挂器与套管柱连接处泄漏。

（3）尾管顶部封隔器密封失效，尾管悬挂器环间密封件老化、油管悬挂器与油管连接处（连接的上端或下端）泄漏到油管与套管之间的环空中。

（4）回接套管水泥返到井口，再叠加水泥浆失水或析水控制欠佳，流变性控制欠佳，导致回接套管外注水见穿槽或形成大量自水。上述问题将导致采气期"B"环空带压。

二、分级箍

分级箍长期的压力完整性是基于分级箍的橡胶密封圈要能有效地密封滑动套筒。分级箍不宜用于生产套管柱，因为橡胶易老化，由此导致失去密封完整性。

分级箍通常用于技术套管柱。应考虑技术套管外有气层时，分级箍是一个潜在的环空泄漏源。如果套管外有含H_2S气层，不应使用分级箍。

分级箍外水泥封隔差或无水泥，应考虑潜在的地下水对分级箍和套管的腐蚀。分级箍位置应避开渗透性地层。

分级箍处不应修磨或胀管。

三、井下安全阀（SCSSV）

（1）材料失效。井下安全阀所用材料应能适应生产流体的腐蚀性，包括应力开裂和电化学腐蚀。

应充分考虑螺纹、密封槽处的应力水平或应力集中，可能的电位腐蚀或耐蚀合金的电偶诱发的氢应力开裂（GHSC）。

（2）接头漏失。由于井下安全阀系统有大量的接头，存在潜在的漏失风险。

应优先选用专有的金属—金属密封结构。如果含有橡胶密封结构，应考虑潜在的漏失风险。

（3）避免结构设计或选配不当造成失效。井下安全阀上下应配适当长度缓冲管，且井下安全阀中心管应与缓冲管同内内径。任何微小的内径变化（放大或缩小）均会诱发腐蚀，严重时产生水合物或垢堵塞。

翻板阀开关阻力应与控制管内油压和油管内压力匹配，或配有压力平衡阀，防止打开翻板阀困难。

（4）避免操作不当造成隐患，应与供应商充分交换入井前检测及调试。

（5）井下安全阀上下端冲蚀。井下安全阀上下端流动短节内径选配不当，造成流动冲蚀腐蚀。

（6）井下安全阀只在紧急情况下起用，不可将其当作阀门关闭油管使用。

四、伸缩短节

伸缩短节含有滑动密封，长期服役环境下可能泄漏，并导致环空带压。应评估开采、井下作业的油管温度和压力变化，轴向拉压力变化，尽可能提高油管强度来适应最大轴向拉力或压力，从而避免采用伸缩短节。

（1）伸缩短节的最大轴向位移应该大于油管温度和压力变化及井下作业的轴向位移量。

（2）含硫油气井伸缩短节材料需要与工作环境腐蚀介质相匹配。

（3）伸缩短节中有较多的螺纹连接、密封槽及横截面尺寸的变化，应该充分考虑这些部位可能的应力集中及局部应力过大导致的断裂等事故。

（4）对于含硫油气井，密封元件应该优先选用金属对金属接触密封。如果使用橡胶作为密封元件，应该考虑橡胶在H_2S和CO_2环境中的化学腐蚀（化学反应）和物理腐蚀（溶胀、溶解、银纹、龟裂）行为，需要考虑橡胶密封元件的长期密封性。

（5）应该考虑伸缩短节与所连接组件材料的性质差异，避免出现性质差异过大而导致点偶腐蚀和氢致应力开裂。

五、封隔器

封隔器安装在油管下部，位于射孔井段之上或耐蚀合金套管内。封隔器用于密封油管和套管之间的环空，该环空内充满环空保护液。封隔器泄漏将导致环空带压，硫化氢或二氧化碳腐蚀套管。

封隔器密封失效形式包括断裂和密封泄漏，其潜在因素包括：

（1）封隔器螺纹或芯轴断裂。

①选材不当，发生硫硫化物应力开裂（SSC）或应力腐蚀开裂（SCC）。

②设计欠妥，封隔器承受的轴向拉力或液压力超过封隔器额定强度包络线。在含有双封隔器的井中压裂，井口环空背压不能传递到下封隔器，有可能导致下封隔器螺纹或芯轴断裂。

（2）封隔器密封泄漏。可能与下列因素有关：

①胶筒挤压变形过大，温度或化学腐蚀共同作用下丧失密封性。

②操作欠妥造成损害。

③封隔器卡瓦没有与套管牢固咬定。

④多次井下作业，压力变化使卡瓦松动，或已溶胀胶筒卸压形成漏失通道。

第四节 降低应力水平的井身结构设计

一、相关标准

目前的套管设计不管什么类型的井均按API 5C2和API 5C3标准。它只考虑单向载荷（拉、内压和外挤）下的强度，唯一的复合应力只有轴向拉力下抗挤强度的降低。这对于复杂工况下的气井已不够。国内外几乎所有气井油管和套管破坏都不是因为设计安全系数不符合API 5C2和API 5C3标准。目前国际上对恶劣条件下气井已同时采用下列标准。

（1）ISO 13679和API 5C5标准。

按VME（Von Mises Equivalent）应力设计或效核套管。VME应力是管体和连接接头按所有可能同时出现的外载计算出当量的复合应力，然后与材料的单向屈服强度比较，安全系数应大于或等于1.25。应做出管体和接头的工作载荷包络线。ISO 13679规定厂家有义务提供上述工作载荷包络线。如果厂家未提供，那么设计者可按ISO 13679的规定做出。

ISO 13679还提出了接头密封性和上卸扣检验方法。

在生产上还需要"极限载荷包络线"，该标准目前尚未完成。气井管理部门应该提供本地区的极限载荷包络线，为设计、开采、井下作业提供依据。

（2）NACE MR 0175/ISO 15156标准（材料要求）。由T-1（石油开采中腐蚀控制）小组委员会所主持的有关金属硫化物应力开裂（SSC）一般问题的一系列研究、报告、论丛和标准的又一进展。这项工作的大部份是针对油气开采工业。标准中的大部份准则和特殊要求，均以所列材料用作专门部件的现场经验为依据，并可适用于石油开采或其他工业中的其他构件和设备。

（3）ARP1.6和ARP2.3标准。加拿大Alberta Recommended Practices。规定了酸性环境中管材材质选择、完井方法及腐蚀环境与材料的应力水平。加拿大40%以上的天然气含H_2S，在长期的实践中，总结并制定了酸性气井的设计、操作和管理标准或法规。

（4）API RP 14E。规定气体冲蚀标准及流速限制。

（5）API 1160管线完整性管理方法。

（6）补充设计要求。

①考虑钢材高温强度降低。

按静态和流动态分别算出纵向的温度分布，查出在该温度之下钢材的屈服强度，接该强度作前述API 5C3和ISO 13679计算。对不锈钢系列特别要强调高温强度降低的设计。

②考虑套管和油管在井内由于温度、压力引起的轴力变化及稳定性。

井下封隔器的上下压差，油管的坐放载荷及失稳屈曲与温度和压力有关。深井生产尾管轴向力可能应按轴向压力考虑。例如：7in生产尾管下深3048～4572m，单长质量52.12kg/m，钻井液密度1.92g/cm^3，水泥浆密度1.98g/cm^3，井底静态温度177℃。不考虑摩阻和"狗腿"。套管轴向压力高达202tf。这在套管螺纹的选择和接头强度设计，接头工作载荷包络线中必须考虑。

③根据气井生产过程包括温度影响的VME应力的变化，综合考虑井口坐放套管质量。防止温度、压力变化引起的自由段套管的纵向屈曲、套管头卡瓦部位咬合部位接触应力过大造成井口套管缩径变形。若井口轴向力过大，应考虑不要卡瓦的台肩方式。

二、应力水平

应力水平应包括下述3类：

（1）结构VME（Von Mises Equivalent）应力，即当量复合应力。例如按ISO 10400计算的油管或套管管体在拉压弯和内外压外载下的当量复合应力，有关计算公式可参见第五章。

（2）局部VME（Von Mises Equivalent）应力，主要指应力集中。油管连接螺纹和加厚消失点会产生较大应力水平或应力集中。

（3）拉伸残余应力（Residual Tensile Stresses），残余应力与制造方法有关。ISO 15156已规定了不同制造方法消除残余应力的要求。

应力水平也可用无量纲数表示，即VME（Von Mises Equivalent）应力与钢材单向拉伸最小屈服强度（MYS）的百分比。在H_2S、氯化物及CO_2环境中，降低应力水平是最重要的设计原则之一。高压气井会有较大内压力，井眼上部油套管承受较大拉伸应力。

外加厚油管加厚过渡带常发生腐蚀穿孔，该截面处发生穿孔的原因是加厚过渡带存在截面变化造成的应力集中，合理的几何截面变化可使应力集中系数降至1.00，但是端部加厚过程留下的局部金相组织破坏不一定能通过热处理消除。冷挤压加厚后未作热处理，留下严重晶粒结构破坏带、应力集中及残余应力。这个区域作为电偶腐蚀的阳极加快腐蚀；热挤压加厚后经热处理，但工艺欠妥或过程质量控制不严格，留下了局部破坏的晶粒结构及残余应力。

三、降低工作应力水平的重要性

以下将讨论一些钢种及钢级选用原则，不涉及具体的计算。

（1）优先选用低钢级，尽量不用高钢级。

对于油层套管宜优先选用低钢级套管，尽量不用高钢级。V150套管的使用在国内外均发生过破裂问题。高钢级套管对制造缺陷、纵横向性能差异、应力腐蚀开裂、射孔开裂、疲劳等十分敏感。如果强度计算需用到120ksi[❶]以上的钢种，应尽可能用其他方案解决。

（2）油层套管尽可能不用不锈钢。

13Cr—22Cr高铬合金钢价格贵，对腐蚀环境的选择适应性要求高。用油管带封隔器的完井方法可隔开产出流体对油层套管内壁的腐蚀。如果必须用不锈钢油层套管，必须同时评价非产层流体组分及对高铬钢的外腐蚀。特别要通过水层取样了解pH值、氯离子、硫酸根离子、氧、CO_2和H_2S等组分及温度，地下流动等情况。由于不是产层，这些要求甚难办到。此外，必须确保能提高固井质量，用高抗腐蚀水泥固井。

（3）降低油层套管应力水平，采用低强度钢。

降低结构的应力水平可提高酸性环境材料的抗开裂能力，或延长服役寿命。在低应力水平下，裂纹扩展速度降低或发生断裂的时间延长。在低应力水平下，材料可抗较高分压的H_2S含量；而在较高应力水平下，材料不发生环境断裂的H_2S分压就会很低。在H_2S环境中，如果构件有裂纹存在，即使外部应力低于材料的屈服强度，断裂也会发生。描述以上概念的材料和力学的方法是环境断裂力学。在实践中，环境断裂力学的应用还有很多困难，因此一些专家根据标准和经验提出了某些作法，可供参考。

应力水平的无量纲指标是VME（Von Mises Equivalent）应力与钢材单向拉伸最小屈服强度（MYS）的百分比。H_2S和氯化物及CO_2环境中，降低应力水平是最重要的设计原则。K55，L80，C90，T95及C125等抗硫钢种也不能用在百分之百的应力水平。用NACE的检测方法，上述钢也只能在

---

❶ 1ksi=1klbf/in²=6.895MPa。

80%的应力水平下通过腐蚀检测。因此设计安全系数必须在上述80%的基础上选取。可以选用高钢级钢而用较小安全系数；也可行选用低钢级钢而用较大安全系数。

根据NACE MR 0175—88，ARP（Alberta Recommended Practices，加拿大）1.6和ARP2.3标准及一些专家的研究，将应力水平和H_2S含量与适用钢级分为3个区间：轻微、一般和严重。3个期间的量值如下：

①轻微。H_2S含量低于0.5mol%和应力水平低于50%，可选用低于110kpi的任何API管材。但是当H_2S含量达到10mol%时，应力水平应降至30%。

②一般。H_2S含量达到2.0mol%（20000mg/L），采用API抗硫钢种，应力水平可达到70%。H_2S含量达到20mol%（200000mg/L）时，应力水平应降至60%。

③严重。H_2S含量达到5.0mol%，用API抗硫钢材，应力水平90%。硫化氢含量大于20mol%，应力水平应降至70%。应力水平大于90%时应视为目前不具备开采条件，最好待今后技术发展后再开采。

四、降低应力水平和冲蚀的井身结构

降低应力水平是从钻井技术减小应力腐蚀最有效的方法，可能是今后技术发展的方向之一。降低应力水平有3种方案。

第一种方案：套管回接。

在深井中一次性地下入套管柱，特别是油层套管，必然会遇到井口部分轴向拉力大，需要用高钢级套管。但在酸性环境，又不允许使用高钢级套管，而应采用较低屈服强度的钢种。采用套管回接技术，尾管部分用钻杆下入，下入回接套管就可减少一部分井段的重量，因此可用厚壁低钢级套管以提高应力腐蚀开裂抗力。例如，有的油层套管为了提高抗应力腐蚀开裂，设计需要使用C125以上的钢种，采用回接技术后，可能C125或更低的C95就可使用。因此使用尾管长度应综合考虑全套管柱的应力分配。

第二种方案：在上部采用特厚壁套管同时降低钢级，以提高硫化物开裂抗力，一些含硫化氢的气井应优先采用这些方法。例如，美国1972年在派尼伍兹西南气田气井下$6\frac{5}{8}$in（168mm）油层套管，由于含H_2S，不宜用高强度套管。因此采用了钢材屈服强度仅586MPa（屈服强度85ksi）的特厚壁套管，壁厚28.6mm。1982年在墨西哥湾南Timbalier 6447m深井$6\frac{5}{8}$in（168mm）油层套管中采用壁厚18.1mm、Lss-140钢种的套管。ϕ127mm尾管和全部油管用抗腐蚀钢。目前国内的一些含硫气井采用这一方案，那么就可以采用具有抗硫能力的L80，K55和J55。

第三种方案：上大下小的复合套管柱。这不仅有利于降低应力水平，以便采用较低钢级的套管，而且有利于下入大直径油管以适应高产气井抗冲蚀的要求。以下将要较详细地论证这一方案。

（1）实例一。以美国阿拉巴马一口井的具体的例子说明减应力设计思想，该井数据为：井深6767m，井底静态温度204℃，产层压力70～140MPa，H_2S50ppm-10%，$CO_2$5%，产量$280×10^4m^3/d$。预计产盐水并含元素硫。井位处于海洋环境敏感区，要求高安全，少井高产。

设计用ϕ127mm 5in C276油管，由于超高屈服强度，管壁薄，重量轻，因此不必用复合油管（上大下小）减应力。

生产尾管：ϕ127mm（5in），6507～6767m。

射孔段：6614～6675m。

无油管封隔器完井：6507～6535m。

ϕ 177.8mm（7in）（2743～6507m）×ϕ 197mm（$7^3/_4$in）（0～2734m）油层套管。

ϕ 244.5mm（$9^5/_8$in）（5181～2896m）×ϕ 273.1mm（$10^3/_4$in）（0～2896m）技术套管。

ϕ 339.7mm（$13^3/_8$in）（0～3040m）技术套管。

ϕ 508mm（20in）（0～304m）表层套管。

ϕ 914.4mm（36in）（0～61m）导管。

其优点是：在现行井身结构基础上，充分利用井内空间，下入上大下小的复合套管，实现和解决了低应力水平及套管强度问题。采用普通碳钢的油层套管；采用简单可靠的生产尾管带封隔器与油管插入法完井；油管外环空充填液为加防腐剂的淡水或油，有效保护油管和套管（图11-3）。

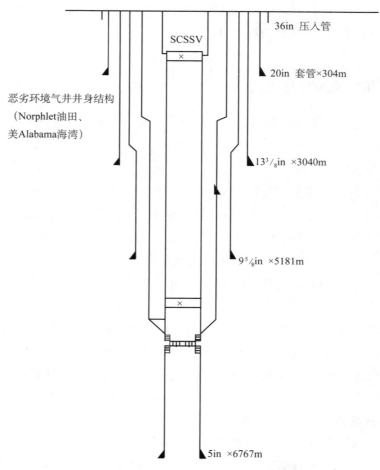

图11-3　美国阿拉巴马某井的完井结构

效果：连续数年生产未出问题。在后来的井为了降低投资，部分采用G50耐蚀合金油管代替C276。

（2）实例二。图11-4和图11-5为北海Erskine油田恶劣环境的井身结构及油管装置。可以看出系统地采用上大下小的套管程序，以便下入大直径油管和实现恶劣腐蚀条件下的减应力设计。该区为高温高压高产腐蚀性气井，主要数据为：井深4724m；井底静压96.5MPa；井底静温176℃；H_2S含量15～30ppm；CO_2含量5.5%；产量280×10^4m³/d；Cl^-含量160000ppm；油管：25Cr双相不锈钢，ϕ 127mm+ϕ 114.3mm（5in+$4^1/_2$in）；5in油管外环空保护液设计不当，造成氯化物应力开裂。

上述井身结构用了一系列随钻扩眼，钻井成本高。

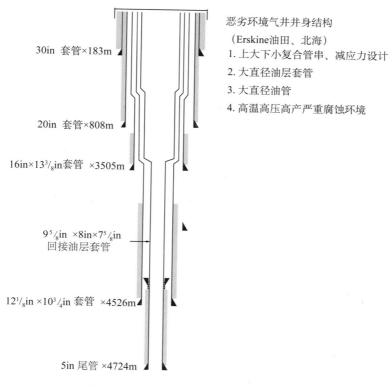

图11-4　恶劣环境气井井身结构

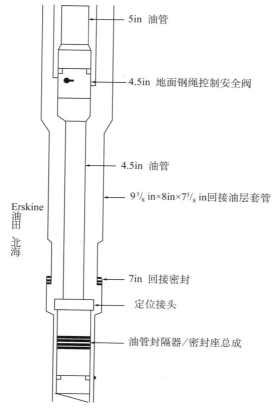

图11-5　恶劣环境油管串结构示意图

第五节　套管强度设计

一、安全系数的合理选用

（1）API和ISO只规定油管和套管的强度和技术性能，对设计安全系数不作规定。设计安全系数及载荷计算方法在很大程度上决定于经验、具体工作环境和风险评估，一般由企业或地区性法规自行决定。

（2）中国国标AQ 2012—2007《石油天然气安全规程》对油套管安全系数的取值做了明确的规定，该标准规定：抗挤安全系数为1.0～1.125；抗内压安全系数为1.05～1.25；抗拉安全系数为1.8以上。

如果为含硫气井，则安全系数取其上限。

二、抗内压安全系数值及设计方法

（1）油套管爆裂会危及井筒完整性和可能导致公众安全问题，因此，含硫油气井设计应重点考虑含硫油气井生产套管的抗内压安全及安全裕量。

（2）考虑临界应力百分比的安全系数值。

ISO 10400/API 5C3中的套管和油管强度是按材料名义屈服强度计算的，抗内压设计安全系数可取为1.0。

抗硫管材的性能要求只保证在一定H_2S酸性水溶液环境中不会发生开裂的拉伸应力值，这个应力值称为环境断裂临界应力，它与材料屈服强度的百分比称为临界应力百分比。不同套管的临界应力百分比不同，但至少不低于80%。因此，为了保证工作应力不大于环境断裂临界应力，应按ISO 10400/API 5C3中的套管和油管抗内压强度乘以临界应力百分比，如0.8或0.9的系数，在此基础上考虑设计安全系数。

按NACE TM 0177方法A和A溶液，常用抗硫油套管的临界应力百分比及抗内压安全系数规定如下：

①J55和K55套管管体和接箍，临界应力百分比80%，安全系数大于或等于1/0.8=1.25。

②L80，C90和T95，临界应力百分比90%，安全系数不小于1/0.9=1.11。

③110ksi临界应力百分比由厂家向用户提供，设计者认可。如果临界应力百分比为85%，安全系数不小于1/0.85=1.17。

生产套管和技术套管、油管均应按上述方法取抗内压设计安全系数，并且不考虑外挤压力和水泥环的补偿作用。

（3）内压载荷计算。

①以下推荐的简易算法具有足够的精度和安全性：

a. 垂深大于1800m，内压载荷为最大地层压力×0.85；

b. 垂深不大于1800m，内压载荷为最大地层压力×0.90。

②若对上述简易算法有疑问，可按实际地层天然气组分、压力和真实气体状态方程计算。

三、抗挤安全系数值及设计方法

（1）套管挤毁一般不会造成公众安全危害。此外，抗挤载荷计算方法及风险预测存在较大差异，推荐由企业自行确定抗挤安全系数值及设计方法。

（2）套管挤毁常与管壁腐蚀减薄、磨损、地层非均匀挤压等有关，在设计时应尽量将这些因素列入抗挤设计的风险评估。

（3）API 5C3抗挤计算方法及抗挤强度偏于保守。套管应力应变曲线特征，屈服强度标定方法、残余应力和不圆度等对油套管抗挤强度影响大，品质好的套管抗挤强度比API 5C3抗挤计算方法的计算值可能高20%～40%，设计者在同名套管中应优选性能较好的产品（ISO/API 11960及本标准草案提出的产品性能分级PSL-3）。

四、抗拉安全系数值及设计方法

（1）抗拉安全系数。

API圆螺纹，抗拉安全系数$S_t \geqslant 1.75$；

API偏梯扣螺纹，抗拉安全系数$S_t \geqslant 1.60$；

特殊扣（气密封螺纹），抗拉安全系数$S_t \geqslant 1.60$。

（2）外载荷计算。

按套管浮重计算外载荷。

五、复合外载荷计算与套管强度设计方法

（1）VON-MISES等效应力的安全系数设计。

如果按内压力计算抗内压强度设计的安全系数不满足上述要求，推荐选用复合外载荷作用下计算VON-MISES等效应力的安全系数设计，利用轴向拉伸补偿抗内压强度。三轴强度设计主要考虑VON-MISES等效应力，此为套管强度设计的最低标准。

（2）VON-MISES等效应力强度设计参照NORSOK STANDARD D-010 Rev.3，August 2004《Well Integrity in Drilling and Well Operations》标准，该标准规定VON-MISES三轴应力设计安全系数应大于1.25。

（3）外载荷计算和套管强度三轴设计参考ISO 10400/TG2007。

第六节　酸性气井环空带压与安全评价

一、环空带压机理

1. 环形空间的构成

油气井在完井之后，如果井筒中油管、套管、封隔器及水泥环等井筒屏障功能都是完整的，那么各

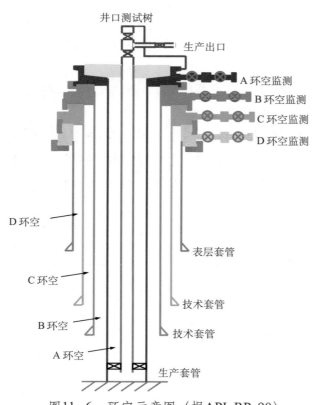

图11-6 环空示意图（据API RP 90）

层套管环空的压力应该为零。但由于某些屏障系统功能下降或失效导致气体泄漏或窜流至套管环空，造成套管压力升高。如果该压力经针形阀放空后，关闭针形阀一段时间，套管压力再次上升到一定值，这种情况统称为环空带压或持续套管压力（Sustained Casing Pressure，简称SCP）[2]。对于一般的油气井，都具有多层套管，包括表层套管、技术套管、生产套管。这些套管之间以及生产套管与油管之间都存在环形间隙，根据这些环形间隙所在位置，将其分为"A"环空、"B"环空、"C"环空……。"A"环空是指油管与生产套管之间的环空；"B"环空是指生产套管与其外层套管之间的环空；"C"环空及往后的环空同理依次表示每层套管与其上层套管之间的环空，如图11-6所示。

根据水泥的填充情况又可以将环空分为以下几种：（1）完全自由套管段，即套管内外环空内水泥完全被其他液体所取代，没有被水泥固化

（图11-7的Ⅱ和Ⅲ之间的套管有一段上部的套管段就是这种情况）；（2）不完全自由套管段，即内外环空部分水泥被其他液体所替代，如水泥之上有环空液柱；（3）完全封固的套管段，即环空水泥封固到井口的情况。

2. 环空带压产生原因

环空带压是指井口环空压力表非正常启压，而在正常情况下环空压力表指数应该为零或者几乎为零。根据环空带压产生的原因，可将其分为：温度导致环空流体热膨胀诱发的环空带压、井下作业施加的环空带压、环空窜流诱发的环空带压以及密封失效导致的环空带压。

（1）温度效应诱发的环空带压。

在开采期由于开关井以及调整产量都会导致井筒温度变化，当井筒内温度升高时，会导致环空内的流体发生热膨胀，最终造成环空带压。油气生产过程中，产层的高温气体会将

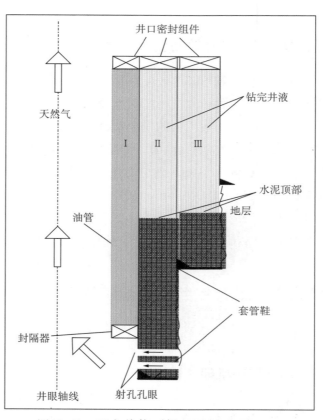

图11-7 环空结构（据API RP 90）

地层的热量通过油管传递给各层环空流体，环空流体温度的涨幅与地层温度和产量都有密切的关系。对于产层温度较高的高产气井，井筒温度升高较大，也会导致较高的环空压力。大部分气井在开采初期，都会由于温度升高导致环空带压问题，并且突然关井或大幅调整产量都会导致井筒温度变化，这对环空带压的影响比较明显。

（2）井下作业施加的环空带压。

对气井进行各种作业施工，可能会对套管环空施加压力。例如有时为了保护油套管，或者平衡地层压力向油套环空中注入氮气，这会导致环空压力。在压裂作业过程中，需要向地层施加较高的压力，此时油管会受到较大的内压力，该载荷会使油管发生径向鼓胀，导致油套管环空间隙变小，也会诱发环空带压。

（3）环空流体窜流诱发的环空带压。

对于热膨胀及井下作业所导致的环空带压，多数情况下不会形成较高的压力，也不会对生产造成不良影响，只需采取一般的放压措施即可恢复正常压力。由于井筒屏障系统功能下降或者失效所导致的环空带压才是对安全生产危害较大的一类问题。井筒屏障系统的失效主要是指：油套管螺纹连接处泄漏，油套管管体部分穿孔漏失，或者由于固井质量差等。这些因素都会导致产层高压气体窜流至井口形成环空带压，如图11-8所示。

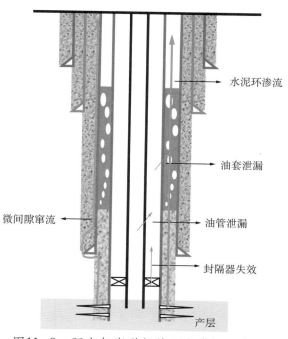

图11-8　环空气窜引起的环空带压示意图

在高含硫气田开发过程中，"A"环空带压情况较为常见。造成"A"环空带压的主要原因包括（图11-9）：①由于腐蚀或开裂等原因造成油管或者生产套管管体及其连接处漏失而造成的环空带压；②封隔器及安全阀等密封组件失效造成的环空带压。

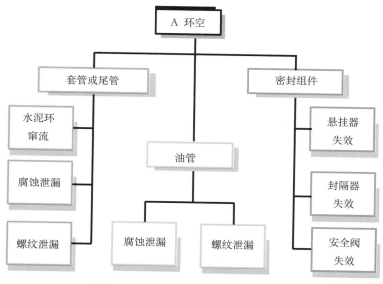

图11-9　"A"环空的环空带压

其他环空是指除"A"环空以外的环空，如"B"环空、"C"环空等。造成这些环空带压的主要原因包括（图11—10）：①中间套管腐蚀或者连接处漏失造成环空带压；②水泥封固质量不理想存在微间隙或微裂缝，高压气体由产层经水泥环窜流至井口形成环空带压；③表层套管腐蚀泄漏以及气井窜流所造成环空带压；④井口装置失效。

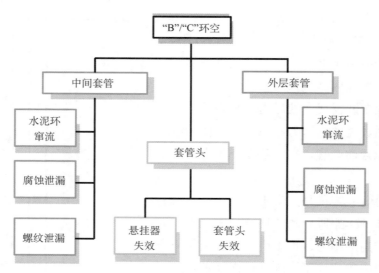

图11—10　其他环空的环空带压

3. 环空带压计算模型

当环空的压力和温度发生变化时，管柱和环空状态会发生变化以达到新的力学和热学的平衡状态。如果这个变化超出了极限，就会使管柱出现裂缝从而形成漏失的通道，同时也会使环空流体发生运移以达到新的平衡。通常环空任意一点的压力都是流体质量、体积和温度的函数，表达为：

$$p_{ann} = (m, \ V_{ann}, \ T) \tag{11-1}$$

如果环空充满流体（不可压缩的液体或者气液混合物），则环空的压力变化就取决于流体的状态变化（如密度和温度的变化）。环空压力变化受下列某一种或几种因素影响：

（1）因素1，由于环空几何形状的变化（例如，油管发生鼓胀效应等）引起的环空容积的变化。

（2）因素2，环空有流体侵入或者流出。

（3）因素3，井筒流体温度的变化（环空流体的热胀冷缩效应的影响）。

环空体积的变化是由热膨胀或者环空内外压力的变化或者油管柱的轴向膨胀导致的。如果环空未封闭则在因素2和因素3的作用下压力不会增加。

环空压力与环空体积变化有以下关系：

$$\Delta p_{ann} \propto \frac{\left(\Delta V_{therm.exp.}^{fluid} + \Delta V_{influx/outflux}^{fluid}\right) - \Delta V_{thermal/ballooning}^{ann.}}{\Delta V^{ann}} \tag{11-2}$$

式中　Δ——表示变化量；

　　　V——表示环空的体积；

　　　p——表示环空的压力。

方程的右边表示体积的变化（分母表示环空原始的体积）。从该方程可以看出，某个环空的环空带压值的变化量与环空体积的变化量成正比。环空体积的变化与环空温度和压力的变化有关，取决于环空水泥环上部未封固井段流体的等温体积弹性模量和等压体积弹性模量。

流体的等温体积弹性模量B_T表示当温度保持不变时单位压力增量引起的流体体积的变化量，可以表示为：

$$B_T = \frac{\Delta p}{(\Delta V / V)}\bigg|_T \qquad (11-3)$$

因此，可以得到：

$$
\begin{aligned}
\Delta p_{ann} &= -B_T \left(\frac{\Delta V}{V}\right)\bigg|_T \\
&= B_T \frac{\left(\Delta V_{therm.exp.}^{fluid} + \Delta V_{influx/outflux}^{fluid}\right) - \Delta V_{thermal/ballooning}^{ann.}}{\Delta V^{ann}} \qquad (11-4)\\
&= B_T \frac{\Delta V_{therm.exp.}^{fluid}}{\Delta V^{ann}} + \frac{\Delta V_{influx/outflux}^{fluid}}{\Delta V^{ann}} - \frac{\Delta V_{thermal/ballooning}^{ann.}}{\Delta V^{ann}}
\end{aligned}
$$

对式（11-4）进行化简，得到了环空压力变化的计算模型：

$$\Delta p_{ann} = \left(\frac{\partial p_{ann}}{\partial m}\right)_{V_{ann},T} \Delta m + \left(\frac{\partial p_{ann}}{\partial V_{ann}}\right)_{m,T} \Delta V_{ann} + \left(\frac{\partial p_{ann}}{\partial T}\right)_{m,V_{ann}} \Delta T \qquad (11-5)$$

式（11-5）等号右边第一项表示由于环空流体的流入和流出造成的环空压力变化；第二项表示密闭环空体积变化导致的环空压力变化情况；最后一项表示温度变化引起的环空压力的变化情况。

二、环空带压安全评价

1. 井口允许最大带压值（MAWOP）计算

所有环空可允许的最大环空压力值是根据材料强度的最小值（比如套管或油管的抗内压和抗挤能力）和套管鞋所在的地层应力计算出来的。由于套管压力带来的固有风险，有必要建立一条"高压线"，一旦超出该限度，进行压井直到找到解决方案，甚至弃井。

一般情况下，需要对每口高压气井开展井口环空带压风险评估，首先根据井身结构、井下管柱情况计算各个环空井口允许的最大环空压力值，再设计合适的环空保护液和确定合理的环空带压管理方案。

井口允许最大带压值（MAWOP）：是针对某一特定环空的最大允许工作压力值，反映环空能够承受的压力级别。环空压力主要包括：温度升高引起的环空压力、持续环空压力和作业施加的压力。

1）确定井口允许最大带压值规则

（1）生产套管"A"环空允许环空带压值的确定：取生产套管抗内压强度的50%、技术套管抗内压强度的80%、油管抗挤毁强度的75%和套管头强度的60%，四者之间最小值作为"A"环空最高允许压力值。

（2）技术套管"B"环空允许环空带压值的确定：取技术套管抗内压强度的50%、表层套管抗内压强度的80%、生产套管抗挤毁强度的75%和套管头强度的60%，四者之间最小值作为最高允许技术套管"B"环空压力值。

（3）表层套管允许环空带压值的确定：取表层套管抗内压强度的50%、技术套管抗挤毁强度的

75%和套管头强度的60%，三者之间最小值作为最高允许技术套管和表层套管环空压力值。

上述各层管柱在取值时应取该管串中最薄弱段管柱的强度值。如果各环空之间有相互窜通的情况，应把窜通的环空视为同一环空进行计算；如果井身结构中有挂尾管的情况，应对算法作相应的调整。

2）井口允许最大带压值计算模板

按API 5C3、厂家保证值或设计标准认可的新套管抗内压强度、抗挤强度为基准确定井口允许最大带压值。

表11-2为允许环空带压值计算模板表。分析者可直接将表中数值换成具体井的数值。

表11-2　××井基础数据

井号			地理位置			
井别			构造位置			
井位坐标	X		海拔高度	地面		采气树类型
	Y			补心		
开钻日期			完钻日期		完井方法	
完钻深度			完钻层位		补心高度	
试油开始日期			试油结束日期		人工井底	
井 身 结 构						
钻头尺寸 mm	深度 m	套管尺寸 in	下入井深 m	水泥返高 m	钢级	壁厚 mm	套管头类型
油管柱结构							

3）确定井口允许最大带压值规则的风险性

表11-3所列井口允许最大带压值为保守的安全控制值，具体的井口允许最大带压值可根据单井情况另行评估。当拟控制的井口允许最大带压值高于表11-3规定时应提供充分论证，并报主管部门批准。

表11-3所列井口允许最大带压值适用于井筒"物理效应"引起的环空带压和泄漏引起的环空带压。

如果各环空之间有穿孔或开裂之类的无阻碍相互窜通的情况，应把窜通的环空视为同一环空进行计算。

各层套管允许环空带压值可根据套管潜在的损伤情况适当向低调整。潜在的损伤情况包括下述类型：

（1）钻井、完井和修井的旋转和起下钻磨损；

（2）套管变形后的修磨和胀管；

（3）环空介质的腐蚀性及腐蚀评估；

（4）早期套管的质量和可靠性水平较低。

环空含CO_2和H_2S的最大允许带压值应参考以下因素处理：

表11-3井口允许最大带压值计算引自API RP90，当环空含H_2S时，它没有考虑允许环空带压值所对应的H_2S分压及其对腐蚀和开裂的影响。应评估原位pH值和CO_2，H_2S分压，应尽可能设置低的允许环空带压值。材料的腐蚀穿孔，螺纹密封面腐蚀泄漏和井口密封元件及锁定机构的腐蚀泄漏、环境断裂等尚不能准确评估。应考虑环空长期含CO_2、H_2S气相态对碳钢的小孔腐蚀，伤蚀穿孔或蚀坑诱发裂纹潜在风险。

表11-3 ××井井口允许最大带压值计算

生产套管抗内压强度的50%，MPa	技术套管抗内压强度的80%，MPa	油管抗外挤强度的75%，MPa	套管头强度的60%，MPa	"A"环空允许带压值，MPa
取技术套管抗内压强度的50%，MPa	表层套管抗内压强度的80%，MPa	生产套管抗外挤强度的75%，MPa		"B"环空允许带压值，MPa
表层套管抗内压强度的50%，MPa	导管抗内压强度的80%，MPa	技术套管抗外挤强度的75%，MPa		"C"环空允许带压值，MPa

当环空含H_2S时，在临时停产前应放压降低环空压力。应考虑高压低温（停产期井口温度降到大气温度）碳钢套管的开裂倾向。

应考虑碳钢套管在高H_2S分压环境中的开裂倾向。如果原位pH值低于6.5，又不能及时注新鲜环空保护液，应放压降低环空H_2S分压。

最大允许环空带压还应考虑压漏封隔器风险。如果知道环空液面高度，井口允许最大带压值与环空液柱压力之和不应当时估算的井底压力。

2. 环空带压的安全评价

针对不同环空带压值，可以采取以下方式评价环空带压严重程度。

（1）"A"环空带压的评价方法。

假设不考虑温度效应和井下作业所施加的环空套压等因素的影响，此时"A"环空带压仅仅受到地层流体窜流的影响。"A"环空带压风险评价流程见图11-11。

（2）其他环空带压风险评价流程如图11-12所示。

三、环空带压的监测与诊断

总体说来，尽管部分气井有环空带压现象，但是其带压值还在标准允许的范围内，可以正常开采，但是必须加强环空带压的日常监测和诊断，以便找到环空带压的真正原因并制定相应的解决措施。

1. 泄压/压力恢复测试方法

（1）卸压方法。

通过1/2in针形阀卸压，环空压力卸压到零，关闭环空。如果在24h内环空压力没有卸压到零，但小于业主规定的最小卸压值（可以取套管最低抗内压强度的30%）时，也可以停止卸压，关闭环空。

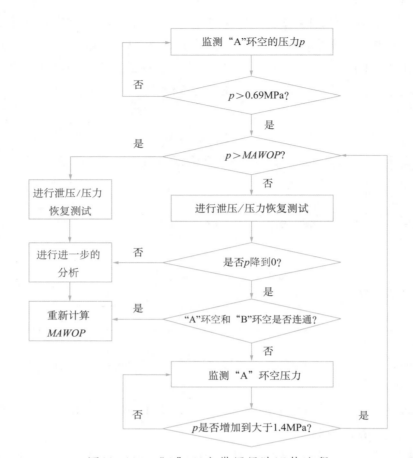

图11-11 "A"环空带压风险评价流程

在环空卸压过程中，需要记录环空压力与卸压时间之间的变化关系曲线。

如果环空压力下降50%时的泄漏速率大于141.5m^3/d或者环空带压值不能降低到业主规定的卸压值时，则需要业主确定是否采取进一步作业或诊断，待业主决策后方能进行下一步操作。

卸压过程中，还需要做以下工作：

①观察油压以及其他环空的压力的变化情况；

②记录泄漏出来的气体或液体的组分、累计泄漏量，特别注意观察微量H_2S的变化情况，如H_2S含量有增加趋势，应及时上报处理；

③分析环空泄漏的气源来自哪一层。

对于部分环空带压较高或重要的油气井来说，可以安装卸压自动阀（1/2in）。一旦环空带压值超过业主规定的压力级别，自动开启卸压。

（2）压力恢复测试。

卸压结束后关闭环空，观察环空压力变化情况，最少连续监测24小时。如果在24h内环空压力保持不变或者变化很小，则按照API RP 90海上油气井环空带压管理推荐作法（Annular Casing Pressure Management for Offshore Wells），可以继续生产，但仍需加强环空压力监测。如果环空压力急剧增加或者超过了业主规定的环空带压值，则需要业主决策是否采取进一步作业或诊断。

（3）井下漏点查找程序。

为了诊断油管是否密封失效，则要关闭井下安全阀（SCSSV），卸掉部分油压，并监测"A"环

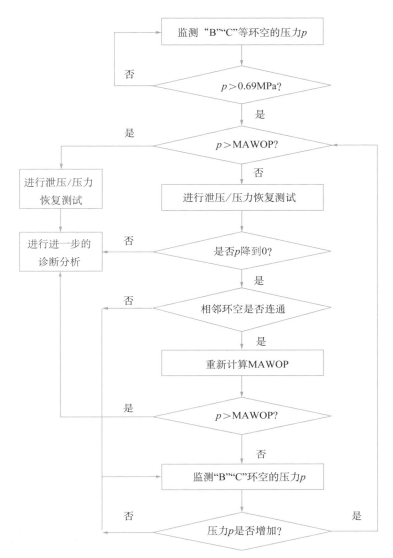

图11-12 其他环空带压风险评价流程

空的压力。如果"A"环空的压力下降,说明漏失发生在井下安全阀之上,否则应判断在井下安全阀之下。如果漏失位置在井下安全阀之下,就需要在油管内下桥塞找漏或压井取油管。

①测试井井下安全阀以及上部油管。

a. 关井下安全阀;

b. 放油压以确定井下安全阀是否渗漏;

c. 如有渗漏,下入电缆坐封堵塞器于井下安全阀工作筒,油管顶部试压,如试压不成功则表明井下安全阀上部则油管漏,则停止以下工作;

d. 如井下封隔器上部油管不渗漏,则进一步向下找漏。

②井下安全阀以下找漏。

a. 装井口电缆防器,并试压到一定压力值;

b. 放环空"A"压力;

c. 下可视化高精度吸气剖面测试组合仪器测井,找出吸气点即漏点。

2. 环空带压的监测方案

为了确认环空压力是否稳定，需要定期对各个环空压力进行监测。综合考虑油气井的地质、钻井工程和试采工程设计、环空压力情况等资料，确定合适的监测方案和修井作业方案。

诊断测试是为了研究环空带压的原因、带压的严重程度。一般情况下，通过监测多个环空的环空压力变化情况，判断环空带压是否是由井筒温度升高导致的以及环空带压的严重性。此时，需要在每个环空安装一定数量的压力计来监测环空带压情况，同时业主必须制订合理的环空带压值监测方案，监测结果要按要求记录在案，每次放压和关井后的压力恢复都必须有记录，如果超过允许范围，应及时上报。

环空带压井监测时，要考虑以下因素：

（1）套管的抗挤强度、抗内压强度与实测环空带压值之比；

（2）环空带压值的增长速率；

（3）是否存在多个环空内相互连通情况；

（4）是否存在井下作业、开采诱导井筒温度升高或人为施加一定的压力，导致环空压力增加；

（5）井下组件可能的密封失效途径；

（6）环空腐蚀性或有毒气体扩散对周围环境、人员的影响；

（7）井下作业对油气井安全的影响。

如果环空水泥环没有返到井口，环空带压可能是温度引起的，需要计算井筒温度升高引起的环空带压值。在开始投产时，就必须持续监测由井筒流体热膨胀引起的环空带压情况。这对于新井、"A"环空带封隔器的井特别重要，并且油气井在投产之前就必须制订合理的环空卸压方案。

井筒温度的变化将引起环空压力的增加或者降低。如果环空充满液体，当环空温度升高时，环空压力将急剧增加。在高温状态下如果保持较低的环空压力，则当关井或井下作业时，井筒温度降低，环空压力将急剧降低。井下作业时，可能人为地施加一定的压力，从而导致环空带压。一些井下作业还可能损伤井下套管、水泥环，使套管、水泥环丧失密封性，也会导致环空带压。井下作业前后都必须监测各个环空的带压情况，一旦出现环空带压，业主就必须制订合理的补救措施。即使施工后没有立即监测到环空带压情况，但也必须在一定时间内加强环空带压监测，每个月至少监测一次。

3. 环空带压的诊断

通过对环空带压的诊断可以确定环空带压的来源和泄漏的严重程度。油管泄漏、井口密封失效、封隔器失效、套管泄漏和水泥环中的微间隙都是引起环空带压的潜在原因。可以利用大量不同来源的数据来对环空带压进行工程分析，许多的数据都是通过日常的生产监控获得的，这些可以利用的不同来源的数据包括：（1）流体样本分析；（2）测井分析；（3）监测环空液面深度；（4）油管和生产套管压力测试；（5）泄压和压力恢复数据。根据泄压/压力恢复情况，可以将环空带压情况分为以下4种类型。

（1）卸压后环空压力降为零，关闭环空后压力恢复较为缓慢，且最终维持在较低水平（图11-13，曲线a）。

卸压后环空压力降为零，关闭环空24h内环空压力恢复较为缓慢，并且处于较低水平。其可能的原因是：①井筒温度升高导致环空流体热膨胀，导致环空带压；②环空发生泄漏，但泄漏速度非常缓慢；③环空上部有大段的气柱；④卸压后环空仍然充满液体，关闭环空后，小的气泡上升至井口导致环空带压。此现象说明环空带压不严重，对油气井安全影响较小，可以正常开采。

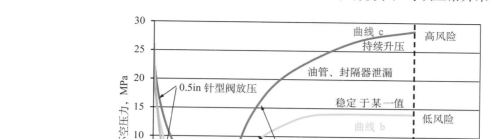

图11—13 环空卸压/压力恢复趋势图

（2）卸压后环空压力降为零，关闭环空后压力缓慢地恢复到一个可接受的范围（图11—13，曲线b）。

采用1/2in针形阀以较慢的速度卸压，卸压后压力降为零，关闭环空后在24h内恢复一个可接受的范围，说明环空存在明显的泄漏源，但这个漏失率是可以被接受的并且井下环空水泥环能够起到保护作用，以后仍需监测环空带压情况。环空压力的增加并不一定表示漏失率在增加。需要定期进行环空带压评估以确定这个环空套管、水泥环的密封完整性是否遭到破坏。

（3）卸压后环空仍然带压，关闭环空后迅速恢复到卸压前的水平（图11—13，曲线c）。

采用1/2in的针形阀卸压，卸压24h后环空仍然带压，说明环空套管、水泥环的密封完整性部分遭到破坏，其泄漏速度较大，超出可接受的范围。如果这种情况发生在"A"环空，就需要进一步评价以确定漏失的途径和漏失源头，并采取一些修井作业。如果这种情况存在于外部环空，则很难实施补救措施，需要评估其严重程度，并判断是否会导致套管、水泥环的密封完整性全部遭到破坏。

（4）相邻环空的干扰。

某一环空实施卸压和压力恢复测试时，如果邻近环空的压力发生明显波动，说明该环空与临近环空间有压力传递，相互连通。

如果生产管柱与"A"环空连通，可以采用卸压/压力恢复测试来评估泄漏率。如果"A"环空能够通过1/2in的针形阀完全卸压，则说明生产管柱、套管和水泥环尚具有一定的密封性。

如果"A"环空与"B"环空相互连通，此时生产套管不能完全封隔产层，其危害较大。由于"B"环空井口允许最大带压值较小，通过"A"环空窜流至"B"环空的压力可能超过"B"环空井口允许最大带压值，此时油气井的安全风险较大，必须采取有效的修井作业，并重新评估。

参 考 文 献

［1］NORSOK D-010 Well Integrity in Drilling and Well Operations ［S］.

［2］API RP 90 Annular Casing Pressure Management for Offshore Wells ［S］.

第十二章 酸性气井井喷失控后
酸性气体扩散机理

第一节 井喷失控后井口流场

在气井钻井和生产过程中，当酸性气井井喷失控时，酸性气体的污染扩散和一般的污染物扩散相比，具有其特殊的地方：井喷速度大，在短时间内泄漏量大，如果井喷着火或点火放喷时，气体的燃烧能改变井场的局部气象，使得扩散过程复杂化，因此，有必要对井喷失控后井口流场进行研究。

一、井喷射流体积流量的估算

气井井喷时，井喷时井筒内的流体流速一般小于150 m/s，其马赫数Ma小于等于0.4，密度的变化也比较微小，因此可近似认为气体在井筒内的流动为不可压缩的，对于井筒管道中的流动，可认为近似满足伯努利方程，在此基础上建立参数估算方法[1]，也可以采用产能方程进行预测。

气体从地层经过孔隙或裂缝流入井筒，流线交错，流动非常复杂，渗流速度大，不满足线性渗流条件，因此气体流量与压力平方差之间的关系是非线性的。为了得到气体的体积流量，可采用计算气井产能的流入方程进行估算：用录测井资料和邻井试采资料，初步获得气层厚度、渗透率、孔隙率、地层压力等地层参数和气体物性参数，然后通过气井流入方程进行计算。一般地，气井流入方程有指数式和二项式两种形式[2]。

（1）指数式产能方程。

$$q_{sc}=C \times (p_r^2 - p_{wf}^2)^n \tag{12-1}$$

式中 q_{sc}——气井产量，$10^4 m^3/d$；

  C——产气指数，$10^4 m^3/(d \cdot MPa^{-2n})$；

  p_r——平均地层压力，MPa；

  p_{wf}——井底流压，MPa；

  n——渗流指数，无量纲（其大小取决于气体的渗流方式：线性渗流时，$n=1$，非线性渗流（渗流速度很大或多相流）时，$n<1$，n和C由产能试井确定）。

（2）二项式产能方程。

$$p_r^2 - p_{wf}^2 = aq_{sc} + bq_{sc}^2 \tag{12-2}$$

式中　　p_r——平均地层压力，MPa；

　　　　p_{wf}——井底流压，MPa；

　　　　a——层流系数，10^{-4}MPa^2·d/m^3；

　　　　b——紊流系数，10^{-8}MPa^2·d^2/m^6；

　　　　q_{sc}——气井产量，10^4m^3/d。

　　式（12-2）等号右边第一项aq_{sc}表示黏滞引起的压降，第二项bq_{sc}^2表示惯性引起的压降，总压降为两项压降之和[3]。当渗流速度较小为线性渗流时，第二项可忽略不计，此时产量和压力平方差成线性关系；当渗流速度较大处于紊流状态或多项渗流时，必须考虑惯性力引起的压力损失，产量不再和压力平方差成线性关系。

　　由产能方程式，估算井底流压，进行试算迭代，就可以得到井口的体积流量。

二、井喷射流流动结构

　　气井失控井喷时，天然气从井口喷出，以速度v_0射入井口上空的大气中，设此时大气环境速度为v_e，一般情况下，由于井喷流速很大，喷流出口处又属低空环境，大气的环境速度都比较低，喷流流速远大于大气环境速度，故分析喷流流动特征时可忽略大气的环境速度的影响，这样，喷流形成的是轴对称射流。

　　当射流以一定的初速度进入另一环境时，在射流与周围流体之间将会存在速度不连续的间断面。当井喷的射流速度不大时，相邻流股间会发生分子间的动量交换、热量交换或质量交换，形成具有一定厚度的射流边界层。当射流流速很大时，雷诺数相应变大，在雷诺数超过某一临界值时，切向间断面失去稳定性，出现旋涡。这些旋涡在流动中作不规则运动，发生微团间的质量交换，动量交换或热量交换，形成湍流的射流边界层[4]。一般情况下，除了雷诺数很小之外，井喷射流绝大多数都属于紊流射流。

　　在射流过程中，由紊流力学可得知，速度间断面因受到干扰而失稳产生涡旋，涡旋的不规则运动引起外界的流动，并逐渐向两侧发展形成紊动混合层，使射流的直径增大，射流流量沿程增加，速度逐渐降低，混合边界层由射流边缘逐渐向中心扩展，经过一定距离扩展到射流中心，此距离以后射流断面上都为紊流。

　　对于井喷射流，井筒气体喷入井口上空后，经过射流沿程的能量消耗，最后喷流淹没在大气中，这在一定程度上可看作是自由沉没紊动射流。由亚声速圆自由空气射流的闪光照片（喷嘴直径25mm，出口速度60m/s）知，喷流是一个由紊动涡体与周围介质交错的不规则面，在一般分析中以统计平均意义把喷流边界看作线形扩散界面[5]。

　　气井井喷时，其射流流动结构按射流方向可将其划分为极点、初始段区、过渡段区和主段区[6]，按速度分布则可分为射流核心区，混合区，转折截面，其流动结构图如图12-1所示，各部分分析如下：

　　（1）极点与射流扩散角。射流外边界向射流反方向延长线的交点为射流极点，位置在射流出口的管嘴内，其夹角称为射流扩散角，也叫射流极角。

　　（2）射流边界。射流中心处保持射流初速度v_0的区域称为射流核心区。射流以初速度v_0从喷出口射出后，在流动中带动周围大量空气，射流主体速度逐渐降低，速度值等于初始速度的射流核心区尺寸变小。射流与静止大气的交界面（此处速度为零）定义为喷流外边界，轴向射流速度保持初始速度值的核心区边界称为内边界面。随着射流沿射流方向的流动，将带入更多的空气，射流核心区将完全消失，射流核心区完全消失的截面称为转折截面，此处只有射流中心线处的速度还保持初始喷流速度 v_0，转折截面后，射流中心速度 v_m 沿流向下降。内边界的夹角称为射流收缩角，交点在转折截面处。

（3）射流初始段。井口喷口截面至转折截面间的喷流区段称为喷流初始段。井喷射流属强动量紊动射流，其喷流核心区段较长。

（4）过渡段。在转折截面后的一小段，此段的流动，可以假想为离射流出口不远处的点源的射流流动一样，由于这段距离小，为简单起见，常忽略此段。

（5）主段。过渡段后的区域为射流的主段。该区段中射流流动中线速度沿流动方向不断减小，并完全被喷流边界层所占据。

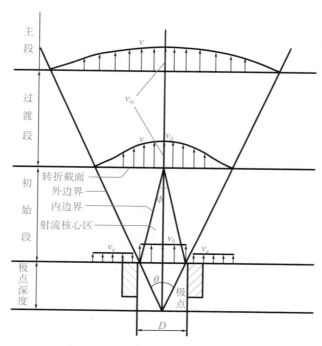

图12—1　井喷射流流动结构图

三、井喷射流喷流速度场及流动参数计算

1. 射流速度场分布的相似性

很多学者研究了射流初始段、主段上不同截面的速度分布规律，根据他们的实验观测结果，在射流主体段上各断面的纵向流速分布有明显的相似性：射流轴线上的流速最大，距轴线越远流速越小。主体段所有断面的无量纲流速分布曲线基本上是相同的，几乎所有各断面上的无量纲流速分布均落在同一条曲线上[7]。Trüpel测定了轴对称（圆形）紊动射流主段不同截面上的速度分布，结果见图12—2和图12—3。

在无量纲坐标上以 v/v_m 为纵坐标，其中 v_m 为截面上射流中心线上的速度，v 为同一截面上任一位置的射流速度；横坐标为 $y/y_{0.5}$，$y_{0.5}$ 是沿射流垂向方向上速度等于 $0.5v_m$ 的横坐标的位置。

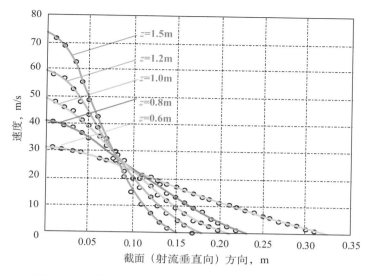

图12-2　轴对称自由射流速度剖面的Trüpel实验结果

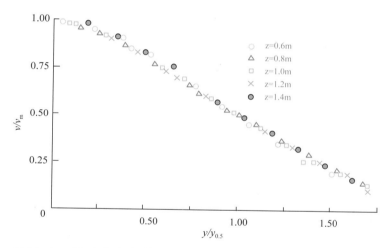

图12-3　轴对称自由射流无量纲速度剖面的Trüpel实验结果

2. 射流流动特性参数计算[8]

1）湍流系数 a

湍流系数 a 是表征射流流动结构的特征系数，是射流计算的关键参数，一般由实验确定，其值的大小和出口截面上的湍流强度有关，随着湍流强度的增加而增加。湍流强度越大，射流与周围介质混合的能力越强，射流扩散角越大，卷入外部的流体越多，射流沿射流方向速度下降越快。此外，湍流系数还与出口截面上的速度分布的均匀性有关，对于均匀分布，$a=0.066$；分布不太均匀，$v_m/v_{0.5}=1.25$（这里的 $v_{0.5}$ 表示平均速度）时，$a=0.076$；工程计算中，对收缩喷管，$a=0.066\sim0.071$；圆柱形喷管取 $0.076\sim0.08$。

2）射流的外边层厚度

由实验和理论都可得知，射流的内外边界都是直线，K 为外边界直线斜率，在射流理论中是一个实验系数，但对轴对称射流，$K=3.4$，从射流流动结构图可以得到 $\tan\dfrac{\theta}{2}=\dfrac{Kz}{z}=3.4a$，外边界方程可表示为：

$$\frac{R}{r_0} = \frac{h_0 + z}{h_0} = 1 + \frac{z}{r_0/\tan\frac{\theta}{2}} = 1 + 3.4a\frac{z}{r_0} = 3.4\left(\frac{az}{r_0} + 0.294\right) \tag{12-3}$$

式中 R——边界层厚度，m；

r_0——出口半径（$D = 2r_0$），m；

h_0——极点深度，m；

z——计算截面离喷嘴的距离，m；

θ——射流扩散角，（°）。

若用r_0无量纲化，则有：

$$R_D = 3.4az_D \tag{12-4}$$

式中 R_D——无量纲半径，无量纲；

z_D——无量纲距离，无量纲。

这表明射流的无量纲半径和无量纲距离成正比。

3）极点深度

$$h = 0.1471\frac{D}{a} \tag{12-5}$$

式中 h——极点深度，m；

D——入口直径，m。

4）速度场

由射流的自模性，速度的自模函数的半经验公式：

$$\frac{v}{v_m} = \left[1 - \left(\frac{r}{R}\right)^{1.5}\right]^2 \tag{12-6}$$

令$\eta = r/R$，公式化简为：

$$\frac{v}{v_m} = \left(1 - \eta^{1.5}\right)^2 \tag{12-7}$$

速度场公式适用于初始和主体段。

对于初始段：

式中 r——边界层截面上任一点到内边界的距离，m；

R——同截面上的边界层厚度，m；

v——截面到内边界距离为r处的速度，m/s；

v_m——为核心区速度，即为射流初速度v_0，m/s。

对于主段：

式中 r——边界层截面上任一点到射流轴心线的距离，m；

R——同截面上的射流半径，m；

v——r处的速度，m/s；

v_m——同截面轴心线的速度，m/s。

5）射流轴心速度

由速度场公式求流场的任一点的速度时，需要知道射流轴心的速度值v_m。根据亚音速射流流场各点的压强等于周围介质的压强，轴对称射流的动量守恒方程可以表述为射流出口处的动量等于任一截面上的动量（为简化，使用主段，初始段轴心值为出口初速度，不用计算），有以下表达式：

$$\pi \rho r_0^2 v_0^2 = \int_0^R 2\pi \rho v^2 r \mathrm{d}r \tag{12-8}$$

等式两端除以 $\pi \rho R^2 v_m^2$，再将速度的自模函数表达式代入，积分化简为：

$$\frac{v_m}{v_0} = 3.28\frac{r_0}{R} = 3.28\frac{1}{R_D} \tag{12-9}$$

由外边层厚度表达式，有：

$$\frac{v_m}{v_0} = \frac{0.966}{az_D} = 3.28\frac{1}{R_D} = \frac{0.966}{0.294 + az/r_0} \tag{12-10}$$

无量纲表达式为：

$$v_m = \frac{0.966v_0}{az_D} \tag{12-11}$$

这说明无量纲速度和无量纲距离成反比。

6）初始段核心区长度 s_0 和收缩角

由核心区速度为 v_0，主体段轴中心速度也为 v_0，可得：

$$s_0 = 0.671\frac{r_0}{a} \Rightarrow s_{0D} = \frac{0.671}{a} \tag{12-12}$$

$$\tan\left(\frac{\phi}{2}\right) = \frac{r_0}{s_0} = 1.49a \tag{12-13}$$

式中 s_0——核心区长度，m；
$\overline{s_0}$——无量纲核心区长度；
ϕ——收缩角，（°）。

射流主体段截面流量：

$$\frac{Q}{Q_0} = \frac{\int_0^R 2\pi v r \mathrm{d}r}{\pi r_0^2 v_0} \tag{12-14}$$

式中 Q——主体段截面流量，m³/s；
Q_0——出口流量，m³/s。

按照流速中心速度推导方法，可以得到：

$$\frac{Q}{Q_0} = 2.13\frac{v_0}{v_m} = 2.2\left(\frac{az}{r_0} + 0.294\right) = 2.2az_D \tag{12-15}$$

可以看出，流量跟无量纲距离成正比，这是因为射流主体不断吸入周围流体介质而形成的。

7）各段截面流量、流速

设初始段核心区半径为 r_c，则有：

$$r_c = r_0 - z\tan\frac{\phi}{2} = r - 1.49az \tag{12-16}$$

式中 r_c——初始段核心区半径，m。

从而可得核心区流量：

$$\frac{Q_c}{Q_0} = \frac{\pi r_c^2 u}{\pi r_0^2 u} = \left(\frac{r_c}{r_0}\right)^2 = \left(1 - 1.49\frac{az}{r_0}\right)^2 = 1 - 2.98\frac{az}{r_0} + 2.22\left(\frac{az}{r_0}\right)^2 \tag{12-17}$$

式中　Q_c——核心区流量，m^3/s。

初始段边界层流量计算时，设边界层厚度为R，则：

$$\frac{Q_b}{Q_0} = \frac{\int_{r_c}^{R+r_c} 2\pi vr\,dr}{\pi r_0^2 v_0} \tag{12-18}$$

式中　Q_b——初始段边界层流量，m^3/s。

带入速度表达式，经积分变换得：

$$\frac{Q_b}{Q_0} = 3.74\frac{az}{r_0} - 0.90\left(\frac{az}{r_0}\right)^2 \tag{12-19}$$

初始段截面流量：

$$\frac{Q}{Q_0} = \frac{Q_c + Q_b}{Q_0} = 1 + 0.76\frac{az}{r_0} + 1.32\left(\frac{az}{r_0}\right)^2 \tag{12-20}$$

主体段平均流速：

$$\frac{\overline{v_p}}{v_0} = \frac{Q/A}{Q_0/A_0} = \frac{Q}{Q_0}\left(\frac{r_0}{R}\right)^2 = \frac{0.19}{\dfrac{az}{r_0} + 0.294} \tag{12-21}$$

式中　$\overline{v_p}$——主体段平均流速，m/s。

初始段平均流速：

$$\frac{\overline{v_c}}{v_0} = \frac{Q/A}{Q_0/A_0} = \frac{(Q_c + Q_b)/A}{Q_0/A_0} = \frac{(Q_c + Q_b)}{Q_0}\left(\frac{r_0}{r_c + R}\right)^2 \tag{12-22}$$

式中　$\overline{v_c}$——主体段平均流速，m/s。

代入Q_c，Q_b和Q_0的关系式，得：

$$\frac{\overline{v_c}}{v_0} = \frac{1 + 0.76\dfrac{az}{r_0} + 1.32\left(\dfrac{az}{r_0}\right)^2}{1 + 6.8\dfrac{az}{r_0} + 11.56\left(\dfrac{az}{r_0}\right)^2} \tag{12-23}$$

四、井喷射流温度场、浓度场分布

设射流出口截面的喷流与外界的温度差为ΔT_0、浓度差为ΔC_0；射流轴心与外界的温度差为ΔT_m、浓度差为ΔC_m；射流截面上任一点与外界的温度差为ΔT，浓度差为ΔC，则根据文献试验数据，温度差、浓度差剖面分布有：

$$\frac{\Delta T}{\Delta T_m} = \frac{\Delta C}{\Delta C_m} = \sqrt{\frac{v}{v_m}} = 1 - \left(\frac{r}{R}\right)^{1.5} \tag{12-24}$$

任一截面上的焓值：

$$\pi \rho r_0^2 v_0 c_p \Delta T_0 = \int_0^R \rho c_p \Delta T u 2\pi r \mathrm{d}r \tag{12-25}$$

同除以 $\pi \rho R^2 v_{\mathrm{m}} c_p T_{\mathrm{m}}$，积分后，联立求解可得到射流轴心温度差分布：

$$\frac{\Delta T_{\mathrm{m}}}{\Delta T_0} = \frac{\Delta C_{\mathrm{m}}}{\Delta C_0} = \frac{0.704}{\dfrac{az}{r_0} + 0.294} \tag{12-26}$$

第二节　井喷失控后酸性气体扩散模型

一、基本扩散模型的建立

扩散模型实质是质量传输，它本身与流体力学里的组分守恒方程是一致的。假设对混合气体有 i 物质的扩散处理，根据质量守恒原理，该扩散物质的浓度随时间和空间的变化 $c_i\,(x，y，z，t)$ 应满足方程[9]：

$$\frac{\partial c_i}{\partial t} + \frac{\partial}{\partial x}(u c_i) + \frac{\partial}{\partial y}(v c_i) + \frac{\partial}{\partial z}(w c_i) = D_i\left(\frac{\partial^2 c_i}{\partial x^2} + \frac{\partial^2 c_i}{\partial y^2} + \frac{\partial^2 c_i}{\partial z^2}\right) + R_i + S_i \tag{12-27}$$

式中　c——物质的浓度，kg/m^3；

　　　t——时间，s；

　　　D——物质的分子扩散系数，m^2/s；

　　　T——温度，K；

　　　S——排放速率，$kg/(m^3 \cdot s)$；

　　　R——物质的转化生产率，包括沉降，化学反应等耗散，$kg/(m^3 \cdot s)$；

　　　$u，v，w$——沿 x，y 和 z 3个方向的速度分量，m/s；

　　　下标 i——第 i 种物质。

由于空气中分子的扩散速率可以忽略不计，根据大气湍流性质，将风速看为平均风速和脉动风速之和，$u = \bar{u} + u'$；$v = \bar{v} + v'$；$w = \bar{w} + w'$，将方程化为：

$$\begin{aligned}
&\frac{\partial \bar{c_i}}{\partial t} + \frac{\partial}{\partial x}(\overline{u} \bar{c_i}) + \frac{\partial}{\partial y}(\overline{v} \bar{c_i}) + \frac{\partial}{\partial y}(\overline{w} \bar{c_i}) + \frac{\partial}{\partial x}(\overline{u' c_i '}) + \\
&\frac{\partial}{\partial y}(\overline{v' c_i '}) + \frac{\partial}{\partial z}(\overline{w' c_i '}) = Ri + Si
\end{aligned} \tag{12-28}$$

根据梯度传输理论，设 x，y 和 z 3方向的扩散系数分别为 k_x，k_y 和 k_z，则有：

$$\overline{u'c'} = -k_x \frac{\partial \bar{c_i}}{\partial x}　，\quad \overline{v'c'} = -k_y \frac{\partial \bar{c_i}}{\partial v}　，\quad \overline{w'c'} = -k_z \frac{\partial \bar{c_i}}{\partial z} \tag{12-29}$$

将各表达的平均标识去掉，方程转变为：

$$\begin{aligned}
&\frac{\partial c_i}{\partial t} + \frac{\partial}{\partial x}(u c_i) + \frac{\partial}{\partial y}(v c_i) + \frac{\partial}{\partial z}(w c_i) \\
&= \frac{\partial}{\partial x}\left(k_x \frac{\partial c_i}{\partial x}\right) + \frac{\partial}{\partial y}\left(k_y \frac{\partial c_i}{\partial y}\right) + \frac{\partial}{\partial z}\left(k_z \frac{\partial c_i}{\partial x}\right) + R_i + S_i
\end{aligned} \tag{12-30}$$

从而得到三维扩散的基本方程。

二、特定条件下模型的解

对于基本的三维模型，通常情况下没有解析解，但在特定情况下，可以得到解析解，对于x，y和z三维坐标系。

（1）无界空间的点（0，0，0），源强为Q，x轴沿平均风速方向（$v=w=0$，u=Const），此时，污染物对流远远大于湍流扩散，故方程变为：

$$u\frac{\partial c}{\partial x} = \frac{\partial}{\partial y}\left(k_y\frac{\partial c}{\partial y}\right) + \frac{\partial}{\partial z}\left(k_z\frac{\partial c}{\partial z}\right) + S \tag{12-31}$$

边界条件：

$x=y=z=0$，$c\to\infty$，$x=y=z\to\infty$，$c=0$；$z\to 0$，$k_z\frac{\partial c}{\partial z}\to 0$；$\iint uc\mathrm{d}y\mathrm{d}z=Q$，可得到解析解为[10]：

$$c(x,y,z) = \frac{Q}{4\pi x\sqrt{k_y k_z}}\exp\left[-\frac{u}{4x}\left(\frac{y^2}{k_y}+\frac{z^2}{k_z}\right)\right] \tag{12-32}$$

从解析解的表达式可以看出，沿风向的横截面上的浓度分布为二维高斯分布。

横向和纵向扩散浓度分布的标准差分别定义为：

$$\sigma_y = \frac{\int_{-\infty}^{+\infty}\int_{-\infty}^{+\infty}cy^2\mathrm{d}y\mathrm{d}z}{\int_{-\infty}^{+\infty}\int_{-\infty}^{+\infty}c\mathrm{d}y\mathrm{d}z} \tag{12-33}$$

$$\sigma_z = \frac{\int_{-\infty}^{+\infty}\int_{-\infty}^{+\infty}cz^2\mathrm{d}y\mathrm{d}z}{\int_{-\infty}^{+\infty}\int_{-\infty}^{+\infty}c\mathrm{d}y\mathrm{d}z} \tag{12-34}$$

将这个定义式带入解析解表达式，可以得到：

$$\sigma_y^2 = \frac{2k_y x}{u} \qquad \sigma_z^2 = \frac{2k_z x}{u} \tag{12-35}$$

标准差σ_y和σ_z分别代表了y向和z向的烟羽宽度，从上面可以看出，扩散的烟羽的宽度的平方与下风距离成正比。k_y，k_z和u都是常数，代入解析式，就可得到标准的连续点源的高斯模式：

$$c(x,y,z) = \frac{Q}{4\pi u\sigma_y\sigma_z}\exp\left(-\frac{y^2}{2\sigma_y}-\frac{z^2}{2\sigma_z}\right) \tag{12-36}$$

（2）位于（0，0，z_s）处源强为Q，边界条件：

源强

$$S=Q\sigma(x)\sigma(y)\sigma(z-z_s) \tag{12-37}$$

纵向扩散系数

$$k_z=bz^n \tag{12-38}$$

横向扩散系数

$$k_x = k_y = \frac{1}{2}\frac{\mathrm{d}\sigma_y^2}{\mathrm{d}t} = \frac{1}{2}u\frac{\mathrm{d}\sigma_y^2}{\mathrm{d}x} \tag{12-39}$$

可以求得，其解析解为：

$$c = \frac{Q}{\sqrt{2\pi}\sigma_y} \exp\left(-\frac{y^2}{2\sigma_y^2}\right) \frac{(z \cdot z_s)^{(1-n)/2}}{abx} \exp\left(-\frac{a(z^a + z_s^a)}{a^2 bx}\right) I_{-\nu}\left(\frac{2a(z \cdot z_s)^{a/2}}{a^2 bx}\right) \tag{12-40}$$

其中：$a = 2 + p - n$，$\nu = (1-n)/2$，$I_{-\nu}$为$-\nu$的第一类变型贝塞尔函数，a，b，n和p取决于大气状况和地面粗糙度。

当风速和扩散系数都不随高度变化时，则有$p = n = 0$且$\nu = 1/2$，在均匀的湍流场中，泄漏源位于（0，0，H）处，可以得到解析解：

$$C(x, y, z, H) = \frac{Q}{2\pi u \sigma_y \sigma_z} \exp\left(-\frac{y^2}{2\sigma^2}\right)\left\{\exp\left[-\frac{(z-H)^2}{2\sigma_z^2}\right] + \exp\left[-\frac{(z+H)^2}{2\sigma_z^2}\right]\right\} \tag{12-41}$$

这里得到的结果是以横向和纵向都为正态分布的结果，在稳定大气状态下，其结果比较合乎实际情况，此时横向分布函数为：

$$F_y = \frac{1}{\sqrt{2\pi}\sigma_y} \exp\left(\frac{-y^2}{2\sigma_y^2}\right) \tag{12-42}$$

纵向分布函数（$H = 0$）：

$$F_z = \frac{1}{\sqrt{2\pi}\sigma_z} \exp\left(\frac{-z^2}{2\sigma_z^2}\right) \tag{12-43}$$

但在非稳定大气情况下，和实际情况差别较大，因为在非稳定大气条件下，有上升和下降的对流气流。根据二元大气概念，在对流边界层中，气流可分为两种状态：含有较多热力湍流；代表下沉的背景气流，包含湍流较少。两种状态的几率均是正态的，实际的湍流分布是二者的总和，故当横向使用高斯分布时，而纵向使用双高斯分布，在非稳定大气情况的实际扩散情况[11, 12]：

$$F_z = \frac{\lambda_1}{\sqrt{2\pi}\sigma_{z_1}} \exp\left(-\frac{z^2}{2\sigma_{z_1}^2}\right) + \frac{\lambda_2}{\sqrt{2\pi}\sigma_{z_2}} \exp\left(-\frac{z^2}{2\sigma_{z_2}^2}\right) \tag{12-44}$$

式中　σ_{z_1}，σ_{z_2}——二元大气两种状态分布的用浓度标准差表示的扩散参数，m；

λ_1，λ_2——二元大气两部分所占比例，无量纲。

由于模型解析解求解的条件苛刻，在许多时候采用数值积分方法进行计算。

第三节　模型数值计算方法

一、常见的扩散模型及其特点

1. 国外常用模型

通过实验的原始数据积累，国外的环保部门和实验室都推出了各自的扩散模型，用于污染物浓度预测和风险评估。重气扩散方面，一般采用唯象模型、箱及相似模型和三维传递模型等。轻气扩散方面，基本上都是基于高斯模型，根据不同的边界条件和初始条件进行简化和求解，比较成熟的模型有EPA的CTDMPlus（Complex Terrain Dispersion Model Plus Algorithms for Unstable Situations）模型和Aermod模型、CERC的ADMS模型等；一些研究机构也研发了一些用于气体扩散和安全评估的商业软件包，如美国海岸警备队和气体研究所开发的DEGADIS、美国壳体研究有限公司开发的HGSYSTEM、丹麦Aalbord大学开发的EXSIM、挪威Christian Michelsen研究所开发的FLACS、荷兰TNO和Century Dynamics合作开发的Tutorages等，下面就几种常见的模型予以介绍。

1）ISC3模式

ISC3（Industrial Source Complex 3）模式是美国环保局开发的一个为环境管理提供支持的一个复合工业源空气质量扩散模式，它是基于统计理论的正态烟流模式，使用的公式为目前广泛应用的稳态封闭型高斯扩散方程[13]。ISC3模式的模拟范围小于50km，模拟物质为一次污染物，采用逐时气象观测数据，来确定气象条件对烟流抬升、传输和扩散的影响。

ISC3模式在国内外城市空气质量管理中得到了广泛的应用。

2）ADMS模型

ADMS大气扩散模型是由英国剑桥环境研究中心（CERC）开发的一套先进的大气扩散模型，属新一代大气扩散模型。该模型已在英国及其他地区建立起来，包括伦敦、布达佩斯、罗马等地区，世界范围内用户已达300多家。

ADMS是一个三维高斯模型，以高斯分布公式为主计算污染浓度，但在非稳定条件下的垂直扩散使用了倾斜式高斯模型。烟羽扩散的计算使用了当地边界层的参数，化学模块中使用了远处传输的轨迹模型和箱式模型。它使用了Moniu-Obukhov长度和边界结构的最新理论，精确地定义边界层特征参数，将大气边界层分为稳定、近中性和不稳定三大类，采用连续性普适函数或无量纲表达式；在不稳定条件下摒弃了高斯模式体系，而采用PDF模式及小风对流模式，可以模拟计算点源、线源、面源、体源所产生的浓度。ADMS模型特别适用于对高架点源的大气扩散模拟[14]。

由于其特殊的地形处理方式，ADMS在处理平坦地形或地形变化较小的区域的气体扩散方面吻合度较高，对于地形起伏较大，有突变地貌的地区，其地形处理程序的结果往往导致地形失真，影响后续模拟的准确度。

3）AERMOD模型

AERMOD由美国国家环保局联合美国气象学会组建法规模式改善委员会（AERMIC）开发。AERMIC的目标是开发一个能完全替代ISC3的法规模型，新的法规模型将采用ISC3的输入与输出结构、应用最新的扩散理论和计算机技术；更新ISC3计算机程序、保证能够模拟目前ISC3能模拟的大气过程与排放源。20世纪90年代中后期，法规模式改善委员会在美国国家环保局的财政支持下，成功开发出AERMOD扩散模型。该系统以扩散统计理论为出发点，假设污染物的浓度分布在一定程度上服从高斯分布。模式系统可用于多种排放源（包括点源、面源和体源）的排放，适用于乡村环境和城市环境、平坦地形和复杂地形、地面源和高架源等多种排放扩散情形的模拟和预测。

AERMOD适用于定场的烟羽模型，它的特殊功能包括对垂直非均匀边界层的特殊处理，不规则形状面源的处理，对流层的三维烟羽模型，稳定边界层中垂直混合的局限性和对地面反射的处理，复杂地形上的扩散处理和建筑物下洗的处理，还考虑了干沉降和湿沉降。

AERMOD具有下述特点[15]：

（1）以行星边界层（PBL）湍流结构及理论为基础。按空气湍流结构和尺度概念，湍流扩散由参数化方程给出，稳定度用连续参数表示；

（2）中等浮力通量对流条件采用非正态的PDF模式；

（3）考虑了对流条件下浮力烟羽和混合层顶的相互作用；

（4）对简单地形和复杂地形进行了一体化的处理；

（5）包括处理夜间城市边界层的算法。

4）CALPUFF模型

CALPUFF是三维非稳态拉格朗日扩散模式系统，可以模拟时空变化的气象条件对污染物输送、转化和清除的影响，是美国国家环保局（USEPA）长期支持开发的法规导则模型，也是我国环境保护部颁布的《环境影响评价技术导则大气导则》（修订版）推荐的模式之一[16]，适用于从50km到几百千米范围内的模拟尺度。

5）Models-3模式

Models-3是由美国环保局野外研究实验室大气模式研制组研制的第三代模式系统，由中尺度气象模式、排放模式及通用多尺度空气质量模式三大模式组成，核心是通用多尺度空气质量模式（CMAQ）。它在空间范围上已经扩展到大陆尺度，可以同时预报多种污染物，在预报方法上加入了化学物和气象要素之间的反馈作用，可用于多尺度、多污染物的空气质量预报、评估和决策研究等。

2. 国内常用模型

我国从20世纪80年代开始城市空气污染潜势预报研究，2000年6月5日，国内42个重点城市开展了空气质量日报，2001年6月5日，47个重点城市向社会公众发布了预报结果。随着预报工作的开展，污染预报由潜势预报、统计预报，发展到气象模式、污染模式相结合的数值预报系统。

1）中国大气导则（93）

假定空气污染在空间上遵循高斯分布。考虑地面和混合层顶面均为不可穿透平面，按照Pasquill稳定度分类法将大气边界层的稳定度用A～G表示。各稳定度对应的扩散参数，则应用Pasquill和Grifford根据Prarie Crass实验数据绘制的曲线确定。因此，第一代模式采用了离散的稳定度分类和离散的扩散参数体系。不论是点源模式，还是以点源模式为基础通过积分方法得到的线源模式或面源模式，都具有如下两个特点：（1）浓度计算在水平方向和垂直方向上都采用高斯分布假设；（2）湍流分类和扩散参数采用离散化的经验分类方法。这不仅在理论上与大气边界层湍流特征的连续变化相违背，也与近几十年对湍流扩散的研究成果不符，尤其是在对流条件下。

2）CAPPS系统

在引进国外模式的基础上，很多城市、很多研究单位结合地域特点和自己的创新成果，开发建立了自己的模式，如中国科学院大气物理研究所研究建立的城市空气污染数值预报系统、中国气象科学研究院建立的CAPPS（城市空气污染数值预报系统）、南京大学研制的城市空气质量数值预报系统（NJU-CAQPS）等，这其中应用最广泛的是CAPPS系统。

CAPPS系统是用有限体积法对大气平流扩散方程积分得到的多尺度箱格预报模型，与MM5或MM4中尺度数值预报模式嵌套形成的城市空气污染数值预报系统，它由MOMS中尺度气象模式提供气象背景场（在国家气象中心CRAY机上使用MM5），再用大气平流扩散箱格模式预报污染潜势指数和污染指数模式。它不需要污染源强资料就可预报出城市空气污染潜势指数（PPI）以及SO_2，NO_2，PM10和CO等主要污染物的污染指数（API），克服了由污染源调查本身所具有的不确定性给城市空气污染的数值预报所带来的困难[17]。

二、基础模型优选

国内目前的法规大气预测模式为1993版大气导则推荐的环境质量预测模式，而该模式基于20世纪60—70年代的大气边界层理论，已落后于当今国际主流环境质量预测模式所应用的80—90年代的大气边界层理论。它假定大气中污染物的扩散在空间上遵循高斯分布，并且认为地面和混合层顶均为不可穿透的平面；将大气稳定度以Pasquill分类法分成6类，扩散参数由稳定度、扩散距离和时间决定，因此，稳定度和扩散参数是不连续的。这不仅在理论上与大气边界层的湍流特征的连续变化相违背，也与近几十年对湍流扩散的研究成果不符，尤其是在对流条件下。

在新版环境影响评价技术导则（大气环境）HJ/T 2.2—2008（征求意见稿）中推荐了新的法规模式清单，包括AERSCREEN模式、AERMOD模式、ADMS模式和CALPUFF模式。

推荐模式清单中的估算模式AERSCREEN，AERMOD和CALPUFF，属美国国家环保局（U.S.EPA）提供，已得到EPA许可，可供中国用户自由使用。

而由于AERMOD模型具有输入少、计算速度快、局部地形吻合较好的优势；此外，AERMOD是美国国家环保局联合美国气象学会组建法规模式，也是中国大气环评导则推荐法规性模式，而且国内已有AERMOD模型的应用实例，如宝山区SO_2浓度模拟[18]，AERMOD空气扩散模型在沈阳的应用等[19]，其验证结果比较符合实际情况，所以对于气井井喷失控后酸性气体的扩散，以AERMOD和CTDMPLUS（复杂地形扩散模型）为基础模型，考虑了化学转换，并将扩散模拟与GIS技术进行了结合。

三、模型的描述

1. 对流条件下污染物的扩散

在对流边界层（Convective Boundary Layer，简称CBL）里，根据对流中的二元大气学说，烟羽部分在上升气流和下降气流里运动，烟羽各成分的横向和纵向运动速度随机变动，其特性可以用概率密度函数（Probability Density Functions，简称PDF）来描述，根据文献Weil等[20]，Misra[21]，Venkatram[22]和Weil[23]，浓度可以从泄漏源点位置的概率函数得到，这些位置PDF来源于气流的纵向和横向的速度。

跟据文献［21］，在CBL中，横向速度的PDF近似高斯分布。垂向速度w是正歪（skewness）的，所以垂向上的扩散浓度分布F_z为非高斯分布，因而纵向采用了双高斯模型。垂向速度的正偏斜和高频率出现的上升和下降气流一致，使烟羽的中心线看起来很光滑，CBL里的瞬时和总体形状如图12—4所示。

1）总浓度

对流条件下浮力烟羽和混合层顶的相互作用，即浮力烟羽抬升到混合层顶部附近时，除了完全反射和完全穿透之外，还有"部分穿透和部分反射"，穿透进入混合层以上稳定层中的烟羽，经过一段时间还将重新进入混合层，并扩散到地面。烟羽向混合层顶端冲击的同时，虽然在水平方向也有扩散，但相当缓慢，等到烟羽的浮力消散在环境湍流之中，向上的速度消失之后，才滞后地扩散到地面。所以，CBL里扩散源的处理可按扩散过程分解成3个单纯的扩散源，即直接源、间接源和穿透源（图12—5）。

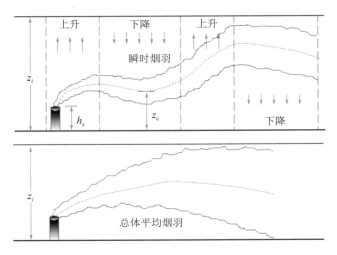

图12-4 CBL里的瞬时和相应的平均烟羽

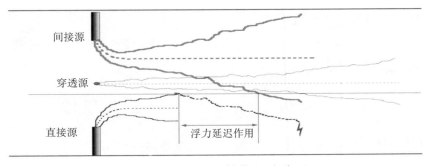

图12-5 CBL里扩散源的处理

因此，在CBL里，总浓度C_c由下沉气流扩散到地面上的所谓直接源的质量浓度C_d、上升气流扩散到混合层顶层的间接源的质量浓度（间接扩散浓度）C_r、穿透进入混合层上部稳定层中的穿透源质量浓度（穿透扩散浓度）C_p三部分构成，在平坦地形下点(x_r, y_r, z_r)处烟羽浓度表示为：

$$C_c (x_r, y_r, z_r) = C_d (x_r, y_r, z_r) + C_r (x_r, y_r, z_r) + C_p (x_r, y_r, z_r) \tag{12-45}$$

在复杂地形下，浓度形式同上，只需要把z_r换成z_p（z_p为z坐标值扣去地形高度后的值），区别在于复杂地形下混合高度的计算不一样。

在对流层的物质扩散中，垂向上的扩散浓度由概率密度函数P_w决定，在CBL里，较好的近似函数P_w是双高斯分布函数的叠加，公式如下：

$$P_w = \frac{\lambda_1}{\sqrt{2\pi}\sigma_{w1}} \exp\left[-\frac{\left(w - \overline{w_1}\right)^2}{2\sigma_{w1}^2}\right] + \frac{\lambda_2}{\sqrt{2\pi}\sigma_{w2}} \exp\left[-\frac{\left(w - \overline{w_2}\right)}{2\sigma_{w2}^2}\right] \tag{12-46}$$

式中 λ_1，λ_2——两种气流（上下）占的比例，%；

       w_1，w_2——两种气流运动速度，m/s，上面带"－"表示平均速度；

       σ——扩散参数，m。

2）直接扩散到地面上的质量浓度C_d

$$C_d\left(x_r, y_r, z_r\right) = \frac{Qf_p}{\sqrt{2\pi\tilde{u}}}F_y \cdot \sum_{j=1}^{2}\sum_{m=0}^{\infty}\frac{\lambda_j}{\sigma_{zj}}\left[\begin{array}{c}\exp\left(-\dfrac{\left(z-\Psi_{dj}2mz_i\right)^2}{2\sigma_{zj}^2}\right)+ \\ \exp\left(-\dfrac{\left(z+\Psi_{dj}+2mz_i\right)^2}{2\sigma_{zj}^2}\right)\end{array}\right] \tag{12-47}$$

$$F_y = \frac{1}{\sqrt{2\pi}\sigma_y}\exp\left(\frac{-y^2}{2\sigma_y^2}\right)$$

式中　Ψ_{di}——直接源烟羽总高度，m；

　　　F_y——水平分布函数；

　　　$\tilde{u}$——泄漏源顶端的风速，m/s；

　　　σ_y——水平扩散参数，m；

　　　z_i——混合层高度，m；

　　　f_p——对流条件中烟羽的相对密度，%；

　　　σ_{zj}——间接源垂直扩散参数，m；

　　　$\lambda_j\ (j=1，2)$——上升和下降两部分烟羽的权系数，下标1和2分别代表上升和下降，无量纲。

3）间接扩散到地面上的质量浓度C_r

$$C_r\left(x_r, y_r, Z_r\right) = \frac{Qf_p}{\sqrt{2\pi\tilde{u}}} \cdot F_y \cdot \sum_{j=1}^{2}\sum_{m=1}^{\infty}\frac{\lambda_j}{\sigma_{zj}}\left[\exp\left(-\frac{\left(z+\Psi_{rj}-2mz_i\right)^2}{2\sigma_{zj}^2}\right)\right] \tag{12-48}$$

式中　Ψ_{rj}——间接源烟羽高度，m。

4）穿透扩散浓度C_p

进入混合层上部稳定层中的穿透源质量浓度C_p，其在稳定和对流条件下均满足高斯分布：

$$C_p\left(x_r, y_r, z_r\right) = \frac{Q\left(1-f_p\right)}{\sqrt{2\pi}\tilde{u}\sigma_{zp}}F_y \cdot \sum_{m=-\infty}^{\infty}\left[\begin{array}{c}\exp\left(-\dfrac{\left(z-h_{ep}+2mz_{ieff}\right)^2}{2\sigma_{zp}^2}\right)+ \\ \exp\left(-\dfrac{\left(z+h_{ep}+2mz_{ieff}\right)^2}{2\sigma_{zp}^2}\right)\end{array}\right] \tag{12-49}$$

$$z_{ieff} = \max\left[\left(h_{es}+2.15\sigma_{zs}\{h_{es}\}; z_{im}\right)\right]$$

式中　h_{ep}——穿透源高度，m；

　　　z_{ieff}——稳定层中反射面高度，m；

　　　σ_{zp}——穿透源垂直扩散参数，m；

　　　h_{es}——有效源高，m；

　　　z_{im}——机械混合层高度，m。

2. SBL的扩散浓度计算

稳定边界层（Stable Boundary Layer，简称SBL）的浓度表达式为：

$$C_s\left(x_r, y_r, z\right) = \frac{Q}{\sqrt{2\pi}\tilde{u}\sigma_{zs}} \cdot F_y \cdot \sum_{m=-\infty}^{\infty}\left\{\begin{array}{l}\exp\left[-\frac{\left(z - h_{es} - 2mz_{ieff}\right)^2}{2\sigma_{zs}^2}\right] + \\ \exp\left[-\frac{\left(z + h_{es} + 2mz_{ieff}\right)^2}{2\sigma_{zs}^2}\right]\end{array}\right\} \tag{12-50}$$

式中　σ_{zs}——稳定边界垂直扩散参数，m。

3. 模型建筑物下洗（downwash）

建筑物下洗时，用烟羽抬升模型改进估算受建筑物影响的烟羽的增长和抬升浓度C_{pr}，通过计算背风涡边界将烟羽分为背风涡区域和尾迹区域。背风涡区域的扩散基于建筑物的几何形状，在垂直方向均匀混合。除背风涡边界的背风涡烟羽扩散到尾迹区域外，尾迹区域的烟羽还包括尚未进入背风涡，受排放源位置、排放高度和建筑物几何形状影响的烟羽。在距尾迹区域很远的地方，建筑物的影响可以忽略，可以直接按前面的方法进行计算C_{AE}。为确保尾迹区域的污染物浓度与尾迹区域远处的污染物浓度之间的平滑过渡，尾迹区域远处的污染物浓度为这两种估算浓度的权重之和，则尾迹区域远处的总浓度为：

$$C_T = \gamma C_{pr} + (1-\gamma)C_{AE} \tag{12-51}$$

式中　C_{pr}——上升烟羽估算的浓度，mg/m³；

C_{AE}——不考虑建筑物影响时建筑物下洗时的浓度，mg/m³；

γ——权重系数，其随着垂直、横向和下风向距离呈指数衰减，无量纲。

4. 烟羽抬升

对流层直接源的动量和浮力对烟羽的抬升，由Briggs（1984），有抬升高度为：

$$\Delta h_d = \left(\frac{3F_m x}{\beta_1^2 u_p^2} + \frac{3}{2\beta_1^2} \cdot \frac{F_b x^2}{u_p^3}\right)^{1/3} \tag{12-52}$$

式中　F_m——排放点（Stack）的动量通量，Pa；

F_b——浮力通量，Pa/s；

Δh_d——烟羽抬升高度，m；

β_1——夹带参数，Pa$^{0.5}$m²/s，常取0.6；

u_p——风速，m/s。

5. 沉降处理

沉降（Deposition）是由于分散相和分散介质的密度不同，分散相粒子在力场（重力场等）作用下发生的定向运动。沉降分为干沉降（Dry Deposition）和湿沉降（Wet Deposition）两种方式。

1）干沉降

干沉降是气溶胶及其他酸性物质直接沉降到地表的现象，包括大气污染物在扩散时被地面土壤、水面、植物、建筑物吸收和吸附，它由重力沉降和扩散沉降两部分构成。干沉降通量计算公式为：

$$F_d = v_d C_d \tag{12-53}$$

其中

$$v_{\mathrm{d}} = \frac{v_{\mathrm{g}}}{1 - \exp\left(-v_{\mathrm{g}} / v_{\mathrm{dd}}\right)}$$

式中 F_{d} ——干沉降通量，$\mu g/m^2/s$；

C_{d} ——参考高度的扩散物浓度，$\mu g/m^2/s$；

v_{d} ——沉降速度；

v_{g} ——重力沉降速度；

v_{dd} ——扩散速度。

2）湿沉降

湿沉降是指由于雨、雪等所吸收和包含的污染物及雨水等降下时将污染物冲刷到地面的过程。湿沉降过程可分为两种：一种是在云中清洗，就是各种形成云的水滴吸收包含污染物的过程；另一种是在下雨时雨滴冲刷污染物的过程。这些都会降低污染在大气中的浓度。

湿沉降通量的计算公式为：

$$\frac{\mathrm{d}Q}{\mathrm{d}x}\Big|_{\mathrm{wet}} = -\int_{-\infty}^{+\infty} F_{\mathrm{wet}}\mathrm{d}y \tag{12-54}$$

其中

$$F_{\mathrm{wet}} = \int_0^{\infty} \Lambda c \, dz$$

式中 Q ——某点的污染物总量；

F_{wet} ——湿沉降速度；

Λ ——冲刷系数；

c ——污染物浓度。

考虑到酸性气体的有效溶解度由溶解系数 k_1、电离常数 k_2 确定，它将对湿沉降有所限制。设根据其有效溶解度计算的湿沉降浓度为 C_1，根据式（12-53）计算的浓度为 C_2，则实际沉降浓度为：

$$C = \min\left(C_1, C_2\right) \tag{12-55}$$

6. 化学转化

化学转化是指污染物自身的衰减和大气中污染物间、污染物与其他物质间发生化学反应，生成新物质，从而减少大气环境中初生污染的过程。对于不同的气体，转化过程不同，可以简化为转化率函数进行统一计算。

四、模型中对复杂地形的处理

对于复杂地形，采用了临界分流的概念。CTDMPLUS 和 AEARMOD 都采用了这种处理方式。临界分流的概念是 Sheppard[25] 提出的，基本物理理论是将层结位能与气流动能进行比较，以确定气流是绕过山体还是翻越山顶，具体处理方式是将扩散气体（云团）视为两部分：一部分能量大于或等于爬上山顶所需的位能，从而足够越过障碍物继续向前；另一部分能量不足，只能平绕障碍物扩散，这样，扩散流场被视为翻越和环绕两层结构。

临界分流高度 H_c 定义为：

$$\frac{1}{2}u^2\{H_c\} = \int_{H_c}^{h_c} N^2(h_c - z)\mathrm{d}z \tag{12-56}$$

式中　h_c——分流高度；m。

其中

$$N^2 = \frac{g}{\theta}\frac{\partial \theta}{\partial z}$$

式中　N—— Brunt–Vuisala 频率；Hz；

　　　H_c——临界分流高度，m；

　　　u——气流速度，m/s；

　　　θ——位温，K。

公式左端是H_c高度流体的动能，在临界分流高度H_c以下的流体，没有足够的能量越过山体，只能绕过山体。在高于临界分流高度H_c的气层内，气流有足够的动能克服位能并越过山头（图12-6）。

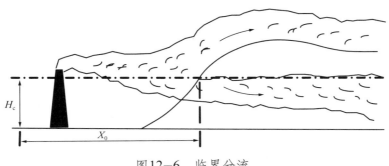

图12-6　临界分流

因此，复杂地形上的污染物浓度取决于烟羽的两种极限状态：一种极限状态是在非常稳定的条件下被迫绕过山体的水平烟羽；另一种极限状态是沿着山体向上抬升的烟羽，任一网格点的总浓度值就是这两种烟羽浓度的加权和：

$$C_T(x_r, y_r, z_r) = f \cdot C_{c,s}(x_r, y_r, z_r) + (1-f) \cdot C_{c,s}(x_r, y_r, z_p) \tag{12-57}$$

式中　C_T——总浓度，mg/m³；

　　　z_p——点(x_r, y_r, z_r)处的有效高度值，m；

　　　f——两种烟羽状态的权函数，无量纲；

　　　$C_{c,s}$——按平坦地形计算时的浓度，mg/m³。

z_p表达式为$z_p = z_r - z_t$，z_t是该点处地形的高度值，$C_{c,s}(x_r, y_r, z_p)$反映了地形对浓度分布的影响，也就是沿地形抬升烟羽的浓度表达式。f决定着地形对浓度计算的影响程度。当$f=1$时，所有网格点的浓度计算均按平坦地形的扩散处理。权函数f由大气稳定度、风速以及烟羽相对于地形的高度等因素决定。在稳定条件下，水平烟羽占主导地位，赋给它的权值就大些；而在中等及不稳定条件下，沿地形抬升的烟羽则被赋给较大的权值。

无论在CBL还是SBL，总浓度表达式的一般形式为：

$$C\{x,y,z\} = (Q/\tilde{u})p_y\{y,x\}p_z\{z,x\} \tag{12-58}$$

式中　Q——源的排放速率，mg/m³；

$\tilde{u}$——有效风速值，m/s；

$p_y\{y, x\}$，$p_z\{z, x\}$——表述水平方向和垂直方向浓度分布的概率密度函数，在CBL（对流边界层）和SBL（稳定边界层）中，它们有不同的表达形式。

五、模型中对气象的处理

气象处理主要是对气象的参数计算，具体是对Monin-Obuhov长度、对流速度尺度、温度尺度、混合层高度及摩擦速度、湍流扩散系数、廓线方程等的计算，主要计算过程：

（1）按大气相似理论，根据大气边界层的能量平衡原理，计算行星边界层从CBL向SBL转换的临界点，判断边界层是处于CBL还是SBL。

（2）按照判断的边界层所处的状况（SBL或CBL），计算相应的参数尺度，有了这些参数，就能得到边界层的风廓线、温廓线和位温梯度廓线。

（3）计算边界层的扩散参数。

第四节　计算实例

基于上述理论和计算方法，开发了酸性气体井喷失控后复杂地形扩散仿真软件。以一口高含硫井井喷事故为例进行含硫天然气扩散实例分析。该井喷出的天然气硫化氢含量151g/m³，出口温度353K。在地形处理中，使用了当地实际的高程数据DEM，并从里面提取了以井为中心的方圆5.0km的地形，然后划分为计算网格。地面气象条件采用了当时的气象条件，探空气象采用了MM5预测项并参考了美国在气象条件和本地相似的探空结果。事发时23日夜间天气晴朗，24日凌晨有雾，气温为4~7℃，相对湿度94%~99%，风速较小。考虑干沉降和湿沉降的影响，取$200 \times 10^4 \text{m}^3/\text{d}$（该井设计无阻流量$258 \times 10^4 \text{m}^3/\text{d}$）计算，数值模拟结果如图12-7所示。

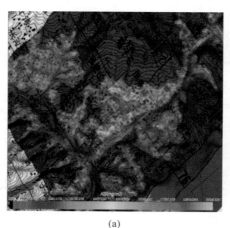

(a)　　　　　　　　　　　　　　(b)

图12-7　计算模拟结果三维显示

而本次事故中遇难人员分布如图12-8（来自中国安全生产科学研究院12.23事故分析报告）所示，主要分布在高桥镇和正坝镇。

对比模拟结果图12-7和反映实际情况的图12-8可知，模拟图中重灾区的位置与遇难人员死亡

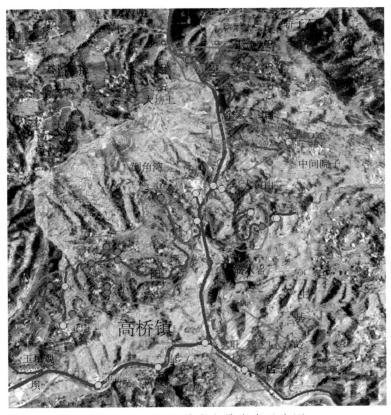

图12-8　12.23遇难人员分布示意图

较多的区域基本一致，以井口附近西南偏西的地区最为严重；而在模拟结果图中，硫化氢浓度高于 60mg/m³的均是人员遇害区域，在有的遇害人员和家禽家畜死亡集中的地方，浓度甚至超过 300mg/m³，可见模拟结果和实际情况相当吻合。

从浓度分布上可以看出，高浓度区域主要集中在井场周围井场西南、东南，对照模拟结果浓度分布图和地形图可以看出，井口1000m范围内，北边相距100m有高约300m的朝阳寨山，其余方向为浅丘，井口周围通过一个互相通连的峡谷与毗邻乡镇连接。由于当时该地高空受高压前部的东北气流控制，盛行下沉气流，抑制了湍流的向上发展加上夜间天气晴朗，形成辐射逆温，阻止了硫化氢气体向高空的扩散，在小风速作用下，硫化氢烟羽不足以越过山顶，而是顺着这些峡谷向低处扩散，这和实际扩散规律相一致，也和实际遇难人员区域相吻合。

在正坝三喜村一带，井喷后11h和18h两个实际测点浓度与计算浓度的对比见表12-1。

表12-1　实测数据与计算结果对比

项目	11h测点浓度	18h测点浓度
实测	24 ppm（34.56mg/m³）	48 ppm（69.12mg/m³）
计算	42.49mg/m³	79.36mg/m³
误差，%	23	14

从表12-1可以看出，实测结果和计算结果吻合得很好。

从对12.23事故的反演分析可以看出，模型模拟结果与事故实际情况非常一致，可以看出，在小风条件下影响浓度分布的主要原因是地形条件。根据给定的初始条件和风向、风速可定性的预测高浓度区域的位置，这在井场设计和应急区域选择方面有实际应用价值。

参 考 文 献

[1] 刘鹏举.井喷事故分析与气体扩散研究 [D].湘潭：湖南科技大学,2009.

[2] 金忠臣，杨川东，等.采气工程 [M] 北京：石油工业出版社，2004.

[3] 周开吉，刘昕，郭昭学，等.井喷失控井喷流出口速度预测方法研究 [J] .天然气工业，2006,26(9):71−73.

[4] 谢象春.湍流射流理论与计算 [M] .北京：科学出版社,1975.

[5] 周开吉，王波.井喷失控喷流运动学特征参数确定方法 [J] .天然气工业， 2004,24(3):78−80.

[6] 平浚.射流理论基础及应用 [M] .北京:宇航出版社,1995.

[7] 赵英军.高压磨料水射流光整加工技术的理论分析与数值模拟 [D] .太原：太原理工大学,2008.

[8] 赵承庆，姜毅. 气体射流动力学 [M] . 北京：北京理工大学出版社,1998.

[9] 王福军.计算流体动力学分析−CFD软件原理与应用 [M] .北京：清华大学出版社,2004.

[10] 桑建国，温市耕.大气扩散的数值计算 [M] .北京：气象出版社，1992.

[11] Bærentsen J H, Berkowicz R. Monte Carlo Simulation of Plume Dispersion in the Convective Boundary Layer [J] .Atmospheric Environment(1967)， 1984,18(4):701−712.

[12] Lamb R G. Diffusion in the Convective Boundary Layer [M] // Atmospheric Turbulence and Air Pollution Modelling,1982：159−229.

[13] 杜鹏飞，杜娟，郑筱津，等.基于ISC3模型的南宁市SO_2污染控制策略 [J] .清华大学学报：自然科学版，2005,45(9):1209−1212.

[14] 孙大伟.新一代大气扩散模型（ADMS）应用研究 [J] .环境保护科学，2003,30(121):67−69.

[15] 杨多兴，杨木水，赵晓宏，等. AERMOD模式系统理论 [J] .化学工业与工程，2003,22(2):130−135.

[16] 伯鑫，丁峰，徐鹤，等.大气扩散CALPUFF模型技术综述 [J] .环境监测管理与技术，2009,21(3):9−13，47.

[17] 朱蓉，徐大海，孟燕君，等.城市空气污染数值预报系统CAPPS及其应用 [J] .应用气象学报，2001,12(3):267−277.

[18] 徐永清.宝山区大气环境容量及环境影响研究 [D] .上海：华东师范大学，2008,78−79.

[19] 杨洪斌、张云海、邹旭东，等. AERMOD空气扩散模型在沈阳的应用和验证 [J] .气象环境学报，2006,26(1):58−60.

[20] Weil J C, Corio L A, Brower R P. A PDF Dispersion Model for Buoyant Plumes in the Convective Boundary Layer [J] . Journal of Applied Meteorology, 1997, 36(8):982−1003.

[21] Misra P K. Dispersion of Non−buoyant Particles Inside a Convective Boundary Layer [J] . Atmospheric Environment, 1982, 16(2):239−243.

[22] Venkatram A. On Dispersion in the Convective Boundary Layer [M] //Air Pollution Modeling

and Its Application Ⅲ. Springer US, 1984：87—97.

[23] Weil J C. Dispersion in the Convective Boundary Layer [M] // Lectures on Air Pollution Modeling. American Meteorological Society, 1988:167—227.

[24] Briggs G A. Plume Rise and Buoyancy Effects [J] .Atmospheric Science and Power Production，1984:327—366.

[25] Sheppard P A. Airflow over Mountains [J] .Quarterly Journal of the Royal Meteorological Society，1956,82(354)：528—529.

第十三章 酸性气体公众安全

酸性气井钻井、完井或井下作业中的井喷，会导致大量有毒气体的逸散，这有可能造成不同程度的公众安全问题及环境危害。酸性气体中主要的毒性气体是硫化物，包括硫化氢、二氧化硫、硫醇等，此外可能还含有一氧化碳。点火燃烧含硫化氢天然气产生的二氧化硫也是毒性气体。化工生产或生活废弃物中的废气也会含硫化氢，但其浓度较低。已从石油中鉴定出的硫化物近数十种，有硫醇、硫醚、二硫化物和噻吩类。其中硫醇具有毒性和强烈臭味，对环境污染作用甚大。本章涉及法律法规性质很强的内容，若有数据或阐述不一致之处，应以安全法律文件为执行依据。

第一节 H₂S的理化性质及毒害

一、H₂S的理化性质

H₂S是一种无色、剧毒的酸性气体。在某些文献中称氢硫酸、二氢硫，可视为H₂S的同义词。H₂S有极其难闻的臭鸡蛋味，低浓度时容易辨别出。但由于容易很快造成嗅觉疲劳和麻痹，气味不能用作是否存在H₂S的警示措施。H₂S比空气重，在15℃和0.10133MPa（1atm）下蒸气密度（相对密度）为1.189。H₂S自燃温度250℃，燃烧时呈蓝色火焰，产生有毒的二氧化硫气体。H₂S与空气混合，浓度达4.3%～46%时，可形成爆炸混合物。

二、H₂S对人体的伤害浓度

H₂S主要通过呼吸器官进入机体，也有少量通过皮肤和胃进入机体。人体吸进的H₂S大部分滞留在上呼吸道里。H₂S的毒性主要表现在3个过程中，即对中枢神经系统以及氧化过程和血液的影响。急性中毒时出现意识不清，过度呼吸迅速转向呼吸麻痹，很快死亡。

H₂S逸散到空气中的浓度常用"ppm"来表示，100万份体积的气体中含1份H₂S就称为1ppm。有时也可见到用质量浓度，前述ppm数的1.5倍就约相当于质量浓度mg/m³。人体对不同浓度H₂S的感受及毒性反映见表13-1。

表13-1　人体不同浓度H₂S对的感受及毒性

浓度		人体感受及毒性描述
ppm	mg/m³	
0.13	0.195	通常，在大气中含量为0.195mg/m³（0.13ppm）时，有明显和令人讨厌的气味。随着浓度的增加，嗅觉就会疲劳，气体不再能通过气味来辨别
10	15	有令人讨厌的气味。眼睛可能受到刺激
15	22.5	美国政府工业卫生专家公会推荐的15min短期暴露范围平均值
20	30	在暴露1h或更长时间后，眼睛有烧灼感，呼吸道受到刺激，美国职业安全和健康局的可接受上限值
50	75	暴露15min或15min以上的时间后嗅觉就会丧失，如果时间超过1h，可能导致头痛、头晕和（或）摇晃。超过75mg/m³（50ppm）将会出现肺浮肿，也会对人员的眼睛产生严重刺激或伤害
100	150	3～15min就会出现咳嗽、眼睛受刺激和失去嗅觉。在5～20min过后，呼吸就会变样、眼睛就会疼痛并昏昏欲睡，在1h后就会刺激喉道。延长暴露时间将逐渐加重这些症状
300	450	明显的结膜炎和呼吸道刺激。此浓度可立即危害生命或健康
500	720.49	短期暴露后就会不省人事，如不迅速处理就会停止呼吸。头晕、失去理智和平衡感。患者需要迅速进行人工呼吸和/或心肺复苏技术
700	1050	意识快速丧失，如果不迅速营救，呼吸就会停止并导致死亡。必须立即采取人工呼吸和（或）心肺复苏技术
1000+	1500	立即丧失知觉，结果将会产生永久性的脑伤害或脑死亡。必须迅速进行营救，应用人工呼吸和（或）心肺复苏

第二节　SO₂的理化性质及毒害

一、SO₂的理化性质

燃烧含H₂S、元素硫的天然气会生成SO₂。SO₂又名亚硫酐，为无色有强烈辛辣刺激味的不燃性气体。在其他行业，如熔炼硫化矿石、烧制硫黄、制造硫酸和亚硫酸、硫化橡胶等也会有SO₂。此外，SO₂是常见的工业废气及大气污染的成分。相对分子质量64.07，密度2.3g/L，溶点-72.7℃，沸点-10℃。溶于水、甲醇、乙醇、硫酸、醋酸、氯仿和乙醚。易与水混合，生成亚硫酸（H₂SO₃），随后转化为硫酸。

二、SO₂对人体的伤害浓度

SO₂属中等毒类，对眼和呼吸道有强烈刺激作用，吸入高浓度SO₂可引起喉水肿、肺水肿、声带水肿及（或）痉挛导致窒息。吸入SO₂后很快出现流泪，畏光，视物不清，鼻、咽、喉部烧灼感及疼痛，严重者发生支气管炎、肺炎、肺水肿，甚至呼吸中枢麻痹。长期接触低浓度SO₂会引起嗅觉、味觉减退甚至消失，头痛、乏力，牙齿酸蚀，慢性鼻炎，咽炎，气管炎，支气管炎，肺气肿，肺纹理增多，弥漫性肺间质纤维化及免疫功能减退等。表13-2为人体对不同浓度SO₂的感受及毒性反映。

表13-2　人体对不同浓度SO₂的感受及毒性反映

浓度		人体感受及毒性反映
ppm	mg/m³	暴露于二氧化硫的典型特性
1	2.71	具有刺激性气味，可能引起呼吸改变
2	5.42	ACGIH TLV和NIOSH REL
5	13.50	灼伤眼睛，刺激呼吸，对嗓子有较小的刺激
12	32.49	刺激嗓子咳嗽，胸腔收缩，流眼泪和恶心
100	271.00	立即对生命和健康产生危险的浓度
150	406.35	产生强烈的刺激，只能忍受几分钟
500	1354.50	即使吸入一口，就产生窒息感。应立即救治，提供人工呼吸或心肺复苏技术
1000	2708.99	如不立即救治会导致死亡，应马上进行人工呼吸或心肺复苏

第三节　硫化亚铁有关的安全问题

在含硫气井集气系统或集气站场管汇系统的管壁或容器壁一般会有H_2S腐蚀产物硫化亚铁沉积。硫化亚铁是一种H_2S与铁或者废海绵铁（一种处理材料）的反应产物，它是结构较复杂的聚硫化物：

$$Fe_xS_y \longrightarrow FeS+FeS_2+Fe_2S_3+Fe_9S_8$$

硫化亚铁燃点低，当暴露在空气中，会自燃或爆炸。在合适的天然气与空气比、常温常压下爆炸极限值为4%~16%，高温高压下此比例变化。一定温度下硫化亚铁自燃将引爆天然气。

在有硫化亚铁沉积管汇系统中进行维修，以燃料气置换管内、容器或阀室内空气不彻底，置留空气，废弃的管汇处置不当等会造成自燃或爆炸。硫化亚铁垢会在容器的内表面和脱硫过程的胺溶液的过滤元件上积累下来。硫化亚铁的燃烧产物之一是有毒物质二氧化硫。

物理爆炸已通过强度设计和选材等得到有效控制。但是硫化亚铁自燃的化学爆炸与站场集气设计和执行操作标准和规程有关，防止化学爆炸应是设计和操作管理的重点。维修后置换空气应执行标准SY 5225，置换气流速小于5m/s，过快会导置替不净，检修置换应考虑氮气置换。

第四节　H₂S溢出后扩散行为及安全半径

酸性气井钻井、完井或井下作业中的井喷会导致大量有毒气体的逸散，这有可能造成不同程度的公众安全问题及环境伤害。法律规定作业场所附近的居民对紧急情况下可能释放有毒物质有知情权，业主或生产经营单位应按规定向地方政府有关部门报告。

选择井位时应考虑避开居民区或重要公众设施，如公路干道、电网、学校、医院等。如果不能避开，那么在一定基本保障的安全半径范围内的居民应撤离。除了地面的因素外，还应考虑地下井喷时天然气窜入矿坑（如煤矿）对作业人员的毒害或爆炸，含硫天然气窜出山谷居民区或污染地下淡水层等。为了保证公众安全，需要同时规定公众安全半径和执行应急预案[1, 2]。

确定含硫气井的公众安全半径是一个十分复杂的问题，它与地面开阔状况、局部天气现象、H_2S释放量和井喷失控的风险等级、居民的教育和经济水平等有关。含硫气井的公众安全半径是根据H_2S或SO_2的扩散速率计算H_2S或SO_2的浓度，并由此评估可能产生危害的严重程度和影响区域。

加拿大《British Columbia Oil and Gas Handbook Section 11 – Emergency Planning and Requirements for Sour Wells》标准中推荐采用以下修正的高斯扩散模型计算公众安全半径：

$$EPZ=2.0 \times Q_{H_2S}^{0.58} \qquad (Q_{H_2S}<0.3m^3/s)$$

$$EPZ=2.3 \times Q_{H_2S}^{0.68} \qquad (0.3m^3/s \leqslant Q_{H_2S}<8.6m^3/s)$$

$$EPZ=1.9 \times Q_{H_2S}^{0.81} \qquad (Q_{H_2S} \geqslant 8.6m^3/s)$$

式中　EPZ——公众安全半径，km；

　　　Q_{H_2S}——H_2S释放量，m^3/s。

在具体应用上述方程时，可采用下述风险分级。

（1）零级：无需应急预案。

条件：①井周100m内无常住居民、商业活动或公众设施；②预计H_2S释放速率小于$0.01m^3/s$。

（2）第一级：需有应急预案。

条件：①井周100m内无常住居民、商业活动或公众设施；②预计H_2S释放速率小于$0.3m^3/s$（相当于$26 \times 10^4 m^3/d$，含10%H_2S）。

（3）第二级：需有应急预案。

条件：①井周500m内无常住居民、商业活动或公众设施；②预计H_2S释放速率大于$0.3m^3/s$，但小于$2m^3/s$（相当于$173 \times 10^4 m^3/d$，含10%H_2S）。

（4）第三级：需有应急预案。

条件：①井周1500m内无常住居民、商业活动或公众设施；②预计H_2S释放速率大于$2 m^3/s$，但小于$6m^3/s$（相当于$173 \times 10^4 m^3/d$，含10%H_2S）。

（5）第四级：需有应急预案。

条件：①井周1500m内无常住居民、商业活动或公众设施；②预计H_2S释放速率大于$2m^3/s$，但小于$6m^3/s$（相当于$173 \times 10^4 m^3/d$，含10%H_2S）。

上述公众安全半径仅是提供逃生的基本要求，实际执行时还应有更具体的措施。当含硫油气井井喷发生后（其H_2S含量超过15ppm或$22.5mg/m^3$），向当时下风方向派遣监测人员，携H_2S监测仪和正压式空气呼吸器定点监测所在位置空气中的H_2S浓度。监测点空气中的H_2S浓度超过15ppm或$22.5mg/m^3$范围的居民均应紧急撤离。若井喷处于失控状态，监测人员再继续往外延伸监测点的距离，并根据监测结果扩大应急撤离范围。

第五节　H_2S和CO_2废气液注入井

废气液注入井设计时，需要考虑以下因素：废气液情况、井身结构与固井质量、地质安全性、油套管强度设计与材料选择、油套管防腐措施、注入情况实时监控与处置等。

一、选井选层原则及相关技术要求

选择一段地层或一口井进行废气液回注，必须要提前做好论证工作，确保所选择的回注井和回注层能满足气田废气液的回注要求。废气液回注相对于处理外排是一种经济、环保的方法，怎么选取回注层位与井位，让其要注得进、保得住，不泄漏、不堵塞显得十分重要。

地质安全性是实现CO_2/H_2S地质储存的首要前提，主要包括盖层适宜性、场地地震安全性、水力封闭作用条件、地面场地地质条件4个方面。CO_2/H_2S超临界状态地质储存要求区域性盖层埋深较深，空间分布连续、厚度相对较大，完整，岩层不渗透，无贯穿性脆性断裂发育，密闭性好。此外，要求盖层岩石力学性质坚固。因此对盖层封闭能力评价时，既要考虑盖层的宏观发育特征，又要考虑其微观封闭能力。CO_2/H_2S废气液地质埋存涉及多种因素的渗漏风险。例如，作为CO_2/H_2S废气液埋存的有效储集体，虽然整体上可以有效地阻止CO_2/H_2S向空中或海洋扩散、运移和逃逸。然而，如果局部小范围内CO_2/H_2S通过注入井渗漏，那么将可能导致CO_2/H_2S在注入井周围聚集，形成更大的无法控制的渗漏风险，对周围的生态环境造成灾难。因此，如何有效地控制和减少（或减轻）这种风险造成的危害，就必须首先细化每一个地质埋存的环节，对每一个环节进行合理的风险评估，并针对渗漏或突发事件能提供有效的防护措施和应对方案，使CO_2/H_2S废气液地质埋存更安全、更稳定、更持久。

回注层位的选择一般有以下几点原则：（1）有足够的空间，并具有一定的吸水能力；（2）回注层不是目前及今后可能的产层，渗透性与连通性较好的裂缝性气藏，一般不宜同层回注，同层回注废气液可能会再次侵入产气层，阻碍气体流动，恶化气井生产；（3）配伍性好，注入废气液与注入层位的岩石及其地层流体不发生化学反应生成沉淀；（4）封闭性好，在较大范围内无出露地表，在深度上应低于该区最低地表海拔的高度；（5）耐压能力强，注入水在压力下进入地层，上、下隔离层不会因受到压力而发生破裂，如果地层被压破，注入水可能沿着裂缝向上或向下窜，或重新侵入气藏造成水循环，影响采气生产。

二、井身结构及回注要求

井身结构要求：（1）选择固井质量好，上部套管固井质量具有连续厚度大于50m为优的套管段，水泥要求返至地面。对于未返至地面或者上部有部分井段50m以上固井质量差的井，必须采用封隔器完井。（2）油管、套管强度满足注入强度要求，材质应耐注入废气液腐蚀。（3）老井转注必须对套管进行腐蚀检测及固井质量检测。（4）井口装置保证密封良好，并能承受足够的压力。（5）回注井的邻井固井质量好。

回注工艺要求：（1）选择压裂回注除考虑水质机械杂质和配伍性外，回注压力应控制在盖层破裂压力以内，并留有安全余量。（2）回注井井口及地面设备要求：结合回注废气液组分和回注压力，在充分考虑安全系数的条件下，择优选择配套装置。（3）凡与废气液直接接触的设备表面均应作防腐处理。（4）回注井必须要有生产或泄压管线。（5）采用密闭输送和密闭回注方式，既能节约成本，又能减少环境污染。

三、回注井日常管理

（1）加强回注井动态分析和腐蚀监测，对回注井定期或提前开展修井维护作业。对现有回注井要分批制定检修计划，分批实施。

（2）对回注井的回注管理和废弃工作，要把安全和环境保护放在第一位，做到万无一失。经论证不符合安全、环保要求的回注井应立即进行废弃处理，不留后患。

（3）建立和完善回注井基础资料台账，按要求汇总上报。

（4）建立危险源台账，加强危险源的管理。

（5）编制应急预案，并定期组织演练。

四、案例介绍

ISG是由英国石油公司（33%）、阿尔及利亚国家石油公司（35%）和挪威国家石油公司（32%）等组成的合资公司。该公司回注井项目有8个天然气田，位于阿尔及利亚的撒哈拉盆地中部的阿赫奈特-提米蒙（Ahnet-Timimoun），使生产的CO_2压缩和重新注入地质储存，注入高达$70 \times 10^6 ft^3/d$或$120 \times 10^4 t/a$。CO_2重新注入天然气生产区之一的含水层。这是世界上第一个CO_2储存在正在开采的气藏的项目。生产经营和CO_2重新注入在2004年开始。

斯莱普纳（Sleipner）项目由Statoil公司和斯莱普纳（Sleipner）合作伙伴共同经营，将斯莱普纳（Sleipner）气田产生的CO_2注入北海，注入地点离挪威海岸大约250km。是世界上第一个工业和商业规模的CO_2注入项目，致力于在盐水层中储存CO_2。

第六节　酸性气井安全开发相关法律法规

油气井设计者或作业者应该了解的标准或做法：

（1）NORSOK D-010《Well Integrity in Drilling and Well Operations，Revision 4，2013》（钻井和井下作业中的井筒完整性，第四版，2013年颁布）。

（2）API RP 90《Management of Sustained Casing Pressure on Offshore Wells》API RP 90《海上油气井套管环空带压管理》。

（3）ANSI/API Spec 6A-2010《Specification for Wellhead and Christmas Tree Equipment》。

（4）API 6AF《Technical Report on Capabilities of API Flanges Under Combinations of Load》。

（5）API RP 14B《Design，Installation，Repair and Operation of Subsurface Safety Valve Systems》。

（6）API RP 14C《Recommended Practice for Analysis，Design，Installation，and Testing of Basic Surface Safety Systems for Offshore Production Platforms》。

（7）API RP 14E《Recommended Practice for Design and Installation of Offshore Production Platform Piping Systems》（近海平台管线的设计和安装）。

（8）API RP 14H《Recommended Practice for Installation，Maintenance，and Repair of Surface

Safety Valves and Underwater Safety Valves Offshore》。

（9）API RP 57《Offshore Well Completion，Servicing，Workover，and Plug and Abandonment Operations》。

（10）API RP 65《Cementing Shallow Water Flow Zones in Deep Water Well》。

（11）TR9501，Rev A《Specification for Stud Bolts and Tap End Studs》。

（12）NACE MR 0175/ISO 15156《Petroleum and Natural Gas Industries——Materials for Use in H$_2$S——containing Environments in Oil and Gas Production》（石油天然气工业——石油和天然气生产中用于含硫化氢环境材料）。

（13）NACE MR 0175—2003《材料要求标准——酸性油田环境中抗硫化物应力开裂和抗应力腐蚀开裂的金属》。

（14）欧洲腐蚀联盟EFC Publication 16《油气生产中含硫化氢环境使用的金属和低合金钢的要求》。

（15）加拿大Alberta Recommended Practices IRP1、ARP2标准《酸性环境钻完井技术》。

（16）加拿大Alberta Recommended Practices Directive 010 – Draft for Consultation July 26，2007 Minimum Casing Design Requirements。

（17）ISO 10423：2003《石油天然气工业中钻井和采油设备——井口装置和采油树设备规范》。

（18）ISO FDIS 11960：2004《石油天然气工业——油井套管或者油管用钢管》。

（19）加拿大阿尔伯塔能源与公用工程委员会《新建酸性天然气设施与居住区及其他开发区的最小间隔距离要求》。

（20）API RP 55《含硫化氢的油气生产和气体处理工厂作业的推荐做法》。

（21）API RP 68《含硫化氢油气服务和修井作业推荐做法》。

（22）ISO RP 100–1 HFl《水力压裂作业的井身结构及井筒完整性准则》。

（23）API 65–2《建井中的潜在地层流入封隔》。

（24）英国石油公司《英国高温高压井井筒完整性指导意见》。

（25）ISO 16530：2013《井筒完整性与环空带压》。

（26）API 96（2013）《深水井筒设计与建井》。

（27）AQ 2012—2007《石油天然气安全规程》。

（28）SY 6137—2012《含硫化氢油气生产和天然气处理装置作业安全技术规程》。

（29）SY/T 5087—2005《含硫化氢油气井安全钻井推荐做法》。

（30）SY 5974—2014《钻井井场、设备、作业安全技术规程》。

（31）SY/T 6277—2005《含硫油气田硫化氢监测与人身安全防护规程》。

（32）GB 50183—2004《石油天然气工程设计防火规范》。

（33）SY/T 6426—2005《钻井井控技术规程》。

（34）SY/T 6646—2006《废弃井及长停井处置指南》。

（35）SY 6504—2010《浅海石油作业硫化氢防护安全规定》。

（36）SY/T 6610—2014《含硫化氢油气井井下作业推荐做法》。

参 考 文 献

[1] API RP 55 含硫化氢的油气生产和气体处理工厂作业的推荐做法 [S].

[2] SY 6277—1997 含硫油气田硫化氢监测与人身安全防护规定 [S].